"十一五"上海重点图书

材料科学与工程专业应用型本科系列教材

材料工程测试技术

主　编　陈景华

副主编　张长森　邓育新

华东理工大学出版社
EAST CHINA UNIVERSITY OF SCIENCE AND TECHNOLOGY PRESS

·上海·

图书在版编目(CIP)数据

材料工程测试技术/陈景华主编. —上海:华东理工大学出版社,
2006.10(2024.1重印)
(材料科学与工程专业应用型本科系列教材)
ISBN 978-7-5628-1995-0

Ⅰ.材... Ⅱ.陈... Ⅲ.工程材料-测试-高等学校-教材
Ⅳ.TB302

中国版本图书馆 CIP 数据核字(2006)第 112745 号

"十一五"上海重点图书
材料科学与工程专业应用型本科系列教材

材料工程测试技术

··

主　　编 / 陈景华
副 主 编 / 张长森　邓育新
责任编辑 / 周永斌
封面设计 / 王晓迪
责任校对 / 张　波
出版发行 / 华东理工大学出版社有限公司
　　　　　地　　址:上海市梅陇路 130 号,200237
　　　　　电　　话:(021)64250306(营销部)
　　　　　传　　真:(021)64252707
　　　　　网　　址:www.ecustpress.cn
印　　刷 / 江苏凤凰数码印务有限公司
开　　本 / 787mm×1092mm　1/16
印　　张 / 14.75
字　　数 / 358 千字
版　　次 / 2006 年 10 月第 1 版
印　　次 / 2024 年 1 月第 9 次
书　　号 / ISBN 978 - 7 - 5628 - 1995 - 0
定　　价 / 32.00 元

前　言

材料工程测试技术涉及材料生产过程两个环节的测试技术，即粉体工程测试技术与热工过程测试技术。

粉体工程是材料生产的基础性过程，它影响产品的产量和质量、能量消耗、生产过程的效率和对周围环境的污染。因此测试粉体制备过程相关设备(系统)的工作参数和效率，测试粉体的各种性能，对测试结果进行分析、找出问题所在，对改进设备结构、调整操作参数、优化过程管理、提高过程效率具有十分重要的意义。

物料高温煅烧(熔制)过程是材料生产的核心过程，煅烧(熔制)设备被称之为生产过程的"心脏"，也是材料制备过程最大的耗能设备。窑炉的结构是否合理、热工制度是否合适、操作控制过程自动化程度都直接影响生产的质量、产量和能耗。因此对热工过程涉及的燃料，烟气的组成、性质，窑炉的温度、压力等工作参数及传热过程等进行测试是对热工设备热平衡计算的基础，而热工设备热平衡测试和计算又是改进窑炉结构和操作过程、提高热效率的必要性手段。

为了加强对专业知识的应用和综合，掌握必要的工程测试技术，提高工程实践动手能力，推进材料生产过程的技术进步，我们在多年理论教学和实践教学积累经验的基础上，参考了相关的资料，编写本教材。本书是为材料科学工程专业应用型本科编写的教材，由于侧重于应用性，因此，本教材也可作为相关工程技术人员的参考用书。

本书由陈景华主编。具体编写分工是：第1～6章由张长森编写；第7、8、10、11章由陈景华编写，第9、12章由邓育新编写。在部分章节编写过程中，得到了徐风广、李玉华、阎晓波等人的帮助，非常感谢。

在编写过程中，本书参考了大量的资料文献，在此向这些文献的作者们表示衷心感谢。

在出版过程中，得到了盐城工学院领导的大力支持，在此表示衷心感谢。

由于工程测试技术涉及面广，加之编者经历和水平有限，书中编写错误或不当之处，请读者和专家批评指正。

编　者
2006 年 6 月

目　　录

1 误差与数据处理基础知识

科学技术的发展与实验测量密切相关。在进行实验测量时,由于测量资源的不完善,测量环境的影响,加之测量人员的认识能力等因素的限制,测量误差自始至终存在于一切科学实验和测量活动中。而测量数据是否准确、数据处理方法是否科学,直接影响科学实验的结果。因此,有必要对测量误差与数据处理方法进行研究。

1.1 测量的基本概念

1.1.1 测量

测量被定义为以确定量值为目的的一组操作,该操作可以通过手动的或自动的方式来进行。从计量学的角度讲,测量就是利用实验手段,把待测量与已知的同类量进行直接或间接的比较,以已知量为计量单位,求得比值的过程。

1.1.2 测量结果

由测量所得的赋予被测量的值叫做测量结果。显然,测量结果由比值和测量单位两部分组成,故测量结果多具有单位。如 L(长度)$= 100 \, \text{mm}$。但也有某些物理量不含单位,如相对密度。

1.1.3 测量方法

在测量活动中,为满足各种被测对象的不同测量要求,依据不同的测量条件有着不同的测量方法。测量方法是实施测量中所使用的、按类别叙述的一组操作逻辑次序。常见的测量分类方法有以下几种。

1. 直接测量和间接测量

直接测量是指被测量与该标准量直接进行比较的测量。它是指该被测量的测量结果可以直接由测量仪器输出得到,而不再经过量值的变换与计算。例如,用游标卡尺测量小尺寸轴工件的直径、用天平称量物质的质量、用温度计测量物体的温度等。

间接测量是指直接测量值与被测量值有函数关系的量,通过函数关系或者通过图形的计算方能求得被测量值的测量方法。例如,用模拟万用表测量电功率,是先根据万用表指示的电压(电流)和电阻值,再通过功率与电压(电流)和电阻值的数学关系式计算得出被测功率。

2. 静态测量和动态测量

静态测量是指在测量过程中被测量可以认为是固定不变的,因此,不需要考虑时间因素对测量的影响。在日常测量中,大多接触的是静态测量。对于这种测量,被测量和测量误差可以当作一种随机变量来处理。

动态测量是指被测量在测量期间随时间(或其他影响量)发生变化。如弹道轨迹的测量、环境噪声的测量等。对这类被测量的测量,需要当作一种随机过程的问题来处理。

材料的某些性质可以用动态法测量,也可以用静态法测量。例如,材料弹性模量的测定方法就有动态法和静态法两种,其性质的定义和测量数值是不同的,因此,在材料测量方法的选择和性质的解释中应当注意。

3. 等权测量和不等权测量

等权测量是指在测量过程中,测量仪器、测量方法、测量条件和操作人员都保持不变。因此,对同一被测量进行的多次测量结果可认为具有相同的信赖程度,应按同等原则对待。

不等权测量是指测量过程中测量仪器、测量方法、测量条件或操作人员中某一因素或某几个因素发生变化,使得测量结果的信赖程度不同。对不等权测量的数据应按不等权原则进行处理。

4. 工程测量和精密测量

工程测量是指对测量误差要求不高的测量。用于这种测量的设备或仪器的灵敏度和准确度比较低,对测量环境没有严格要求。因此,对测量结果只需给出测量值。

精密测量是指对测量误差要求比较高的测量。用于这种测量的设备和仪器应具有一定的灵敏度和准确度,其示值误差的大小一般需经计量检定或校准。在相同条件下对同一个被测量进行多次测量,其测得的数据一般不会完全一致。因此,对于这种测量往往需要基于测量误差的理论和方法,合理地估计其测量结果,包括最佳估计值及其分散性大小。有的场合,还需要根据约定的规范对测量仪器在额定工作条件和工作范围内的准确度指标是否合格作出合理判定。精密测量一般是在符合一定测量条件的实验室内进行,其测量的环境和其他条件均要比工程测量严格,所以又称为实验室测量。

1.2　测量误差的基本概念

1.2.1　误差的定义

误差是指测得值与被测量真值之差。可用下式表示:

$$测量误差＝测得值－真值 \tag{1.1}$$

真值是指一个特定的物理量在一定条件下所具有的客观量值,又称为理论值或定义值。显然,该特定量的真值一般是不能确定的,但在实际应用时,在统计学上,当测量的次数 n 非常大时(趋于无穷大),测得值的算术平均值(数学期望)才接近于真值。故常以测量次数足够大时的测得值的算术平均值,近似代替真值;实用中还常用量值精度足够高的实物近似值代替真值,这些都称之为约定真值。

计量学中的约定真值是指对于给定目的具有适当不确定度的、赋予特定量的值。例如,由国家建立的实物标准(或基准)所指定的千克原器质量的约定真值为 1 kg,其复现的不确定度为 0.008 mg,当今保存在国际计量局的铂铱合金千克原器的最小不确定度为 0.004 mg。

1.2.2 误差的类型

按其性质和特点,误差可以分为系统误差、随机误差和粗大误差。

1. 随机误差

随机误差又称为偶然误差,定义为测得值与在重复性条件下对同一被测量进行无限多次测量所得结果的平均值之差。其特征是在相同测量条件下,多次测量同一量值时,绝对值和符号以不可预定的方式变化。

随机误差产生于实验条件的偶然性微小变化,如温度波动、噪声干扰、电磁场微变、电源电压的随机起伏、地面震动等。由于这些因素互不相关和每个因素出现与否,以及这些因素所造成的误差大小,人们都难以预料和控制,所以,随机误差的大小和方向均随机不定,不可预见,不可修正。虽然一次测量的随机误差没有规律,不可预见,也不能用实验的方法加以消除,但是,经过大量的重复测量可以发现,它是遵循某种统计规律的。因此,可以用概率统计的方法处理含有随机误差的数据,对随机误差的总体大小及分布做出估计,并采取适当措施减小随机误差对测量结果的影响。

2. 系统误差

系统误差定义为在重复性条件下,对同一被测量进行无限多次测量所得结果的平均值与被测量的真值之差。其特征是在相同条件下,多次测量同一量值时,该误差的绝对值和符号保持不变,或者在条件改变时,按某一确定规律变化。例如,用天平计量物体质量时,砝码的质量偏差属于系统误差。

在实际估计测量器具示值的系统误差时,常常用适当次数的重复测量的算术平均值减去约定真值来表示,又称其为测量器具的偏移或偏畸。

由于系统误差具有一定的规律性,因此可以根据其产生原因,采取一定的技术措施,设法消除或减小。

3. 粗大误差

粗大误差又称为疏忽误差、过失误差或简称粗差,是指明显超出统计规律预期值的误差。其产生原因主要是某些偶然突发性的异常出现或疏忽所致,如测量方法不当或错误,测量操作疏忽和失误(未按规程操作、读错读数或单位、记录或计算错误等),测量条件的突然变化(电源电压突然增高或降低、雷电干扰、机械冲击和震动)等。由于该误差很大,明显歪曲了测量结果,故应按照一定的准则进行判别,将含有粗大误差的测量数据(称为坏值或异常值)予以剔除。

1.2.3 误差的表示方法

误差可用绝对误差和相对误差两种基本方式来表示。

1. 绝对误差

绝对误差就是某量值的测得值与真值(或约定真值)之差。一般所说的误差,就是绝对误差,其表达式为:

$$\Delta x = x - x_0 \tag{1.2}$$

式中　　Δx——绝对误差;

　　　　x——测得值;

　　　　x_0——被测量的真值,常用约定真值代替。

绝对误差的特点:绝对误差是一个具有确定的大小、符号及单位的量值。绝对误差不能完全说明测量的准确度。

2. 相对误差

相对误差是绝对误差 Δx 与被测量真值 x_0 的比值,即

$$r = \Delta x / x_0 \tag{1.3}$$

在实际中,由于难以得到真值,故常用约定真值代替。为估计相对误差方便起见,当约定真值也难以得到时,也可以近似用测量值 x 来代替 x_0。

相对误差的特点:相对误差具有大小和符号,其量纲为1,一般用百分数来表示。相对误差常用来衡量测量的相对准确程度。

1.2.4　测量误差的来源

测量误差的来源是多方面的,主要可归纳为以下几种。

1. 标准器具的误差

作为在测量中提供标准量的标准器具,它们本身所体现的量值,不可避免地含有一定的误差(一般误差值相对较小)。

2. 测量装置的误差

测量装置误差包括计量器具的原理误差、制造装调误差,被测件在测量仪器上安置时的定位误差,附件误差,以及接触测量中测量力与测量力变化引起的误差等。

3. 方法误差

由于测量方法的不完善所引起的误差。如采用近似的计算方法,用钢卷尺测出大尺寸轴的圆周长 S,然后由公式 $d = S/\pi$,计算出轴的直径 d 所引起的误差等。

4. 测量者的误差

由于测量者的固有习惯、分辨能力的限制、工作疲劳引起的视觉器官生理变化、精神因素引起的一时疏忽等原因所引起的误差,如瞄准误差与读数误差。

5. 客观环境引起的误差

由于各种环境因素与规定的标准状态不一致而引起标准量器、测量装置和被测件本身的变化所造成的误差。这些环境因素有:温度、湿度、气压、振动、照明、电磁场等,其中温度尤为重要。

1.3 有效数的修约与运算

1.3.1 近似值

在实验过程中,物理量大多由观测所确定,任何测量的准确度都是有限的,即测得值是一代表真值的近似值。我们只能以一定的近似值来表示测量结果。因此,测量结果数值计算的准确度就不应该超过测量的准确度,如果任意地将近似值保留过多的位数,反而会歪曲测量结果的真实性。在测量和数字运算中,确定该用几位数字来代表测量值或计算结果,是一件重要的事情。测量某被测量得到的近似值往往是实验结果的根据,是实际工作的基础。

在运用近似计算法进行计算时,所得结果亦为近似值,通常在保证能达到所要求的近似程度的前提下,应使计算工作合理简化,即一方面应避免盲目追求不切实际、没有必要的精确计算;另一方面又要保证达到要求的精确程度。

有效数字和有效位数

任何测量仪器都有一定的读数分辨率。在读数分辨率以下,测量量的数值是不确定的。它通常是仪器标尺的最小分度或它的十分之一。多取数据的位数,并不能减小测量误差,相反,会使计算复杂,并造成误解。因此,测量数据的位数,应与其测量误差相适应。例如用分度值为 0.01 mm 的外径千分尺测一圆柱体的外径,测得尺寸为 74.986 mm,这里 0.01 mm 就是分辨率的最小单位,最后一位"6"是估读的,只保留一位估读的数字。

一个数据,从第一个非"0"的数字开始,到(包括)最后一位唯一不准确的数字为止,都是有效数字,有效数字的位数,叫做有效位数。如上面的 74.98 是准确数字,0.006 是不准确数字,74.986 都是有效位数。一个近似数有 n 个有效数字,也叫这个近似数有 n 个数位。

小数点的位置不影响有效数字的位数,1.23、0.123、0.012 3 三个数都是三位有效数字。

在判断有效数字时,要特别注意"0"这个数字,它可以是有效数字,也可以不是有效数字。如 0.002 86 的前面 3 个"0"均不是有效数字,因为这 3 个"0"与 0.002 86 的精确度无关,只与测量单位有关。然而 280.00 的后面 3 个"0",均为有效数字,因为这 3 个"0"与 280.00 的精确度有关。对待近似数时,不可像对待准确数那样,随便去掉小数点部分右边的"0",或在小数点部分右边加上"0"。因为这样做的结果,虽不会改变这个数的大小,却改变了它的精确度。

有效数字的科学表示法 工程上对近似数右边带有若干个"0"的数字,常写成" $a \times 10^n$ "形式($1 \leqslant a < 10$),这时有效位数由 a 确定。如 4.60×10^3 和 4.6×10^3 分别表示为有 3 位和 2 位有效数字,两者的精度是不同的。

1.3.2 修约规则

有效位数后面的数字,即多余的位数,应按数据修约的国家标准(GB 8107—87)的规定,作修约处理。有效数字位数确定之后,其余数字一律舍去。简单地说就是按"四舍六入五留双"规则。

(1) 拟舍弃的数字最右一位小于 5 时,舍去。如 56.846 修约成 3 位,则为 56.8(拟舍弃的数字为 46,最左一位为 4)。

(2) 拟舍弃的数字最右一位大于 5 或等于 5 且其后还有非"0"的数字时,则进 1,即保留末位数再加 1。如 56.96 修约成 3 位则为 57.0(不能写成 57),56.852 修约成 3 位则为 56.9。

(3) 拟舍弃的数字最右一位恰好等于 5 且其后没有数字或皆为"0",则看"5"前面的数字:为奇数时去 5 进 1,为偶数时去 5 不进。如 675.5 及 87 650 两数,都修约成 3 位则分别为 676 和 876×10^2。

1.3.3　近似数的运算

(1) 当几个数作加减运算时,在各数中以小数位数最少的一个数为准,其余各数舍入至比该数多一位,然后进行运算,运算结果修约至小数位最少的一个数为准。

例:
$$156.1 + 85.72 + 23.453 + 6.815\ 23$$
$$\approx 156.1 + 85.72 + 23.45 + 6.82$$
$$\approx 272.09 \approx 272.1$$

(2) 当几个数作乘除法运算时,在各数中以有效数字个数最少的一个数为准,其余各数舍入至比该数多一个有效数字,而与小数点位置无关,然后进行运算,运算结果修约至有效位数最少的一个数为准。

例:　$603.21 \times 0.32 \div 4.012\ 1$ 应取为 $603 \times 0.32 \div 4.01 \approx 48.1 = 48$

(3) 当几个数作乘方或开方运算时,计算结果的有效位数应与原来近似数(被乘方或开方数)的有效位数相同。乘方与开方实质上是乘、除运算,故采用乘、除运算规则。

(4) 作对数运算时,n 位有效数字的数据应该用 n 位或 $(n+1)$ 位对数表。

(5) 在三角函数的运算中,函数值的位数应随角度误差的减小而增多,当角度误差为 $10''$、$1''$、$0.1''$ 及 $0.01''$ 时,对应的函数值位数应为 5、6、7 及 8 位。

(6) 计算平均值时,若参加平均的数字有 4 个以上,则平均值的有效数值可多取一位。

(7) 如运算所得的数据还要进行再运算,则该数据的有效位数可比应截取的位数暂时多保留一位数字。

(8) 在整理最后结果时,须按测量结果的误差进行化整,表示误差的有效数字最多用两位。例如 (22.84 ± 0.12)cm 等。当误差第一位数为 8 或 9 时,只需保留一位。测量值的末位数应与误差的末位数对应。

例:

序　号	测 量 结 果	化 整 结 果
1	$1\ 023.56 \pm 0.033$	$1\ 023.56 \pm 0.03$
2	357.564 ± 0.138	357.56 ± 0.14
3	$754\ 321 \pm 896$	$(7.54 \pm 0.009) \times 10^5$

1.4 实验数据的处理

实验中测得的数据需要很好地记录、表示、分析、计算,然后从中得到实验结论,从而反映事物的内在规律,这一过程称为实验数据处理。实验数据处理的方法一般有列表法、公式法、图像法等,根据不同的需要可采取不同的方法。下面介绍列表法和图像法。

1.4.1 列表法

列表法是记录数据的基本方法。表格的格式需要按照不同的实验事先设计,一般要求把各个自变量(实验中测量的量)数据、计算过程数值、因变量数值、最后结果按照一定的顺序列成两维表格。可以采用首行是符号栏,首列是序号栏,其余是数据栏的格式。列表的要求:

(1) 表格应有一个标题或必要的说明;

(2) 符号栏应标明各个符号所代表的物理量及其单位;

(3) 数据栏的数据一般不带单位,要正确反映测量结果的有效数字。

列表法的优点是简单易行,条目清楚,便于检查结果的合理性,也便于寻找物理量之间的简单的关系和大致的变化规律。列表记录数据一般只是数据处理的第一步,更详细地分析数据要用公式法和图像法。

1.4.2 作图法

在坐标纸上将实验数据的自变量作为横坐标,因变量作为纵坐标描绘出对应关系曲线,再由曲线求出相应物理量的关系,进一步得出实验结论的数据处理方法叫做作图法,又称为图像法。坐标纸分为方格纸、半对数纸、双对数纸和概率纸等多种。作图法的优点是直观、形象。

1. 作图法的用途

(1) 求间接测量值。在用有限多个实验数据绘制了 y-x 线之后,可以通过这条曲线求与任意自变量 x 对应的因变量 y 值,也可以求与任意因变量 y 对应的自变量 x 值。在实验点之间求值称为内插,在曲线延长线上求值称为外推。对那些不能测量的点,比如 $x=0$ 或 $y=0$ 等特殊点用外推法求值尤其优越。

有些时候还可以通过作图法求直线的斜率和截距,以求得某些物理量的值。

(2) 求经验公式。根据实验曲线来寻找因变量对自变量的函数形式即经验公式。为便于判断,常常事先将某些常见函数绘成曲线谱,供寻找时参考。

(3) 寻找统计分布规律。用概率纸来探索物理量服从何种统计规律。

此外,作图法还可以验证物理定律,绘制仪器校正曲线,寻找仪器误差,帮助发现和剔除测量中的坏值等。

2. 作图规则

（1）先将所测数据列表整理，再根据需要选取坐标纸，纸的大小要与数据的有效数字位数相一致。

（2）确定坐标轴。一般以纵坐标代表因变量 y，横坐标代表自变量 x，根据数据正负、大小选好坐标轴的方向和比例，并用箭头和比例数标在坐标轴上。选取的原则是使曲线充满整个图纸。最后还要注意，注明曲线的名称和各坐标所代表的物理量及单位。

（3）根据数据表——找出各对应的实验点并给予明显的标记，比如在曲线上注上"△"或"○"等符号。如果每个实验点均系多次测量而获得，那么应用"ϕ"做记号，长度代表标准偏差，"○"为平均值。再根据实验点连成光滑、顺势的曲线。实验点不一定都落在曲线上，只要均匀地分布在曲线的两侧即可，切忌连成折线或多弯线，这样的曲线不能反映客观的单值的函数关系。另外，在测量数据时应该注意观察。当曲线出现弯曲部分时，取点尽量密集，在平直部分可以稀松。有条件时，可以一边测量一边描图，发现可疑之处，可以重测，以免最后前功尽弃。

（4）用曲线处理数据时，比如求斜率或截距，不要取个别实验点，应取平均效果，并注明获取数据的实验点位置及处理结果。

3. 曲线改直的作用

某些场合需要验证已知定律或预测新的规律，于是，两个相关物理量给成函数曲线，但很多函数的曲线，比如双曲线、抛物线等不是单用视觉就能区分和判断的，必须采取适当的变换将曲线形式改成直线形式，再由作图来判断是否符合直线关系，还可用改直后的直线求值。

思考题

1. 若用两种测量方法测量某零件的长度 $L_1 = 100$ mm，其测量误差分别为 $\pm 8\ \mu m$ 和 $\pm 7\ \mu m$，而用第三种方法测量另一零件的长度 $L_2 = 130$ mm，其测量误差为 $\pm 10\ \mu m$，试比较三种测量方法准确度的高低。

2. 试总结发现和消除粗大误差有哪些可行的方法。

3. 将下面的数修约至小数点后第三位：3.141 59，3.216 50，5.263 5，6.378 501。

4. 对一组测量数据进行结果计算后，得到的结果是：$x = 90.56 \pm 0.02$；对这个结果的解释是这个结果表示测量值 90.56 与真值之差等于 0.02；这个解释对否，为什么？

2 粉体粒度测试技术

粉体粒度及粒度分布的测量在实际应用中非常重要。在工农业生产和科学研究中的很多固体原料和制品,都是以粉体的形态存在的,粒度大小及分布对这些产品的质量和性能起着重要的作用。例如催化剂的粒度对催化效果有着重要影响,水泥的粒度影响凝结时间及最终的强度,各种矿物填料的粒度影响制品的质量与性能,涂料的粒度影响涂饰效果和表面光泽,药物的粒度影响口感、吸收率和疗效,等等。因此在粉体加工与应用的领域中,有效控制与测量粉体的粒度分布,对提高产品质量、降低能源消耗、控制环境污染、保护人类的健康具有重要意义。常用的测试方法有显微镜法、筛分法、沉降法、比表面积法及激光衍射法等。

2.1 粒径的定义

2.1.1 颗粒粒径

颗粒的粒度是粉体诸物性中最重要的特性值。为了正确地表达这一特性值,需要规定其测定方法和表示方法。

粒度是颗粒在空间范围所占大小的线性尺度。粒度越小,颗粒的微细程度越大。表面光滑的球形颗粒只有一个线性尺寸,即直径。粒度就是直径。非球形颗粒或虽然大体上是球形,但表面不光滑的颗粒,用直径来表示显然欠确切,因此,表示颗粒大小引用"粒径"的概念。所谓粒径,即表示颗粒大小的一因次尺寸。同一颗粒,由于应用场合不同,测量的方法也往往不同,所得到的粒径值也不同,筛分所得到的粒径是筛孔尺寸,沉降所得到的是某种沉降特性相同的球形颗粒的直径等等。

无论从几何学还是物理学的角度来看,球是最容易处理的。因此以球为基础,把颗粒看作相当的球。以球的直径来表示颗粒的大小,如,与颗粒同体积的球的直径称为等体积球当量径。若某边长为1的正方体,其体积等于直径为1.24的圆球体积,因此1.24就是推导而来的体积直径,也就是颗粒的等体积球当量径。

对于不规则颗粒,被测定的颗粒大小通常取决于测定的方法,因此选用的方法应尽可能反映出所希望控制的工艺过程。例如,对于颜料测定,颗粒的投影面积很重要,对化学药剂应测定它的总表面积。颗粒投影面积可逐个用显微镜测得,而颗粒的表面积通常是用一份已知质量或体积的标样来测定。所得的表面积与选用的方法有关,譬如用气体透过法测得的表面积的数值远小于用气体吸附法测得的数值。因气体透过法测得的颗粒表面积是气体分子所能达到的表面积,所以如颗粒有很细的小孔时,表面积的数值决定于气体分子的大小。

测定颗粒大小的技术中,显微镜法是用得较广的观察单个颗粒的方法。每个颗粒都有无数不同方向的直线长度,只有将这些长度加以平均才能得到有效数值。当测定平行于某固定方向的直线尺寸(如 Martin 径、Feret 径、定向最大径等)而得到的颗粒分布,反映了这些颗粒的投影面积的大小分布,这些粒径叫做统计粒径。通常用显微镜测得的是颗粒在稳定位置的投影面粒径。表 2.1 列出一些颗粒粒径的物理意义。这些粒径通常被用于颗粒群,而颗粒大小分布用所测的或所推导的粒径来表示。有相同粒径的颗粒可能具有非常不同的形状,因此不能孤立地用一个参数来考虑。

一个颗粒群具有无限数的统计粒径,因此只有在测定了足够的颗粒,得出在一定范围内的平均统计粒径时,这些粒径才是有意义的。

表 2.1　颗粒粒径的定义

符号	名称	定义	公式
d_y	体积球当量径	与颗粒具有相同体积的圆球直径	$d_y = \left(\dfrac{6V}{\pi}\right)^{1/3}$
d_s	等表面积球当量径	与颗粒具有相同表面积的圆球直径	$d_s = \left(\dfrac{S}{\pi}\right)^{1/2}$
d_w	等面积体积球当量径	与颗粒具有相同的表面积和体积比的球直径	$d_w = \dfrac{d_v}{d_{sa}}$
D_a	等投影面圆当量戏	与颗粒投影图形面积相等的圆的直径	$d_a = \left(\dfrac{4A}{\pi}\right)^{1/2}$
d_L	等周长圆当量径	与颗粒投影图形周长相等的圆的直径	$d_L = \dfrac{L}{\pi}$
d_F	Feret 径	沿一定方向测颗粒投影像的两平行线间的距离	
d_M	Martin 径	沿一定方向将颗粒投影面积二等分的线段长度	
	定向最大径	沿一定方向测量颗粒投影像,测得的最大宽度的线度	
d_A	筛分直径	颗粒可以通过的最小方筛孔的宽度	
	Stokes 直径	在流体中颗粒的自由降落直径(层流区 $Re < 0.2$)	

2.1.2　平均粒径

在生产实践中,我们所涉及到的往往并非单一粒径,而是包含不同粒径的若干颗粒的集合体,即颗粒群。其平均粒径通常用统计数学的方法来计算。

假定颗粒群按粒径大小可分为若干粒级,其中第 i 粒级($d_{i-1} \sim d_i$)的粒径为 d_i,颗粒数为 n_i,占颗粒群总个数的分数为 f_{in},则平均粒径 D 的计算方法通常有以下几种。

1. 算术平均径

$$D = \frac{\sum n_i d_i}{\sum n_i} = \frac{\sum f_i d_i}{\sum f_i} \tag{2.1}$$

若 $\sum f_{in} = 100\%$，则有

$$D = \frac{1}{100} \sum f_{in} d_i \qquad (2.2)$$

式中 f_i 为第 i 粒级的质量分数。

2. 几何平均径

$$D_g = \prod d_i f_i \qquad (2.3)$$

将上式两边取对数,得

$$\lg D_g = \sum f_i \lg d_i \qquad (2.4)$$

3. 加权平均径

加权平均径的通式为

$$D = \left(\frac{\sum f_{in} d_i^{\alpha}}{\sum f_{in} d_i^{\beta}} \right)^{\frac{1}{\alpha - \beta}} \qquad (2.5)$$

当 $\alpha = 1$，$\beta = 0$ 时,有个数长度径;

当 $\alpha = 2$，$\beta = 1$ 时,有长度面积平均径;

当 $\alpha = 3$，$\beta = 2$ 时,有面积体积平均径;

当 $\alpha = 4$，$\beta = 3$ 时,有体积矩平均径。

2.2 颗粒的形状

2.2.1 颗粒的形状

颗粒的形状是指一个颗粒的轮廓或表面上各点所构成的图像。由于在工业和自然界中遇到的颗粒千差万别,长期以来人们使用语言术语和数学术语两种方法描述颗粒的形状。表 2.2 列出了颗粒形状的定义。

对评定颗粒形状有两种观点:一种是颗粒的实际形状并不重要,而所需要的是用于以比较为目的的数字;另一种是应该从测定数据中有可能恢复原来的颗粒的形状。

表 2.2 颗粒形状的定义

名 称	定 义	名 称	定 义
针 状	颗粒似针状	片 状	颗粒为扁平形状
多角状	颗粒具有清晰边缘的多边形或多角状	粒 状	颗粒接近等轴,但形状不规则

续　表

名　称	定　义	名　称	定　义
枝　状	颗粒在流体介质中自由发展的几何形状,具有典型树枝状结构	不规则状	颗粒无任何对称性的形状
纤维状	颗粒具有规则的或不规则的线状结构		

2.2.2　形状系数

绝大多数粉体颗粒都不是球形对称的,颗粒的形状影响粉体的流动性、包装性能、颗粒与流体相互作用,以及涂料的覆盖能力等。所以严格地说,所测得的粒径,只是一种定性的表示。如果除了粒径大小外,还能给出颗粒形状的某一指标,那么就能较全面地反映出颗粒的真实形象。常用各种形状因数来表示颗粒的形状特征。

颗粒的各种“大小”之间的数字关系取决于颗粒形状,而颗粒各种大小的无量纲组合称为形状指数,测得颗粒各种大小和颗粒的体积或面积之间的关系称为形状系数。

1. 颗粒的扁平度和伸长度

$$扁平度\ m = 短径\ /\ 厚度 = b/h \tag{2.6}$$

$$伸长度\ n = 长径\ /\ 短径 = l/b \tag{2.7}$$

2. 形状系数

不管颗粒形状如何,只要它是没有孔隙的,它的表面积就一定正比于颗粒的某一特征尺寸的平方,而它的体积就正比于这一尺寸的立方。如果用 d 代表这一特征尺寸,那么有:

$$S = \pi d_S^2 = \phi_S d^2 \tag{2.8}$$

$$V = \frac{\pi}{6} d_V^3 = \phi_V^3 d^3 \tag{2.9}$$

故

$$\phi_S = \frac{S}{d^2} = \frac{\pi d_S^2}{d^2} \tag{2.10}$$

$$\phi_V = \frac{V}{d^3} = \frac{\pi d_V^3}{d^3} \tag{2.11}$$

ϕ_S 和 ϕ_V 分别称为颗粒的表面积形状系数和体积形状系数。显然,对于球形对称颗粒 $\phi_S = \pi$、$\phi_V = \pi/6$。各种形状颗粒的 ϕ_S 和 ϕ_V 值见表2.3。

表 2.3　各种形状的颗粒的 ϕ_S 和 ϕ_V 值

各种形状的颗粒	ϕ_S	ϕ_V
球形颗粒	π	$\pi/6$
圆形颗粒(水冲砂子、溶凝的烟道灰和雾化的金属粉末颗粒)	2.7~3.4	0.32~0.41

各种形状的颗粒	ϕ_S	ϕ_V
带棱的颗粒（粉碎的石灰石、煤粉等粉体物料）	2.5～3.2	0.20～0.28
薄片颗粒（滑石和石膏等）	2.0～2.8	0.12～0.10
极薄的片状颗粒（云母、石墨等）	1.6～1.7	0.01～0.03

3. 球形度

球形度 ϕ（Carman 形状系数）是一个应用较广泛的形状系数，它的定义是：一个与待测的颗粒体积相等的球形体的表面积与该颗粒的表面积之比。已知颗粒的当量表面积直径为 d_S，当且体积直径为 d_V，则其表达式为：

$$\phi = \frac{\pi d_V^2}{\pi d_S^2} = \left(\frac{d_V}{d_S}\right)^2 \tag{2.12}$$

2.3　显微镜法

2.3.1　原理

显微镜法是少数能对单个颗粒同时进行观察和测量的方法。除颗粒大小外，它还可以对颗粒的形状（球形、方形、条形、针形、不规则多边形等），颗粒结构状况（实心、空心、疏松状、多孔状等）以及表面形貌等有一个认识和了解。因此显微镜法是一种最基本也是最实际的测量方法，常被用来作为对其他测量方法的一种校验甚至确定的方法。

显微镜的测量下限取决于它的分辨距离。分辨距离是仪器能够清楚地分辨两个物点之间的最近距离。当两个颗粒相距很近，其边缘之间的距离小于分辨距离时，由于光的衍射现象，这两个颗粒的图像会衔在一起，似乎是一个颗粒而不能分辨它们；而若一个颗粒的粒径小于分辨距离，则该颗粒图像的边缘将会变得模糊不清。光学显微镜的分辨距离取决于光学系统的工作参数及光学的波长。对以白光（可见光）为光源的普通光学显微镜，它的测量下限为 0.5～0.8 μm，通常用于 1～200 μm 颗粒的测量。若采用波长更短的电子束替代可见光，可使分辨距离大大减小，电子显微镜的测量下限可达 1 nm（0.001 μm）。实际使用时，透射电子显微镜（TEM）的应用范围为 0.001～10 μm，而扫描电子显微镜（SEM）的应用范围为 0.005～50 μm。

从工作原理上讲，显微镜观察的是颗粒投影像。它所观察和测量的只是颗粒的一个平面投影图像。大多数情况下，颗粒在平面上的取位是其重心最低的那一个稳定位置，它在空间高度上的尺度（H）一般情况下要小于它的另两个尺度（宽度 B 和长度 L）。当为球形颗粒时，可以直接由投影图像测量其粒径；当为不规则颗粒时，显微镜的测量结果主要表征该颗粒的二维尺度（宽度和长度），而不能表征其另一维尺度（高度）。

其中常用的方法有 Ferct 径、Martin 径、定向最大径和圆当量径。

2.3.2 粒径测量

显微镜法测量的样品是极少量的,一般只有 0.1 g 左右。故取样和制样时要保证样品具有充分的代表性,同时要有良好的分散性,并把它们均匀地无固定取向地分散在载片上。这是得到可靠测量结果的重要前提。电子显微镜在高真空度下工作,且受到高能电子束的照射,为防止颗粒可能的脱落,要把样品颗粒沉积在厚度为 10~20 nm 的薄膜上或薄膜内,如碳膜、金膜或其他金属膜等。

为了得到统计意义上的测量结果,显微镜法需要尽可能多的颗粒进行测量。被测的颗粒数越多,测量结果就越可靠。尽管试样量极少,但颗粒数却很多(例如,粒径为 10 μm 的 0.01 g 试样中共有约上百万个颗粒)。由于人工目测的劳动强度大即使目前已发展了许多种不同功能的半自动或自动辅助测量装置,也不可能和没有必要把载片上所有颗粒都测量到。一般要求被测量的颗粒数不少于 600 个。为此,先要在载片上随机地选取若干个视场,每个视场中的颗粒数仍然很多,再进一步从选定的每一个视场中无倾向性地确定几个样区。样区中的颗粒则按以下方法计数和测量:

(1) 点计法。对样区中位于网络交点处的那些颗粒进行计数和测量,如图 2.1(a)所示(图中带有阴影的颗粒被计量,下同)。

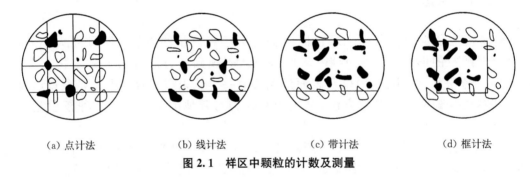

(a) 点计法　　　　(b) 线计法　　　　(c) 带计法　　　　(d) 框计法

图 2.1　样区中颗粒的计数及测量

(2) 线计法。对样区中位于直线上的颗粒进行计数和测量,如图 2.1(b)所示。

(3) 带计法。对样区中位于两平行线之间的颗粒进行计数和测量,如图 2.1(c)所示。其中位于一侧直线上的颗粒被计数和测量,而位于另一侧直线上的颗粒则不被计数和测量。

(4) 框计法。对样区中位于某一框形区域中的颗粒进行计数和测量,如图 2.1(d)所示。同理,位于矩形某一侧两边线上的颗粒被计数和测量,而另一侧两边线上的颗粒则不被计数和测量。

点计法的缺点是大颗粒的投影面积大,因此,落在网格交点并被计测到的概率比小颗粒的大(概率约与颗粒的线性尺度平方成正比),测量结果偏大。线计法同样存在上述缺点,但颗粒被计测到的概率与其线性尺度的一次方成正比。带计法和框计法较为合理,颗粒被计测到的概率基本上与其粒径大小无关。

要得到统计意义上正确可靠的测量结果,除被测量的颗粒数不应少于 600 个外,这些颗粒还应取自数十个不同的样区中。目前,普通的光学显微镜和人工目测仍然在一些场合中得到不少的应用。因此,为便于操作和测量,在由操作者对颗粒图像进行观测时,常常在目镜中插入刻有一定标尺和不同大小的直径圆的刻度片,如图 2.2 和图 2.3 所示。在有十字线刻度片的情况下,先由侧微仪将其移动到颗粒图像的一侧,再移动到图像的另一侧,两次读数差即为颗粒的大小。图 2.3 给出的是 Fairs 刻度片。片上各个圆的直径按 $\sqrt{2}$ 为等比的几何级数增加,最大和最小圆的直径比为 128:1。

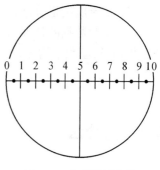

图 2.2 十字线刻度片

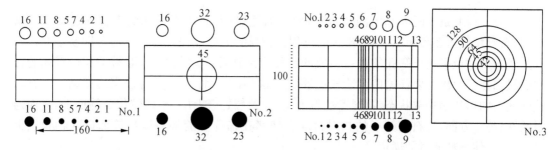

图 2.3 Fairs 刻度片

人工目测的劳动强度大,测量时间较长,测量的准确性也难以保证。一般电子显微镜则都是先拍照再进行后续处理的。

目前,已发展了许多不同功能的半自动和自动测量装置。它们的工作原理大致相同,当投射光点面积(可调节)和颗粒图像的面积相等时,输出一个与光点面积大小成正比的电信号,依次对这些电信号进行计数和测量,即可得到不同大小的颗粒各有多少。自动图像分析可以自动对图像或照片进行扫描,对每个颗粒进行计数和测量,并将测量结果输出或储存。所配的软件功能齐全,可以对颗粒计数,测量并计算颗粒的粒径、面积、周长和圆形度等,并给出所测试样的粒径分布(频率分布和累积分布)和各种平均粒径等。

2.3.3 光学显微镜测量粒径步骤

(1) 称取 0.5 g 试样(粉料)经多次四分法缩分达到约 0.01 g 为止,取干净的 75 mm×25 mm 的玻璃载片,将试样置于载片上。

(2) 滴几滴分散液体(蒸馏水、酒精、甲醇、丙酮等)于载面上用刮勺或玻璃棒进行揉研使样品分散,也可用另一玻璃载片覆上后进行揉研。揉研非常重要,若不适当,则颗粒不但不分散反而会聚团;并且注意不要使较大的颗粒被推移到载片的边缘,以免失去代表性。

(3) 待液体挥发后观察测定。

(4) 在目镜中插入带有十字线的直线刻度片,通过目镜观测。首先确定目镜刻度的单位,然后用 Feret 径、定向最大径等方法测量颗粒大小。

（5）记录所测定数据，测定个数不得少于 600 个。

（6）实验数据的处理与计算，分别计算采用 Feret 径和定向最大径测定的个数平均径、长度平均径、面积平均径、平均表面积径、平均体积径等。

2.4　筛分法

2.4.1　原理

筛分过程就是不同大小的固体颗粒混合物，通过筛面，小于筛孔的颗粒通过筛孔而落下，其余颗粒截留在筛面上，然后排出的过程。物料的筛分过程分为："分层"，即易于穿过筛孔的颗粒通过粒径大于筛孔的颗粒组成的颗粒层到达筛面；"分离"，即易于穿过筛孔的颗粒通过筛孔而分出。要使这两个阶段能够实现，物料在筛面上应具有适当的运动。一方面使筛面上的物料呈松散状态，物料产生粒度层，大颗粒处于上层，小颗粒位于筛面上，进而通过筛孔；另一方面，物料和筛子的相对运动会使堵在筛孔上的颗粒脱离筛面进入物料层上部，让出能使细粒通过的通道。

实际操作时，按被测试样的粒径大小及分布范围，一般选用 5～8 个不同大小筛孔的筛子叠放在一起。筛孔较大的放在上面，筛孔较小的放在下面。最上层筛子的顶部有盖，以防止筛分过程中试样颗粒的飞扬和损失，最下层筛子的底部有一容器，用于收集最后通过的细粉。被测试样由最上面的一个筛子加入，依次通过各个筛子后即可按粒径大小被分成若干个部分。称重并记录下各个筛子上的筛余量（未通过的物料量），求得被测试样以质量百分数表示的粒度分布（频率分布和累积分布）。筛分法适用 20～100 μm 的粒度分布测量。如采用电成形筛（微孔筛），其筛孔尺寸可小至 5 μm，甚至更小。

2.4.2　标准筛

标准筛系列，由一组不同规格的筛子所组成。泰勒系列中以目（Mesh）来表示筛孔的大小。目是每英寸（1 in = 25.4 mm）长度上的筛孔数。筛孔的目数越大，筛孔越细，反之亦然。200 目的泰勒筛，每英寸共有 200 筛孔数，筛网丝的直径为 0.053 mm，因此，筛孔的尺寸（孔宽）为 0.075 mm（75 μm）；美国泰勒标准系列筛以 200 目为基准，其他筛子的筛孔尺寸以 $\sqrt[4]{2}$ 为等比系数增减。例如，与 200 目相邻的 170 目和 250 目筛子的筛孔尺寸分别为 $75 \times \sqrt[4]{2}$（88 μm）和 $75 \div \sqrt[4]{2}$（61 μm），依此类推。

ISO（国际标准化组织）标准筛系列，直接标出筛子的筛孔尺寸，推荐的筛孔为 1 mm 的筛子作为基筛，以优先系数及 20/3 为主序列，其筛孔为（$\sqrt[20]{10}$）^{3} = 1.40 mm（化整值）；再以 R20 或 R40/3 作为辅助序列，其筛孔分别为（$\sqrt[20]{10}$）= 1.12 mm 或（$\sqrt[40]{10}$）^{3} = 1.19 mm。表 2.5 给出了 ISO 和美国泰勒系列标准筛。

表 2.5　ISO 标准系列与泰勒系列

泰勒系列		ISO 标准系列	泰勒系列		ISO 标准系列	泰勒系列		ISO 标准系列
目	筛孔尺寸/mm	筛孔尺寸/mm	目	筛孔尺寸/mm	筛孔尺寸/mm	目	筛孔尺寸/mm	筛孔尺寸/mm
5	3.962	4.00	24	0.701	0.710	100	0.147	—
目	筛孔尺寸/mm	筛孔尺寸/mm	目	筛孔尺寸/mm	筛孔尺寸/mm	目	筛孔尺寸/mm	筛孔尺寸/mm
6	3.327	—	28	0.589	—	115	0.124	0.125
7	2.794	2.80	32	0.495	0.500	150	0.104	—
8	2.362	—	35	0.471	—	170	0.088	0.090
9	1.981	2.00	42	0.351	0.355	200	0.075	—
10	1.651	—	48	0.295	—	250	0.061	0.063
12	1.397	1.40	60	0.246	0.250	270	0.053	
14	1.168	—	65	0.280	—	325	0.043	0.045
16	0.991	1.00	80	0.175	0.180	400	0.038	
20	0.833							

2.4.3　仪器设备

(1) SFY-B 音波振动筛分仪(图 2.4)。采用音波振动,振动台可以自动升降,可以设置振动时间、击打间隔和振动强度,按照所设条件完成振筛。电源电压交流 220 V,最大功耗 60 W,工作温度 5～35 ℃;振动台具有自动上升、下降功能;击打间隔可预置 1～9 s,0 为不击打;振动时间可预置 00～99 min,00 为不振动,振动幅度可调 1～10 W。

图 2.4　SFY-B 音波振动筛分仪

图 2.5　标准筛

(2) 试验用标准筛(图 2.5)。为有机玻璃或铝合金框架,不锈钢丝网,筛框外径 90 mm,内径 75 mm,粒径范围 10～400 目(2 000～38 μm),精密电成型网下限可到 10 μm(孔径任选)。

2.4.4　筛分析操作步骤

（1）试样准备。根据样品的真密度情况，称取粉体试样 A、试样 B，各 3～10 g。如试样含水分大，需将试样进行干燥。

（2）把 SFY-B 音频振动筛分仪置于稳定的工作台上，用毛刷把仪器内部清扫干净，把细粉收集器放在台上。

（3）根据试样的细度选择一套筛子（6 只筛子为宜），依筛孔尺寸大小从上到下排列套在一起，把待测样品投入顶部的最大筛孔的筛子上。将整套试验筛安放于振动筛分仪振动台上。

（4）按电源开关接通电源，根据待测样品的粒径，调节声波振幅旋钮，设置所需的击打间隔；设置所需的振动时间。

（5）按运行键，振动台自动上升，并按预置的振动时间、击打间隔进行声波振动。振动完毕，振动台自动下降。借助音频振动和机械振打，把粉体筛分成不同的筛分粒级。若继续分析样品，再按运行键即可。

（6）筛分结束后，把筛子取出，从一套筛子上取出一个筛子，须把附在筛网和筛框底部的粉末，用软毛刷扫到相邻的下一个筛子中，分别称量每个筛面和底盘上的粉末量，称量精确到 0.01 g。称重后把筛子反扣在光滑纸上轻轻地敲打筛框，清出筛子中所有的粉末。并用毛刷将筛子清扫干净，称量。

（7）每次筛分测定的所有筛子和底盘上细粉收集器内的粉末量总和应不小于试样的98%，否则须重新测定。

（8）注意事项：SFY-B 所配的标准筛不能接触酸碱，不能用手接触筛网。筛子应在40℃以下，清洁、干燥的环境下使用、保存。使用后用毛刷、蒸馏水轻轻刷洗筛子。当筛子用过数次后，发现筛孔堵塞严重时，应及时用超声波清洗。

2.4.5　数据处理及分析

1. 数据处理

设筛分时所用筛子数目为 n 个，则可分为 $(n+1)$ 个筛级，用每个筛级称量得到的粉末量除以粉末量总和，计算出该筛级粉体的百分含量，精确到 0.1%。试样的筛分结果可按表2.6 形式记录。

表 2.6　试样筛分记录表

试样名称＿＿＿＿＿＿＿＿＿＿＿＿　　　试样质量＿＿＿＿＿＿＿＿＿＿＿g

测试日期＿＿＿＿＿＿＿＿＿＿＿＿　　　筛分时间＿＿＿＿＿＿＿＿＿＿＿min

筛径范围/μm	试样质量/g	频率分布/%	筛上累积分布/%	筛下累积分布/%
总　计				

　　根据实验数据,在坐标纸上绘制累计分布曲线、频率分布曲线,可以更直观反映和分析粒度分布。研究粒度分布还常用数学表达式,早在 1916 年就有人提出了粉末产品颗粒分布的统计规律性,至今已有若干种粉末产品粒度分布的数学表达式,其中常用且较接近于实际的为 Rosin-Rammlar-Bennet 表达式,简称 RRB 方程。

$$R = 100\mathrm{e}^{-(\frac{d}{d_e})^n} \tag{2.13}$$

式中　R——粉末产品中某一粒径 $d(\mu m)$ 的筛余,%;

　　　　e——自然对数的底,$\mathrm{e} = 2.718$;

　　　　d_e——特征粒径(μm),对于一种粉末产品为常数;

　　　　n——均匀性系数,对于一种粉末产品,n 为常数。

对式(2.13)取两次对数得:

$$\lg \lg\left(\frac{100}{R}\right) = n\lg d - n\lg d_e + \lg \lg \mathrm{e} \tag{2.14}$$

可见式(2.14)在 $\lg \lg(100/R)$ - $\lg d$ 的坐标系中是一条直线,见图 2.6。

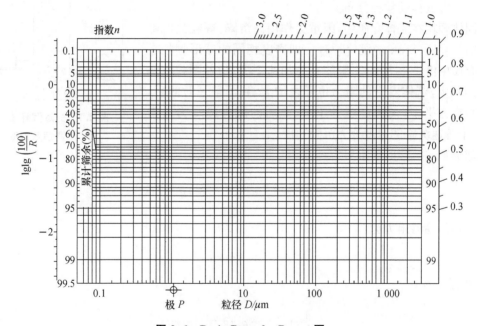

图 2.6　Rosin-Rammler-Bennet 图

　　当 $d = d_e$ 时,$R = 100\mathrm{e} = 36.8\%$,直线斜率为 n,直线与 $R = 36.8\%$ 的交点处的粒径为特征粒径 d_e。

2. 结果分析

　　一个筛子的各个筛孔可以看作是一系列的量轨(衡量物料运行的轨道)。当颗粒处于筛孔上时,有的颗粒可以通过而有的通不过。颗粒位于一筛孔处的概率由下列因素决定:粉末颗粒大小分布、筛面上颗粒的数量、颗粒的物理性质(如表面积)、摇动筛子的方法、筛子表面的几何形状(如开口面积、总面积)等。而位于筛孔上的颗粒是否能通过,则决定于颗粒的尺寸和颗粒在筛面上的角度。

筛分所测得的颗粒大小分布还决定于下列因素:筛分的持续时间、筛孔的偏差、筛子的磨损、观察和实验误差、取样误差、不同筛子和不同操作的影响等。

2.5 光透沉降法

2.5.1 原理

光透沉降法又称浊度沉降法或消光沉降法。设光束(通常为白光)在液面下某一固定深度处穿过待测悬浮液(图 2.7),由于颗粒的存在,光束穿过悬浮液后的强度受到衰减。令入射光的衰减和透射光的强度分别为 I_0 和 I,$I < I_0$,则入射光的衰减程度或消光值 I/I_0 是表征颗粒粒径的一个尺度。为此,测定消光值随时间的变化,即可从中求得试样的粒径分布。

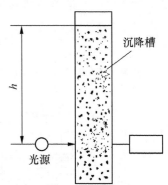

图 2.7 光透沉降法原理示意图

固体颗粒在流体介质中,因重力作用而沉降,颗粒的沉降符合斯托克斯(Stokes)沉降原理。即密度相同的球形颗粒在流体介质中由于重力作用,颗粒首先加速下沉,随着颗粒沉降速度的增大,流体对它的阻力也随之增大,到了某一时间后,阻力与重力平衡,加速度就等于零,此后的沉降速度为一常数,这个等速沉降的速度称为沉降速度。

球形颗粒沉降时的重力为:

$$G = \frac{4}{3}\pi r^2 (\rho_s - \rho_f) g$$

流体的黏滞阻力为:

$$F = 6\pi\mu r u$$

当 $G = F$ 时,

$$\frac{4}{3}\pi r^2 (\rho_s - \rho_f) g = 6\pi\mu r u \tag{2.15}$$

$$u = \frac{2r^2 (\rho_s - \rho_f) g}{9\mu} \tag{2.16}$$

若以直径 d 表示 $(d = 2r)$:

则

$$u = \frac{d^2 (\rho_s - \rho_f) g}{18\mu} \tag{2.17}$$

式中 u——直径为 d 的颗粒的沉降速度,m/s;

d——颗粒直径，m；

ρ_s——颗粒密度，kg/m³；

ρ_f——流体密度，kg/m³；

g——重力加速度，m/s²；

μ——液体黏度，kg/m·s。

式(2.17)为 Stokes 沉降公式。Stokes 定律适用于雷诺数很小的流动状态（$Re < 2$）。由 Stokes 沉降公式可知，颗粒的沉降速度与颗粒的粒径、颗粒密度、流体介质密度和黏度有关。同一物料在同一流体介质中沉降时，若颗粒大小不等，则其沉降速度也不相等。在时间 t（从悬浮液为均匀的瞬间算起）时，光束平面处（深度 h）的悬浮液中颗粒的粒径可由 Stokes 沉降公式决定，求出颗粒沉降速度和颗粒直径的关系。

$$d = \sqrt{\frac{18\,\mu h}{(\rho_s - \rho_f)gt}} \tag{2.18}$$

式中 h——沉降高度，m；

t——沉降时间，s。

当光束通过悬浮液时，除液体本身对光有吸收作用外，悬浮液中的粉末颗粒还对光有散射和吸收作用，因而产生光的强度的额外衰减。如给定沉降速度，可测量相应不同颗粒大小的不同沉降时间与光透过量的关系。此时光透过量和浓度的关系符合兰伯特-比尔（Lambert-Beer）定律，可得：

$$\lg I = \lg I_0 - K\int n_d d^2 \mathrm{d}x \tag{2.19}$$

式中 K——仪器常数；

n_d——在光路上存在的直径为 d 的颗粒个数；

I_0——入射光透过纯液体介质时光的强度；

I——入射光透过悬浮液的光的强度；

d——颗粒粒径。

根据式(2.18)把时间换算成颗粒直径，根据式(2.19)可求出那一时间的透过率对数，这样可测量出颗粒与透过率的关系。若经过时间间隔 $\Delta t = t_i - t_j (j = i+1)$ 后，通过悬浮液的光的强度由 I_i 变化到 I_j（$I_i > I_j$），由于在时刻 t_i 和时刻 t_j 所有粒径大于 d_i 和 d_j（$d_i < d_j$）的颗粒已沉降到光束平面处，在较大颗粒粒径条件下，可忽略消光指数的影响，故可进行以下处理：在颗粒粒径 $d_i \sim d_j$ 区间内中粒径 d_{ij} 颗粒质量为

$$m_{ij} \propto d_{ij}(\lg I_i - \lg I_j) \tag{2.20}$$

$$\sum m_{ij} \propto d_{ij} \sum (\lg I_i - \lg I_j) \tag{2.21}$$

则样品中粒径为 d_{ij} 的颗粒的质量百分数为：

$$M_{ij} = \frac{m_{ij}}{\sum m_{ij}} \cdot 100\% \tag{2.22}$$

由式(2.22)便可求出粒度分布的结果。

2.5.2 仪器设备

(1) NSKC-1 光透法粒度分析仪。
(2) 超声波清洗器、温度计、韦式液体比重天平、黏度计。

2.5.3 准备工作

1. 悬浮液浓度的选择

悬浮液浓度对颗粒测量误差影响较大。悬浮液浓度高,颗粒难以分散,容易引起再凝聚,同时也大大干扰沉降,得不到高的精度。本仪器所采用的光透法与重量法不同,可以在低浓度下测量,只需很少样品。一般测试时浓度可取 0.1%～0.02%(质量分数),以开始光透过值为满刻度的 90% 为佳,即光通量读数为 150～600。

2. 液体介质的选择

① 对粉末颗粒具有好的润湿性和分散性。

② 黏度应适当。若液体的黏度太小,将使能测定的最大粒径减小;若液体的黏度太大,则会不必要地增加测量时间,并且试样中的细颗粒,其沉降受布朗运动的干扰也会较为显著。

③ 选用的液体介质应不溶解试样,且不发生化学反应。

④ 无毒、无腐蚀性,挥发性不宜太大,并保证与测量样品不发生凝结、溶解等现象。

一般来说,最常用的分散介质是水和乙醇,有时还要在其中加入不同比例的甘油来调整分散介质的黏度,有些样品要用其他的分散介质。对分散介质要求还有高纯度,不含其他杂质,以免影响粒度测试。

3. 分散剂的选择及用量

为使介质液体对粉末有好的分散性,须加入适量的分散剂。分散剂的合理选择对精确测量的影响也很大,分散剂的种类很多,常用的有六偏磷酸钠、磷酸三钠、油酸、甘油、氨水、柠檬酸钾、葡萄糖等,要得到一种合适的液体介质、分散剂及其用量,必须做条件试验,也可参见相关的测试手册。

分散剂的用量也是应注意的问题。加入太少,分散作用不明显;加入太多,则可能反过来产生凝聚作用。通常较适合的范围是 0.001%～0.1%(质量分数),具体可由经验掌握。

4. 取样及试样的分散

取样要具有代表性,可按缩分法取样 1～2 g,加入分散介质及分散剂,可用机械搅拌分散 10～20 min,然后取出均匀悬浮液放置于沉降槽中,再将沉降槽上盖反置并用手压紧,上下倒置数次后放入检测槽开始测定。也可用超声分散,将装有悬浮液的容器放置于超声波清洗器,分散 2～5 min。

5. 悬浮液黏度的测定

用量筒量取 200 mL 蒸馏水,其黏度可用甘油调整,加入分散剂,在悬浮液配好后,用奥氏黏度计测定其黏度,并按下式计算:

$$\frac{\mu_1}{\mu_2} = \frac{\rho_2 t_1}{\rho_1 t_2} \tag{2.23}$$

式中　μ_1——悬浮液的黏度，g/(cm·s)；

　　　μ_2——蒸馏水的黏度，g/(cm·s)；

　　　t_1——悬浮液自黏度计刻度 C 降到 D 的时间，s；

　　　t_2——蒸馏水自黏度计刻度 C 降到 D 的时间，s；

　　　ρ_1，ρ_2——分别是悬浮液和水的密度。

测定方法如下，将一定量的蒸馏水（如 6～8 mL）注入奥氏黏度计的右支管，借助抽气球，将水从右支管吸到左支管，并使液面上升到刻度 C 以上，然后使液面自由下降并用秒表测定液面自 C 降到 D 所需的时间 t_2（即从 C 到 D 间液体流经毛细管所需的时间）。重复测 3 次，取其平均值，用同样的方法测定同温度同体积的悬浮液由 C 降到 D 所需的时间 t_1，记下水的温度，从附录中查出水的相对密度和黏度，由于两者测定的条件相同，则其黏度的关系符合式(2.23)。

6. 悬浮液相对密度的测定

悬浮液相对密度可以用液体比重天平（韦氏比重天平）来测定。它由支架、横梁、玻锤、玻璃圆筒、砝码及游码组成。横梁的右端等分为 10 个刻度，玻锤在空气中的质量为 15 g，内附温度计，温度计上有一道红线或一道较粗的黑线，用来表示在此温度下玻锤能准确排开 5 g 水。此比重天平设水在该温度时的相对密度为 1，玻璃圆筒用来盛样品。砝码的重量与玻锤相同，用来在空气中调节比重天平的零点。游码组本身质量为 5、0.5、0.05、0.005 g，在放置比重天平横梁上时，表示质量的比例为 0.1、0.01、0.001、0.000 1。如 0.1 的，放在比重天平横梁 8 处即表示 0.8；0.01 的，放在 9 处表示 0.09；依此类推。

测定时将支架置于平面桌上，横梁架于刀口处，挂钩处挂上砝码，调节升降旋钮至适宜高度，旋转调零旋钮，使两指针吻合。然后取下砝码，挂上玻锤，在玻璃圆筒内加水至 4/5 处，使玻锤沉于玻璃圆筒内，调节水温至 20℃（即玻锤内温度计指示温度），将 0.1 的游码挂在横梁的刻度处，再调节调零旋钮使两指针吻合，然后将玻锤取出擦干，加欲测样品于干净圆筒中，使玻锤浸入至以前相同的深度，保持样品温度在 20℃，试放四种游码，至横梁上两指针吻合，游码所表示的总质量，即为 20℃时的相对密度。玻锤放入圆筒内时，切勿碰及圆筒四周及底部。

2.5.4　操作步骤

首先，插上电源插头，按下电源开关，这时电源灯亮，微安表有指示。然后按下微机 PC-E500 的电源开关，则有下述几种情况：

若微机处于 BASIC 模式，则自动进入测量状态；

若微机处于总菜单下，按 PF1 键，进入 BASIC 模式，则自动进入测量状态；

若微机处于其他模式，则按 MENU（菜单）键，进入总菜单，再按 PF1 键，进入 BASIC 模式，则自动进入测量状态；

屏幕显示过题头图案后，显示主菜单：

Phote extinection

Sedmentation Analyzer

NH Powder-Measure，LAB

〔SET〕 〔MEA〕 〔CAL〕 〔TAB〕

可选择：

按 PF1 进入〔SET〕设置；

按 PF2 进入〔MEA〕进行测量；

按 PF3 进入〔CAL〕对测量结果进行计算处理；

按 PF4 进入〔TAB〕对计算结果列表、输出。

进行粒度分析，必须先进入 SET 状态，然后再进入 MEA 状态，最后进入 CAL 和 TAB 状态。

1. 设置参数

按 PF1 键进入。

显示提示：The Date＝()?

此时，可输入日期，如 93.5.20↓(↓表示回车，即 ENT 键)，日期形式不限，这个日期将打印在输出的测量结果上。亦可回车，默认()中的原输入值。以下输入设置参数时，若有()，则可选用默认值，不再赘述。

屏幕接着提示：Sample Name＝()?

要求输入样品名，可以输入任意的字符，如 L1↓，或默认原值。

屏幕接着提示：ρ＝(0.01)?

提示输入沉降液的黏度值(默认值为 0.01)，单位为泊(1 P＝10^{-1} Pa·s)。

屏幕接着提示：ρ_s＝(2.6 g/cm^3)?

提示输入颗粒的真密度数值，或默认值。

屏幕接着提示：ρ_e＝(1 g/cm^3)?

提示输入沉降液的密度值，或默认值。

屏幕接着提示：h＝(4 cm)?

提示输入沉降高度。沉降高度的确定由沉降工况和分析粒径范围要求，以及沉降筒来确定。输入实际选择的沉降高度，或默认值。

如按上述默认值输入，屏幕接着显示最大测量粒径：

NO.	D/μm	dT－N	N/min	dT—N
1	@55.44	14	0	0

dT－N 表示重力沉降所需的时间，可按↓标记@移至下一行，按→键，在? 标记处输入第二级粒径，按↓后，在? 处输入设置转速(本实验可不输)，输完后按 E 键可退出。

接着问是否测量零点。若对设置参数不满意，选 N，可退到主菜单，重新设置。若已经测过零点，不想再测，也可按 N。否则按 Y，进行零点测量。

屏幕显示：

Measure the zero?

Start；End——操作提示

XXX——测点数

1 831——测量值

屏幕第二行提示表示按 S 开始测量，按 E 停止测量；第三行显示的数字表示测点数(数字不变时表示在测量准备状态,即仅作测量,不计时,不计算也不存储);第四行为测量值。未按 S 前,点数不变,而测量正常时在测量值最后一位上有 1～2 个字的跳动。当放入装有清洁的沉降液的沉降槽后,按 S 键,这时测量点数从 1 开始增长,直到 20 为止。然后显示测得的零点值:

ZERO＝XXXX.XX

PRESS ANY KEY TO CONTINUE

最后按任意键回到主菜单。

在测零点状态,可以调整系统零点和满度。其方法是:用一个不透光的物体插入检测槽,完全遮住检测光,然后用起子调节零点电位器,使计算机显示的数字尽可能接近 1,拿掉遮光物体,用起子调节满度电位器,使计算机显示的数字为 1 800～1 900。

若对以上设置参数和零点不满意,仍可在主菜单上选择[SET],重新设置参数和零点。

2. 测量

设置完成后方可进入测量,在主菜单上按 PF2 选择[MEA],显示为:

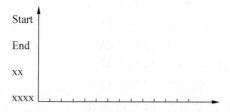

屏幕第 1 行提示按 S 键开始,第 2 行提示按 E 停止测量。屏幕左边第 3 行数字为测量序号,第 4 行数字为测量值,屏幕横轴表示测量粒径。因为随测量时间的延长,所测到的粒径越小,按时序横轴上粒径由大到小排列。

这时可以制样:待测样品与已知黏度的沉降介质配成浓度约 0.5% 的沉降液,经充分分散,搅拌均匀后倒入沉降槽中,其数量需正好到达测量高度。沉降液的浓度也可通过测量来确定。

将分散、搅拌均匀的沉降液倒入沉降槽中,第 4 行数字显示在 200～400 为宜。在沉降槽中配制沉降液时浓度从小到大较为方便。

当把装好一定量粉体且充分分散、搅拌均匀的沉降槽放入测量槽中,立即按下 S 键,这时测点序号从 1 开始不断增长,测量值也开始不断增大,从屏幕上开始出现不断延长的测量曲线。到了最终测量点数,发出几声叫声,第 1 行 MEA 和第 2 行 END 没有了,测量序号和测量值都不再变化,屏幕上留下一条完整的测量过程曲线,此时,按任意键回到主菜单。

3. 记录和打印原始数据

在主菜单上按 PF3[CAL]进入计算。等待几秒之后,显示原始数据,此时将所显示的原始数据记录下来,也由计算机输出打印。

4. 仪器使用注意事项

① 仪器启动时,应先开主机电源,再开计算机电源,否则计算机可能出现停止运行的故障。

② 计算机出现故障时,应关掉计算机电源后重新开机。

③ 屏幕显示 SI(MAIN)

ALL CLEAR OK？（Y/N）

必须按(N)键,否则将消除所有的程序。

④ 沉降槽为精密光学玻璃部件,应小心拿放,不要用手摸光学面,不干净时要用擦镜头专用工具擦拭。

2.6　激光法

激光法是用途最广泛的一种粒度测试的方法。它具有测试速度快、动态范围大、操作方便、重复性好等优点,是现代粒度测量的主要方法之一。

2.6.1　原理

光在行进过程中遇到颗粒,有一部分偏离原来的传播方向,这种现象称为光的散射或衍射。颗粒尺寸越小,散射角越大;颗粒尺寸越大,散射角就越小,见图 2.8。当一束平行的单色光照射到颗粒上时,在傅利叶透镜的焦平面上将形成颗粒的散射光谱,这种散射光谱不随颗粒运动而改变,通过米氏散射理论分析这些散射光谱就可得出颗粒的粒度分布。

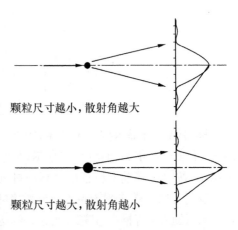

颗粒尺寸越小,散射角越大

颗粒尺寸越大,散射角越小

图 2.8　两种球形粒子的散射图

在一定限度内,系列粒子的散射图形等同于各个粒子散射图形的叠加。通过运用数学叠合法程序使用光学模型计算单位体积颗粒在所选粒度区间的散射图,就可计算出颗粒的体积粒度分布。这一散射图形最接近于所测出的图形。

图 2.9 是经典的激光粒度仪的原理结构。从激光器发出的激光束经显微物镜聚焦、针孔滤波和准直镜准直后,变成直径约为 10 mm 的平行光束。该光束照射到待测颗粒上,一部分光被散射。分散光经傅利叶透镜后,照射到光电探测器阵列上。由于光电探测器处在傅利叶透镜的焦平面上,因此探测器上的任一点都对应于某一确定的散射角。光电探测器阵列由一系列同心环带组成,每个环带是一个独立的探测器,能将投射到上面的散射光能转换成电压,然后送给数据采集卡,该卡将电信号放大转换后送入计算机。

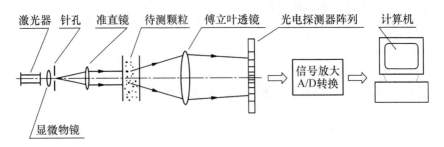

激光器　针孔　准直镜　待测颗粒　傅立叶透镜　光电探测器阵列　计算机

信号放大 A/D 转换

显微物镜

图 2.9　激光粒度仪的原理结构

分散成足够浓度的试样,与传输介质(液体或气体)一起通过测量区。颗粒流被激光束照射测量。入射光束和颗粒的相互作用就形成了不同角度下不同光强的散射图。由直接光和散射光组成的光强角度分布 $I(\theta)$,被一个正像透镜或一个透镜组聚焦,然后到多元探测器上。透镜(或透镜组)就会形成一个散射图,在限定范围内散射图形状不依赖于光束中的颗粒位置。因此,连续的光强角度分布 $I(\theta)$ 在多元探测器上就被转变成一个连续的空间光强分布 $I(r)$。

毫无疑问,记录的颗粒系统散射图与所有随机相对位置单个颗粒的散射图的总和是相同的。注意,仅仅在某一限定光散射角度范围内的散射光被透镜收集到,同样,这些光才可被探测器检测到。

探测器一般是由大量的光电二极管组成,一些仪器在移动缝的结合处使用一个光电二极管。光电二极管将空间的光强分布 $I(r)$ 转变成一系列光电流 I_n,随后电子元件将光电流转化成一系列强度或能量矢量 L_n,并使之数字化,L_n 就代表散射图。中央元件用来测量非散射光的强度,通过计算,进行光学浓度的测量。一些仪器能提供一种特殊几何形状的中央元件,以便通过移动探测器或透镜来进行探测器中心定位和再聚焦,必须固定探测器的位置以防止来自于表面的反射光再进入光学系统。

计算机用来控制测量及贮存和控制检测信号,贮存和(或)计算适当形式的光学模型(通常作为一个矩阵模型,它包含单位粒度和单位体积的光散射矢量,被测光散射矢量与探测器的几何形状和灵敏度成比例),计算颗粒粒度分布,同时计算机也可以用来自动控制仪器。

2.6.2 仪器设备

BT‐9300H 激光粒度仪、超声波仪、搅拌器、取样器等。
图 2.10 是 BT‐9300H 激光粒度仪的原理图。

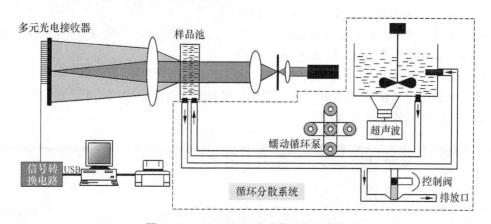

图 2.10　BT‐9300H 激光粒度仪原理图

2.6.3 操作步骤

1. 准备工作

(1) 悬浮液浓度的选择(参见 2.5.3 节)。

（2）分散介质的选择。任何一种已知折射系数的光学透明液体都可以使用。这样，许多液体都可作为粉末的液体分散剂。

如果一种有机液体用作分散剂，那么要遵守当地的健康和安全规章。当使用高蒸气压的液体时应使用槽盖，以防止在超声波浴上方形成危险的蒸气聚集或由于流体中的蒸气波动产生低温区而发生折射光方向的变化。

（3）分散剂的选择及用量（参见2.5.3节）。

（4）取样及试样的分散方法，对于干粉体，通过适当分样技术（例如旋转分样技术），来准备一个具有代表性的和有适宜测量体积的试样。如果最大粒度超过了测量范围，那么须预先除去原料中太粗的颗粒，例如预先筛分。在这种情况下须确定并记录除去的数量及百分比。

2. 测试步骤

单击"测量"菜单，进入粒度测试状态。

（1）文档：单击"测量-测量向导"项，进入"测试文档"窗口。"测试文档"窗口是用来记录样品名称、介质名称、测试单位、样品来源、测试日期和测试时间等原始信息的，这些信息将在测试报告单中打印出来。

（2）背景：单击"下一步"进入"测试背景"窗口，见图2.11。

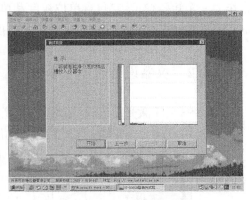

背景数据实际上是在样品池中没有加入样品的情况下光电接收器阵列的某些通道上的电信号，其数值一般为1～10。在图2.11中单击"开始"按钮，电脑就自动采集背景数据，正式测试时电脑将自动扣除背景数据，以消除样品池、介质等非样品因素对测试结果的影响，使测试结果更加准确。图2.12是背景数据不正常时的几种情形，要通过调整光路、调整样品池位置、更换纯净介质、清洗样品池、打开粒度仪的

图 2.11　背景测量窗口

电源等方法消除这些状态，重新测试背景数据。背景数据正常时（图2.11状态），单击"下一步"进入图2.13的浓度测试状态。

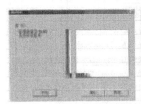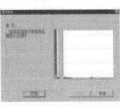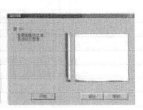

图 2.12　几种不正常背景情况

需要说明的是，背景数据反映仪器的稳定性、灵敏度、光路对中的状态。背景数据小于1，说明仪器的灵敏度较低；背景数据大于或等于10，说明光路稍有偏移（对测试较细的样品一般没有影响）；背景数据不稳定说明仪器的稳定性变差。

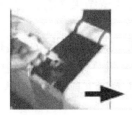

图 2.13　测试浓度

（3）浓度：在图 2.11 中单击"下一步"按钮，进入"浓度"测量窗口，见图 2.13。这时用注射器将样品注入仪器的样品池中，将仪器盖好，在图 2.13 状态下单击"开始"，系统就进行浓度测试过程并显示浓度数据。系统允许的浓度数据为 10～60。如果浓度数据小于 10，说明样品池中样品的浓度太低，要再加入一些样品；如果浓度数据大于 60，说明样品池中样品的浓度太高，要将样品池取出，倒掉样品，清洗干净，加入介质重新测量背景，然后再加入适量的样品。当浓度合适后单击"下一步"按钮，就进入粒度测试状态了。

（4）测试：在图 2.13 中单击"下一步"进入"测试"窗口，见图 2.14。在图 2.14 中单击"开始"按钮开始进行粒度测试。

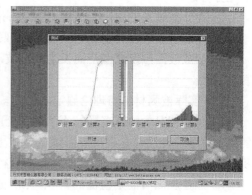

需要说明的是，测试浓度整个过程中仪器上的搅拌器都应处于搅拌状态。系统允许的浓度最大范围为 10～60，并不是说一个样品的浓度值在此范围内任意设定都是合适的。对一个具体的样品，浓度应控制在一个更小的范围内（比如 30～40），这样测试结果的重现性更好。浓度数据大小表示样品使激光发生散射的强度（遮光率），而不是样品的百分比浓度。一般情况

图 2.14

下，样品的百分比浓度与所显示的浓度数据（遮光率）成正比。但当样品浓度超过一定限度时，浓度数据反而减小，这是因为样品浓度太高，散射光被遮挡所致。

在"设置—测试参数—测试次数"中可以设置测试次数（1～100）。所得到的测试结果为多次测试的平均值。

（5）结果：在图 2.14 中单击"下一步"，则显示测试结果。测试结果将以表格、图形、典型结果三种形式显示出来，见图 2.15。

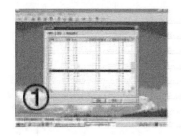
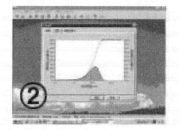

图 2.15　测试结果的三种显示

图 2.15 状态下单击"确定",系统返回到开始状态,这时可以对测试结果进行保存、打印、转换等操作。

(6) 注意事项:①仪器启动时,应先开主机电源,再开计算机电源,否则计算机可能出现停止运行的故障。②计算机出现故障时,应关掉计算机电源后重新开机。③沉降皿为精密光学玻璃部件,应小心拿放,不要用手摸光学面,不干净时要用擦镜头专用工具擦拭。

2.6.4 误差来源与诊断

(1) 系统的测量误差(偏差),可来自于不正确的试样制备,偏离材料的理论假设或是由于仪器不正当的操作和运行而造成的。

(2) 试样制备往往是引起误差的主要因素,经常来自于如下方面:

① 取样方法不正确,在测量区检测的是非代表性的试样;

② 分散方式不正确,如分散剂,分散介质选择不当或超声波分散时间不当,导致颗粒的不充分分散;

③ 在分散过程中由于机械外力(例如超声波)而使不该破碎的颗粒粉碎;

④ 在测量前或在测量期间,颗粒再团聚、长大、溶解等;

⑤ 分散液因蒸发或燃烧而发生温度波动,从而导致分散液或分散气体中产生不同的折射系数。

(3) 实际被测材料与理论假定的偏离。这些误差主要来自以下几方面:

① 现实情况中的许多颗粒不可能完全服从球形假设,非球形颗粒在不同方向具有不同的横截面积。而颗粒是在所有可能的方位上测量的,这就导致颗粒粒度分布相比于等效体积分布时有些加宽,并且,中位值和平均直径经常会向较大粒度偏移。

② 颗粒表面可能是粗糙的,而非光滑面。这就会引起传播光在边界散射,常常会有类似于在颗粒范围内的光吸收的影响。

③ 颗粒在光学上经常是不均匀的,诸如多孔颗粒可能导致大量的非常细小颗粒的明显出现,而这些颗粒实际上是不存在的。

④ 错误的光学模型或参数也可能被选用。例如,如果试样含有大量细小而透明的颗粒,而使用夫琅和费理论,可能计算得出更大数量的细小颗粒。

(4) 在操作程序或在仪器的运行中出现的误差,列举如下:

① 出现粒径超过测量范围的颗粒。在这种情况下,调整测量范围(改变透镜)或重新去掉过粗的原料,例如通过预先过筛;

② 在透镜工作距离外,试样通过激光束;

③ 透镜或测量窗口不干净,应清洗;

④ 测量仪在过高背景信号下工作;

⑤ 光学系统没有被正确调整;

⑥ 颗粒浓度过高,引起多元散射;

(5) 缺乏良好的维护,也可能导致随机误差。

① 测量时间不充分或记录了单个探测器的输出量;

② 浓度太低的情况下测量;

③ 仪器有缺陷,例如激光强度不稳定,或探测器元件有噪音。

(6) 测量过程的误差能通过以下方面进行校正:

① 通过空白实验,用至少一个小时来测量激光束的光强,它在仪器操作说明书中所提供的恰当的限定范围内应是稳定的。

② 在空白实验期间,观察来自各个探测器的信号:背景信号应显示出平滑的特征,仅显示微小的正值或为零;负数或超载(超过 100%)结果表明探测器出现误差,其原因为电子仪器出错或弄脏或擦伤了窗口玻璃或透镜。在定位的探测器元件上出现大的光强,是由于透镜光学表面破坏而产生的反射,以及透明小容器或别的部件被激光束照射。

③ 从重复的试样测量中,观察探测信号,计算每个元件的平均值和它们的标准偏差。并且根据先前测量的结果将所有探测元件的测量信号进行比较。大的系统差别或零值(对信号来说),通常表明探测器元件有误差,或电子仪器精度不高,或弄脏了窗口或透镜,或对光不准,或在制样和分散过程中出现空气泡或其他的问题。

④ 对于所有探测器元件,比较测量信号与计算信号之间的差别:大的系统差别表明元件有错或光学模型不正确。

(7) 分辨率、灵敏度。颗粒粒度分布的分辨率(例如,不同颗粒粒度间的区别能力)、灵敏度,通常由探测元件的数量、位置和几何形状,探测器元件的信噪比,粒度区间之间的散射图差异,颗粒材料的实际粒度范围等因素决定。

思考题

1. 显微镜观察测定颗粒投影粒径,其中常用的方法有哪几种?

2. 颗粒在层流流体中沉降时符合什么定律? 其沉降速度与哪些因素有关?

3. 质量平均径和个数平均径的区别是什么?

4. 什么是当量径?

5. 光透沉降法测量颗粒粒径时,其悬浮液浓度应如何选择? 悬浮液浓度对颗粒沉降有何影响?

6. 分散剂的作用是什么?

7. 筛分析的原理是什么? 筛分时间的长短对筛分析有何影响?

8. 干筛法与湿筛法各有什么特点?

9. 影响筛析法的因素有哪些?

10. 由粒度分布曲线如何判断试样的分布情况?

11. 由粒度分布曲线确定试样的平均径(中位径及最大概率径)是多少?

12. 分散介质的选择原则是什么? 最常用的分散介质有哪些?

13. 沉降法是否适用于测定密度不同的混合粉状物料?

14. 激光粒度仪的工作原理是什么?

3 比表面积测试技术

单位质量的粉体所具有的表面积总和称为比表面积。比表面积是物体的基本物性之一,可以通过测定粉体的比表面积求得其表面积粒度。

在钢铁冶炼及粉末冶金、电子材料、无机非金属材料、燃料、化工、药品以及石油化工中固体催化剂等很多行业的原料、半成品或最终产品是粉末状的。在工业生产中,一些化学反应需要有较大的表面积以提高化学反应速度,要有适当的比表面积来控制生产过程;许多产品要求有一定的粒度分布才能保证质量或者是满足某些特定的要求。

粉体有非孔结构和多孔结构两种特征,因此粉体的表面积有外表面积和内表面积两种。粉体比表面积的测定方法有勃氏透气法、低压透气法、气体吸附法等。理想的非孔性结构的物料只有外表面积,一般用透气法测定。对于多孔性结构的粉料,除有外表面积外还有内表面积,一般多用气体吸附法测定。

3.1 透气法

3.1.1 基本原理

透气法测定比表面积,是根据一定量的空气,透过含有一定空隙率和规定厚度的粉体层时所受到的阻力计算而得。粉体越细,空气透过时的阻力越大,则一定量空气透过同样厚度的料层所需的时间就越长,即粉体的比表面积值越大。反之,通过的时间就越短,比表面积值就越小。

透气法测定物料的比表面积主要是测定气体流过一定厚度的粉体层时受到物料阻力所产生的压力降。当流体(气体或液体)在时间 t 秒内透过含有一定空隙率的、断面积为 A、长度为 L 的粉体层时,其流量 Q 与压力降 Δp 成正比。即

$$\frac{Q}{At} = B \frac{\Delta p}{\eta L} \tag{3.1}$$

式(3.1)为达西法则。式中的 η 是流体的黏度系数,B 是与构成粉体层的颗粒大小、形状、充填层的空隙率等有关的常数,称为比透过度或透过度。

流体在粉体层颗粒与颗粒间的流动,可以看作在无数"假想"的毛细管中流动,可借助毛细管来研究流速与压力降的关系。颗粒越小,颗粒与颗粒间的空隙也越小,则一定空隙率的粉体层体积中的毛细管孔道数就越多,且毛细管孔道直径越小,气体通过的阻力越大,流动的速度越慢。因此可假定气体在孔道中流动为黏性流动,柯增尼(Kozeny)用泊萧

(Poiseuille)法则将在黏性流动中的透过度导入规定的理论公式。卡曼(Carman)研究了柯增尼式,发现关于各种粒状物质充填层的透过性的实验与理论很一致,并导出了粉体的比表面积与透过度 B 的关系式(式(3.2))。

$$B = \frac{g}{K \cdot S_V^2} \cdot \frac{\varepsilon^2}{(1-\varepsilon)^2} \tag{3.2}$$

式中　g——重力加速度;

　　　ε——粉体层的孔隙率;

　　　S_V——单位容积粉体的表面积,cm^2/cm^3;

　　　K——柯增尼常数,与粉体层中流体通路的"扭曲"有关,一般取5。

由式(3.1)及式(3.2)得出式(3.3)

$$S_V = \rho S_w = \frac{\sqrt{\varepsilon^3}}{1-\varepsilon} \sqrt{\frac{g}{5} \cdot \frac{\Delta p \cdot A \cdot t}{\eta L Q}}$$

$$S = \frac{\sqrt{\varepsilon^3}}{\rho(1-\varepsilon)} \sqrt{\frac{g}{5} \cdot \frac{\Delta p \cdot A \cdot t}{\eta L Q}} \tag{3.3}$$

$$= \frac{\sqrt{\varepsilon^3}}{\rho(1-\varepsilon)} \cdot \frac{\sqrt{t}}{\sqrt{\eta}} \cdot \sqrt{\frac{g}{5} \cdot \frac{\Delta p \cdot A}{L Q}}$$

式中　$\varepsilon = 1 - \dfrac{m}{\rho A L}$。

S 是粉体的质量比表面积,ρ 是粉体的密度,m 是粉体试样的质量。由于 μ、L、A、ρ、m 是与试样及测定装置有关的常数,所以,只要测定 Q、Δp 及时间 t 就能求出粉体试样的比表面积。

式(3.3)称为柯增尼-卡曼公式,它是透过法的基本公式。

对于一定的比表面积透气仪,仪器常数

$$K = \sqrt{\frac{g}{5} \cdot \frac{\Delta p \cdot A}{L Q}} \tag{3.4}$$

式(3.4)代入式(3.3)

$$S = \frac{K \sqrt{\varepsilon^3}}{\rho(1-\varepsilon)} \cdot \frac{\sqrt{t}}{\sqrt{\eta}} \tag{3.5}$$

在勃氏法测定比表面积时,常数 K 都用标准物质的测定值来代替,即

$$K = \frac{S_S \rho_S (1-\varepsilon_S)}{\sqrt{\varepsilon_S^3}} \cdot \frac{\sqrt{\eta_S}}{\sqrt{t_S}} \tag{3.6}$$

式中　S_S——标准试样的比表面积;

　　　ρ_S——标准试样的密度;

　　　t_S、ε_S、η_S——分别为标准试样测定时的时间、空隙率和空气黏度。

则所测试样的比表面积 S 计算式为:

$$S = \frac{S_S \rho_S (1 - \varepsilon_S)\sqrt{\varepsilon^3}}{\rho(1 - \varepsilon)\sqrt{\varepsilon_S^3}} \cdot \frac{\sqrt{t}\sqrt{\eta_S}}{\sqrt{t_S}\sqrt{\eta}} \tag{3.7}$$

3.1.2 测试方法

根据透过介质的不同,透过法分为液体透过法和气体透过法。目前测定粉体比表面积使用最多的是气体(空气)透过法。该方法的种类很多,根据使用仪器不同分别有:苏联的托瓦溶夫式 T-3 型透气仪、英国的 Lea-Nurse 透过仪、日本荒川-水度的超微粉体测定仪、美国弗歇尔式的平均粒度仪、美国勃莱恩式的勃氏透气仪(该装置由于透过粉体层的空气容积是固定的,故称为恒定容积式透过仪)等。我国目前水泥行业比表面积测定采用的标准是GB 8074—87。在众多的测试方法中,美国勃氏透气仪被大多数国家标准所采用。在国际交往中,水泥比表面积一般都采用勃莱恩(Blaine)数值。因此,在此介绍勃氏法测定比表面积的方法。

3.1.3 仪器设备

(1) 勃氏透气仪 图 3.1 为勃氏透气仪示意图。勃氏透气仪主要由透气圆筒(又称装料圆筒)、捣器、U 形管压力计及造成负压的抽气器组成。透气圆筒内径 12.7 mm,穿孔板上有 35 个直径为 1 mm 的小孔,捣器伸入圆筒的距离应保证料层的厚度为 15 mm,透气圆筒与 U 形管压力计直接连接,见图 3.2。

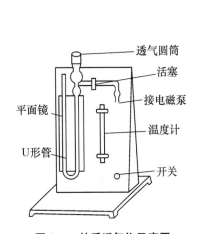

图 3.1 勃氏透气仪示意图

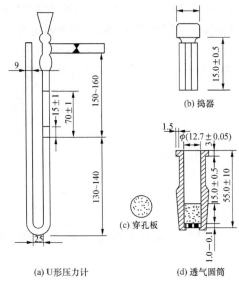

图 3.2 勃氏透气仪结构及主要尺寸(单位:mm)

用勃氏透气仪测试比表面积时,先使试样粉体形成空隙率一定的粉体层,然后打开抽气器抽真空,使 U 形管压力计右边的液柱上升到一定的高度。关闭活塞后,外部空气通过粉体层使 U 形管压力计右边的液柱下降,测出液柱下降一定高度(即透过的空气容积一定)所需的时间,即可求出粉体试样的比表面积。

　（2）计时秒表　精确到 0.05 s。

　（3）滤纸　采用符合国标的中速定量滤纸。

　（4）烘干箱　用于烘干试样。

　（5）分析天平　分度值为 1 mg。

　（6）压力计液体　采用带有颜色的蒸馏水（一般采用红色）。

　（7）标准试样

3.1.4　操作步骤

1. 仪器校正

（1）试料层体积的测定

用水银排代法。将两片滤纸沿圆筒壁放入透气圆筒内，用直径比透气圆筒略小的推杆往下按，直到滤纸平整地放在金属穿孔板上，然后装满水银，用一小块薄玻璃板轻压水银表面，使水银面与圆筒口平齐，并须保证在玻璃板和水银表面之间没有气泡或空洞存在。从圆筒中倒出水银称量，精确至 0.05 g，记下水银的质量 m_1，重复几次，至数值基本不变为止。然后取出一片滤纸，在圆筒中加入适量的粉体。再把取出的一片滤纸盖至上面，用捣器压实，直到捣器的支持环与圆筒顶边接触为止，取出捣器，再在圆筒上部空间加入水银，并压平，同样倒出水银称量，重复几次至水银质量不变为止，记下水银的质量 m_2，圆筒内试料层体积可按式（3.8）计算：

$$V = (m_1 - m_2)/\rho_S \tag{3.8}$$

式中　V——试料层体积，cm^3；

　　　m_1——未装试样时的水银质量，g；

　　　m_2——装试样后的水银质量，g；

　　　ρ_S——试验温度下水银的密度，g/cm^3。

试料层体积的测定，至少应进行 2 次，每次应单独压实，取 2 次数值相差不超过 0.005 cm^3 的平均值。

（2）仪器常数的测定

采用比表面积在 300 kg/m^3 左右的标准试样对透气仪进行校正，标准试样在使用前应保持室温，并放在 100 cm^3 长颈瓶中充分摇动 2 min，使之分散。用已知相对密度、比表面积的标准试样按透气试验的操作步骤测定仪器常数 K。至少进行 3 次试验，每次试验结果相差不超过 2%，取 3 次结果的平均值作为该仪器的仪器常数。

（3）漏气检查

将透气圆筒上口用橡皮塞塞紧，把它接到压力计上，用抽气泵从压力计一臂中抽出部分气体，然后关闭阀门，观察是否漏气，如压力计中液面连续下降表示系统漏气，需用活塞油脂加以密封。

2. 试样层制备

先将试样通过 0.9 mm 方孔筛在（110±5）℃下烘干后冷却至室温按下式称取试样：

$$m = \rho V(1-\varepsilon) \tag{3.9}$$

式中　m——需要的试样量, g;

　　　ρ——试样的密度, g/cm³;

　　　V——试料层体积, cm³;

　　　ε——试料层空隙率。空隙率是指试样层中孔隙的容积与试样层总的容积之比, 一般水泥采用 0.05±0.005, 如有些粉体按上式算出的试样量在圆筒的有效体积中容纳不下, 或经捣实后, 未能充满圆筒的有效体积, 则允许适当地改变空隙率。

将穿孔板放入透气圆筒的突缘上, 带记号的一面向下, 用一根直径比圆筒略小的钢棒把一片滤纸送至穿孔板上, 边缘压紧, 按式(3.5)称取试样(精确至 0.001 g)倒入圆筒。轻敲圆筒边, 使试样层表面平坦, 再放入一片滤纸, 用捣器均匀捣实试料, 直至捣器支持环紧紧接触圆筒顶边并旋转两周, 慢慢取出捣器。

注: 穿孔板上的滤纸(中速定量分析滤纸), 应与圆筒内径相同, 边缘光滑的圆片。穿孔板上滤片如比圆筒小时, 会有部分试样粘于圆筒内壁高出圆板上部; 当滤纸直径大于圆筒内径时会使结果不准确。每次测定需用新的滤纸。

3. 透气试验

(1) 把装有试料层的透气圆筒连接到压力计上, 为保证紧密连接不漏气, 可先在圆筒下锥面涂一薄层活塞油脂, 然后把它插入压力计顶部锥形磨口处, 旋转两周。并注意不能振动所制备的试料层。

(2) 打开微型电磁泵慢慢从压力计一臂中抽出空气, 或人工抽吸, 直到压力计内液面上升到最上面的一条刻线时关闭阀门。当压力计内液体的凹液面下降到第二个刻线时开始计时, 液面凹液面下降到第三条刻线时停止计时, 记录液面从第二条刻线到第三条刻线所需的时间。以秒表记录, 并记下实验时的温度。

3.1.5　测试结果处理

1. 数据处理

当被测试样的密度、试样层的空隙率与标准试样相同, 测定时的温度差不大于±3℃时, 可按式(3.10)计算。

$$S = \frac{S_S\sqrt{t}}{\sqrt{t_S}} \tag{3.10}$$

测定时的温度相差大于±3℃时, 按式(3.11)计算。

$$S = \frac{S_S\sqrt{t}\sqrt{\eta_S}}{\sqrt{t_S}\sqrt{\eta}} \tag{3.11}$$

当被测试样的密度与标准试样的相同, 试样层的空隙率与标准试样不同, 测定时的温度相差不大于±3℃时, 可按式(3.12)计算。

$$S = \frac{S_S(1-\varepsilon_S)\sqrt{\varepsilon^3}}{(1-\varepsilon)\sqrt{\varepsilon_S^3}} \cdot \frac{\sqrt{t}}{\sqrt{t_S}} \tag{3.12}$$

当被测试样的密度与标准试样的相同,试样层的空隙率与标准试样不同,测定时的温度相差大于±3℃时,按式(3.13)计算。

$$S = \frac{S_s(1-\varepsilon_s)\sqrt{\varepsilon^3}}{(1-\varepsilon)\sqrt{\varepsilon_s^3}} \cdot \frac{\sqrt{t}\sqrt{\eta_s}}{\sqrt{t_s}\sqrt{\eta}} \tag{3.13}$$

当被测试样的密度、试样层的空隙率与标准试样不同,测定时的温度相差不大于±3℃时,可按式(3.14)计算。

$$S = \frac{S_s\rho_s(1-\varepsilon_s)\sqrt{\varepsilon^3}}{\rho(1-\varepsilon)\sqrt{\varepsilon_s^3}} \cdot \frac{\sqrt{t}}{\sqrt{t_s}} \tag{3.14}$$

当被测试样的密度、试样层的空隙率与标准试样不同,测定时的温度相差大于±3℃时,比表面积按式(3.7)计算。

说明:试样比表面积应由2次透气试验结果的平均值确定。如果2次试验结果相差2%以上时,应重新试验。计算应精确至10 cm²/g,10 cm²/g以下的数值按"四舍五入"计。以cm²/g为单位算得的比表面积换算为m²/kg单位时需乘以0.1。

表3.1为不同温度下的空气黏度和水银密度值,表3.2为不同(空隙率)所对应的值。

2. 结果分析

用透气法测定比表面积的主要缺点,是在计算公式推导中引用了一些实验常数和假设。空气通过粉体层使粉体颗粒作相对运动,粉体的表面形状、颗粒的排列、空气分子在颗粒孔壁之间的滑动等都会影响比表面积测定结果,但这些因素在计算公式中均没有考虑。对于低分散度的试料层,气体通道孔隙较大,上述因素影响较小,测定结果比较准确;但对于高分散度的物料,空气通道孔径较小,上述因素影响增大,用透气法测得的结果偏低。物料越细,偏低越多。因此,测定高分散度物料的比表面积,特别是多孔性物料的比表面积,可以用低压透气法和吸附法。

表 3.1　不同温度下的空气黏度和水银密度

温度/℃	空气黏度 η/Pa·s	$\sqrt{\dfrac{1}{\eta}}$	水银密度 /g·cm⁻³	温度/℃	空气黏度 η/Pa·s	$\sqrt{\dfrac{1}{\eta}}$	水银密度 /g·cm⁻³
8	0.001 74 9	75.64	13.58	22	0.000 181 8	74.16	13.54
10	0.000 175 9	75.41	13.57	24	0.000 182 8	73.96	13.54
12	0.000 176 8	75.21	13.57	26	0.000 183 7	73.78	13.53
14	0.000 177 8	75.00	13.56	28	0.000 184 7	73.58	13.53
16	0.000 178 8	74.79	13.56	30	0.000 185 7	73.38	13.52
18	0.000 179 8	74.58	13.55	32	0.000 186 7	73.10	13.52
20	0.000 180 8	74.37	13.55	34	0.000 187 6	73.19	13.51

表 3.2　不同空隙率所对应的值

ε	$\sqrt{\varepsilon^3}$	ε	$\sqrt{\varepsilon^3}$	ε	$\sqrt{\varepsilon^3}$	ε	$\sqrt{\varepsilon^3}$
0.450	0.302	0.476	0.328	0.502	0.356	0.528	0.384
0.451	0.303	0.477	0.329	0.503	0.357	0.529	0.385
0.452	0.304	0.478	0.330	0.504	0.358	0.530	0.386
0.453	0.305	0.479	0.332	0.505	0.359	0.531	0.387
0.454	0.306	0.480	0.333	0.506	0.360	0.532	0.388
0.455	0.307	0.481	0.334	0.507	0.361	0.533	0.389
0.456	0.308	0.482	0.335	0.508	0.362	0.534	0.390
0.457	0.309	0.483	0.336	0.509	0.363	0.535	0.391
0.458	0.310	0.484	0.337	0.510	0.364	0.536	0.392
0.459	0.311	0.485	0.338	0.511	0.365	0.537	0.394
0.460	0.312	0.486	0.339	0.512	0.366	0.538	0.395
0.461	0.313	0.487	0.340	0.513	0.367	0.539	0.396
0.462	0.314	0.488	0.341	0.514	0.369	0.540	0.397
0.463	0.315	0.489	0.342	0.515	0.370	0.541	0.398
0.464	0.316	0.490	0.343	0.516	0.371	0.542	0.399
0.465	0.317	0.491	0.344	0.517	0.372	0.543	0.400
0.466	0.318	0.492	0.345	0.518	0.373	0.544	0.401
0.467	0.319	0.493	0.346	0.519	0.374	0.545	0.402
0.468	0.320	0.494	0.347	0.520	0.375	0.546	0.403
0.469	0.321	0.495	0.348	0.521	0.376	0.547	0.405
0.470	0.322	0.496	0.349	0.522	0.377	0.548	0.406
0.471	0.323	0.497	0.350	0.523	0.378	0.549	0.407
0.472	0.324	0.498	0.351	0.524	0.379	0.550	0.408
0.473	0.325	0.499	0.352	0.525	0.380		
0.474	0.326	0.500	0.354	0.526	0.381		
0.475	0.327	0.501	0.355	0.527	0.383		

3.2　气体吸附法

3.2.1　基本原理

固体与气体接触时,气体分子碰撞固体并可在固体表面停留一定的时间,这种现象称为吸附。固体为吸附剂,气体为吸附质。根据固体表面的吸附力的不同,吸附可分为物理吸附和化学吸附两种类型。通过分子间力产生的吸附称为物理吸附。其吸附热较小,低温时就能进行,可形成单分子或多分子吸附层,且一种吸附剂可吸附多种吸附质。吸附剂和吸附质之间发生化学作用,由化学键力引起的称为化学吸附,吸附热较大,一般在高温下进行,只能形成单分子吸附层,且具有选择性。化学吸附时吸附剂与吸附质之间发生电子转移,而物理吸附时不发生这种电子转移。

由于物理吸附是固体与气体之间比较弱的相互作用的结果,所以几乎所有被吸附的气体可在同样的温度下通过抽真空来除去。在一定压力下,物理吸附的气体量随温度下降而增加。所以,大部分测定表面积的吸附测量是在低温下进行的。化学吸附的气体通过减小压力是不易除去的,并且当化学吸附的气体除去时,可能同时发生化学变化。

在恒温下,吸附量(V)对吸附压力(p)作图,所得曲线称为吸附等温线。如果气体处于临界压力以下,即为蒸气,则可用相对压力(p/p_0)来表示,p_0为饱和蒸气压。测定固体比表面积的常用方法是由吸附等温曲线推导出单分子层吸附量(V_m)。V_m的定义是:以单分子层覆盖在吸附剂上所需要的吸附质数量。通常,在单分子层完全形成以前可能已形成第二层,但V_m的确定是用与此无关的等温方程式计算而得。还有一些其他不通过单分子层的容量来测定比表面积的气体吸附法。

1. Langmuir 理论

Langmuir 从动力学的观点出发,提出了一个吸附理论,一般称为单分子层吸附理论。Langmuir 方法是使从表面蒸发的分子数目与向表面凝聚的分子数目相等。由于表面力为近距离的,只有碰撞且赤裸表面的分子能被吸附;碰撞在已被吸附的分子上的分子被弹性反射而回到气相。可见,在 Langmuir 的模型中,限定了单分子层吸附,因而 Langmuir 方程对化学吸附和溶液中吸附溶质的物理吸附的适用性是有限制的。

如果在压力 p 时,被吸附气体的容积是 V,形成单分子层所需要气体的容积是 V_m,则吸附分子所覆盖的表面分数为 θ 为:

$$\theta = \frac{V}{V_m} = \frac{bp}{1+bp} \tag{3.15}$$

式(3.15)常写成

$$\frac{p}{V} = \frac{1}{bV_m} + \frac{p}{V_m} \tag{3.16}$$

式中 b 称为吸附系数,决定于温度、吸附剂和吸附质的本性。b 在一定温度时,对一定吸附剂和吸附质是常数。

以 p/V 对 p 作图,直线的斜率为 $1/V_m$,截距为 $1/bV_m$,可得单分子层容积 V_m。为了从 V_m 求出表面积,必须知道一个分子所占据的面积 A_m,即吸附质分子的截面积。可以用式(3.17)从单分子层容积计算表面积:

$$S_w = \frac{N_A V_m A_m}{M_V} \tag{3.17}$$

式中　N_A——阿伏伽德罗常数(6.022×10^{23});

　　　　M_V——克分子体积,其值为 22 410 $cm^3 \cdot g/mol$;

A_m——吸附质分子的截面积。

若采用 N_2 作吸附质，在 77 K（$-195\,℃$）时，1 个氮分子的截面积（即在吸附剂表面所占有的面积）为 $0.162\ nm^2$。则固体吸附剂的表面积为

$$S_w = \frac{V_m(6.022 \times 10^{23})(16.2 \times 10^{-20})}{22\,410} = 4.35\,V_m \tag{3.18}$$

于是，只要测出固体吸附剂质量 W_S，就可计算粉体试样的比表面积 S。

$$S = 4.35\frac{V_m}{W_S} \tag{3.19}$$

2. BET 吸附理论

BET（Brunauer-Emmet-Teller）吸附法的理论基础是多分子层的吸附理论。其基本假设是：在物理吸附中，吸附质与吸附剂之间的作用力是范德瓦尔斯力，而吸附质分子之间的作用力也是范德瓦尔斯力。所以，当气相中的吸附质分子被吸附在多孔固体表面之后，它们还可能从气相中吸附其他同类分子，所以吸附是多层的；吸附平衡是动平衡；第二层及以后各层分子的吸附热等于气体的液化热。根据此假设推导的 BET 方程式如下：

$$\frac{1}{V\left(\frac{p_0}{p}-1\right)} = \frac{C-1}{V_mC}\left(\frac{p}{p_0}\right) + \frac{1}{V_mC} \tag{3.20}$$

式中　p——吸附平衡时吸附质气体的压力；

p_0——吸附平衡温度下吸附质的饱和蒸气压；

V——相对压力 p_0/p 时气体吸附质的吸附量；

V_m——单分子层饱和吸附量；

C——与温度、吸附热和催化热有关的常数。

在室温下令被吸附的气体脱附，通过测量脱附气体的量计算出吸附剂材料的表面积。由实验测量固体吸附等温线的一系列 p 和 V 值，将 $\dfrac{1}{V\left(\frac{p_0}{p}-1\right)}$ 对 $\dfrac{p}{p_0}$ 作图，得到一直线，其斜率 i 和截距 h 为

$$i = \frac{C-1}{V_mC} \tag{3.21}$$

$$h = \frac{1}{V_mC} \tag{3.22}$$

则单分子层饱和吸附量（V_m）为

$$V_m = 1/(a+b) \tag{3.22}$$

从而可根据式（3.17）～（3.19），求出吸附剂的表面积和比表面积。

3. 吸附等温线的形状

大多数吸附等温线可以归纳为六种类型，如图 3.3 所示。

第一类型等温曲线的特点是在低压力下吸附量一开始就迅速上升，随之为一平坦阶段。

在有些情况下,这一曲线是可逆的,被吸附达到一个极限值。在另一些情况下,这一曲线渐近地接近直线 $p/p_0 = 1$,脱附曲线可以位于吸附曲线之上,一直到很低的压力。以往人们一直认为这种等温线的形状是由于吸附被限制于单分子层,以及根据 Langmuir 理论来解释这一等温线(这种类型的等温线仍被认为是 Langmuir 等温线)。现在一般认为,这种曲线形状是孔填充的特征,极限吸附量为微孔容积的一种量度,而不是单分子层表面的量度。第一类型的等温线也出现在能级高的表面的吸附中。

第二类可逆等温线是在许多无孔或中间有孔的粉末上吸附测得的,它代表在多相基质上不受限制的多层吸附。虽然不同能级的吸附层可以同时存在,但单分子层吸附的完成仍出现在等温线的拐点处。这可以用 B 点表示,这首先是由 Emmet-Teller 确定的。他们随后研究出了一种带有一常数 c 的理论,来确定该点的位置。c 值大时,出现第二类型等温线,随 c 值的增大,在拐点处的"拐角"变得更为明显。c 值的增大表明吸附质与吸附剂之间亲和力增加。

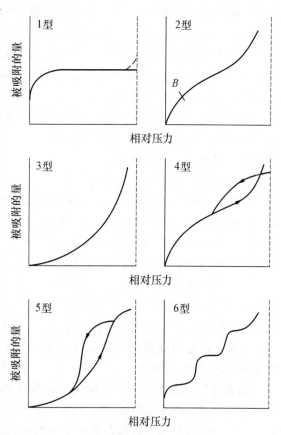

图 3.3　吸附等温线的各种类型

当吸附质与吸附剂相互之间的作用微弱,c 值小于 2 时,就出现了第三类等温线。

第四类等温线的特征是具有滞后回线。这可用毛细管现象解释,这部分等温曲线适用于孔尺寸分布的估算。随着压力从饱和压力值降低,在吸附剂的毛细裂缝中,凝聚的气体分子不像其在整个液体中那样容易蒸发,这是因为孔隙中凝聚液体形成的凹形弯液面上的蒸气压降低。

第五类等温线与第四类相似,只是吸附质与吸附剂之间的相互作用较弱。

第六类等温线是由均匀基质上惰性气体分子分阶段多层吸附引起的。

3.2.2　吸附方法

利用 BET 等温吸附理论为基础来测定比表面积的方法有两种,一种是静态吸附法,一种是动态吸附法。

静态吸附法是将吸附质与吸附剂放在一起达到平衡后测定吸附量。根据吸附量测定方法的不同,又可分为容量法与质量法两种。容量法是根据吸附质在吸附前后的压力、体积和温度,计算在不同压力下的气体吸附量。而质量法是通过测量暴露于气体或蒸气中的固体试样的质量增加直接观测被吸附气体的量,往往用石英弹簧的伸长长度来测量其吸附量。

静态吸附对真空度要求高,仪器设备较复杂,但测量精度高。

动态吸附法是使吸附质在指定的温度和压力下通过定量的固体吸附剂,达到平衡时,吸附剂所增加的量,即为被吸附量。再改变压力重复测试,求得吸附量与压力的关系,然后作图计算。一般来说,动态吸附法的准确度不如静态吸附法,但动态吸附法仪器简单、易于装卸、操作简便,在一些实验中仍有应用。

目前,国内外测量粉体比表面积常用的方法是容量法。在容量法测定仪中,传统的装置是 Emmen 表面积测定仪。该仪器以氮气作为吸附质,在液态氮(-195℃)的存在下进行吸附,并用氮气较准仪器中不产生吸附的"死空间"的容积,对已称出质量的粉体试样加热并抽真空脱气后,即可引入氮气在低温下吸附,精确测量吸附质在吸附前后的压力、体积和温度,计算在不同相对压力下的气体吸附量,通过作图即可求出单分子层吸附质的量,然后就可以求出粉体试样的比表面积。氮吸附法是当前测量粉体物料比表面积的标准方法,见图 3.4。

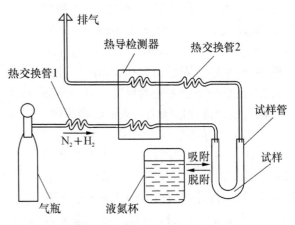

图 3.4　气体吸附法的测定原理

随着气相色谱技术中的连续流动法用于气体吸附法来测定细粉末的表面积,出现了 Nelsen 和 Eggertsen 比表面积仪,改进后的 Ellis 和 Forrest 比表面积仪,ST-08 比表面积仪(北京分析仪器厂)。这些仪器的工作过程基本上是相同的,将一个已知组成的氮氦混合气流流过样品,并流经一个与记录式电位计相连的热传导电池。当样品在液氮中被冷却时,样品从流动气体中吸附氮气,这时记录图上出现一个吸附峰,而当达到平衡以后,记录笔回到原来的位置。移去冷却剂会得到一个脱附值,其面积与吸附峰相等而方向相反,这两个峰的面积均可用于测量被吸附的氮。通过计算脱附峰(或吸附峰)的面积就可求出粉体试样的比表面积。这种连续流动法比传统的吸附法好,其特点为:不需要易破碎的复杂的玻璃器皿和高真空系统,自动地得到持久保存的记录,快速而简便,不需要做"死空间"的修正。

3.2.3　连续流动色谱仪

连续流动色谱仪主要由气路系统(图3.5)和热导池鉴定器组成。

3.2.4　测试步骤

(1)脱气。在吸附测量之前,必须对试样进行脱气处理。

采用连续流动色谱仪测量时,应在流动的惰性气氛下加热冲洗试样。加热温度为100~300℃,视具体样品特性而定,以样品不发生分解或裂解为宜,保持时间为 0.5~3 h 或更长。

(2)测量。氮气为吸附质,氦气为载气(也可用氢气),两种气体以一定比例混合后,在接近大气压力下流过试样,用热导池监视混合气体的热传导率。调节氮气流量约为

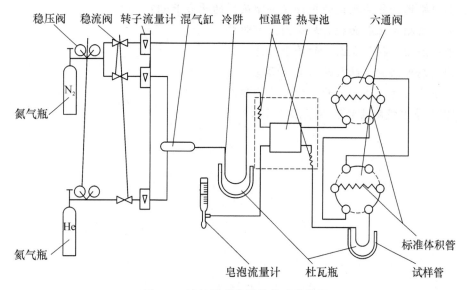

图 3.5　连续流动色谱仪气路流程图

40 mL/min，用皂泡流量计测量氦气流量 R_{He}。调节氮气流量，待两路气体混合均匀后，再用皂泡流量计测量混合气体的总流量 R_T。然后接通电源，调节电桥的零点。待仪器稳定后，把装有液氮的杜瓦瓶套在试样管上，当吸附达到平衡时，热导池测出一个吸附峰。移开液氮浴，热导池又测出一个与吸附峰极性相反的脱附峰。通常，氦气流量调节好后，不再重新调节，通过变化氮气流量 R_{N_2} 来改变相对压力。在相对压力 p/p_0 为 0.05～0.35 内，至少要测量3～5点。脱附完毕后，将六通阀转至标定位置，向混合气中注入已知体积的纯氮气，以得到一个标准峰。带有仪器常数的仪器，不需要测量标准峰。

目前测量仪器都已经智能化，只需对仪器标定后，其标定值长期储存在仪器中，测试时仪器直接给出表面积读数，非常简捷和准确。

3.2.5　结果分析

BET 公式的适用范围是相对压力 p/p_0 为 0.05～0.35，因而实验时气体的引入量应控制在该范围内。在测量前需将吸附剂表面原已吸附的气体或蒸气除去（除气），否则可能改变它对氮气的吸附条件，影响测定结果。除气所达到的程度取决于三个变量：压力、温度和时间，因此要严格按照操作程序进行除气，以保证实验结果尽可能与实际相一致。

另外，用吸附法测定的比表面积，包括了颗粒表面上微细的凹凸和裂缝的表面积，因而较其他方法（如透气法）测得的比表面积大。

思考题

1. 透气法测定粉体比表面积的原理是什么？
2. 透气法测试前为什么要进行漏气检查？如有漏气应如何处理？
3. 试料层如何进行制备？

4. 如何根据透气法测试结果计算被测试样的比表面积？
5. 勃氏法测定比表面积的影响因素有哪些？
6. 透气法测试粉体表面积的局限性是什么？
7. 影响勃氏法测试结果的因素有哪些？
8. 吸附法与透气法测定的粉体比表面积有何不同？
9. BET 等温吸附法的适用范围是什么？

4 粉体堆积和流动性能测试技术

4.1 粉体密度测定

真密度数据被广泛地应用于材料学及其相关的各科学技术领域,如在制造水泥或陶瓷材料中,对原材料、中间产品的颗粒分布、细度进行测定,都需要真密度的数据。对于水泥材料,其最终产品就是粉体,测定水泥的真密度对生产单位和使用单位都具有很大的实用意义。

粉体真密度是粉体的基本物性之一,是粉体粒度(如沉降法)、空隙率测试中不可缺少的基本物性参数。此外,在测定粉体的比表面积时,也需要计算粉体真密度的数据。

粉体的理论密度,通常不能代表粉末颗粒的实际密度,因为颗粒几乎都是有孔的,有的与颗粒外表面相通,叫做开孔或半开孔(一端相通),颗粒内不与外表面相通的潜孔叫做闭孔。所以计算颗粒密度时,看颗粒的体积是否计入这些孔隙的体积而有不同的值,一般讲有真密度、有效密度和表观密度三种颗粒密度。

(1)真密度。颗粒质量与颗粒真体积(即除去开孔和闭孔的颗粒体积)的比值叫真密度。真密度实际上就是材料的理论密度。

(2)颗粒密度(有效密度)。颗粒质量与包括闭孔在内的颗粒体积的比值叫颗粒密度。用比重瓶法测定的密度接近这种密度值。

(3)表观密度。颗粒质量包括开孔和闭孔在内的颗粒体积的比值叫表观密度。表观密度比上述两种密度值都低。

4.1.1 测量原理

粉体真密度是粉体质量与其真体积之比。所以,测定粉体的真密度必须采用无孔材料。真密度通常是通过测定粒度小于 $75\ \mu m$ 的矿物粉体而获得的矿物密度数据,因为在如此细小的颗粒下,存在于晶体颗粒间的闭口孔隙和各种包裹体等非晶体结构的物理缺陷通常被认为是基本被排除了;如果还存在理论和实测数据上的差异,那就是晶体结构的缺陷了。根据测定介质的不同,粉体真密度的主要测定方法可分为气体容积法和浸液法。

气体容积法是以气体取代液体测定试样所排出的体积,此法排除了浸液法对试样溶解的可能性,具有不损坏试样的优点。但测定时受温度的影响大,还需注意漏气问题。气体容积法又分为定容积法与不定容积法。

浸液法是将粉末浸入在易润湿颗粒表面的浸液中,测定其所排除液体的体积。此法必须真空脱气以完全排除气泡。真空脱气操作可采用加热(煮沸)法和减压法,或两法同时并用。浸液法主要有比重瓶法和悬吊法。其中,比重瓶法具有仪器简单、操作方便、结果可靠等优点,已成为目前应用较多的测定真密度的方法之一。

将粉末置于测量容器中,加入液体介质,并让这种液体介质充分地浸透到粉末颗粒的开孔隙中。根据阿基米德原理,测出粉末的有效体积,从而计算出单位有效体积的质量,即测得了粉末有效密度(当被测定粉末粒度小于 75 μm 时,可认为是真密度),其计算式为:

$$\rho_e = \frac{m}{V_e} = \frac{(m_s - m_0)\rho_l}{V_0\rho_l - (m_{sl} - m_s)} \tag{4.1}$$

式中　ρ_e——粉体的有效密度,g/cm^3;

ρ_l——测定温度下浸透液体的密度,g/cm^3;

m——粉体的质量,g;

m_0——比重瓶的质量,g;

m_s——(比重瓶+粉体)的质量,g;

m_{sl}——(比重瓶+粉体+液体)的质量,g;

V_0——比重瓶的容积,cm^3;

V_e——粉体的有效体积,cm^3。

4.1.2　测试方法

1. 比重瓶法

1) 仪器设备

比重瓶容积 10~30 cm^3,分析天平精度为 0.001 g,温度计读数精度±0.1℃,液用密度计读数±0.001 g/cm^3,真空机械泵及真空除气装置。

2) 测量步骤

(1) 在测量温度下,称出比重瓶的干重 m_0,按式(4.2)校准比重瓶容积 V_0。

$$V_0 = \frac{m_w - m_0}{\rho_w} \tag{4.2}$$

式中　ρ_w——测定温度下蒸馏水的密度,g/cm^3;

m_w——(比重瓶+蒸馏水)的质量,g;

其他符号意义同前。

(2) 标定浸透液体密度 ρ_l,也可用液用密度计测定。浸透液体密度标定可按式(4.3)进行。

$$\rho_l = \frac{m_1 - m_0}{V_0} \tag{4.3}$$

式中符号意义同前。

(3) 将已干燥的粉体试样装入比重瓶中,占比重瓶容积的 2/5,擦去瓶外可能附着的粉末,在天平上称量为 m_s。

（4）将预先脱气的浸透液加入比重瓶至 $(1/2 \sim 2/3)V_0$，移入真空除气装置除气（图 4.1），达到了 399.97 Pa（3 mmHg）或没有气泡溢出时停止除气，恢复到常压。

（5）经过一段时间静置并恒温，达到室温时，比重瓶加满浸透液，擦去瓶外液体，在天平上称量为 m_{sl}。真空除气时，粉末试样不能带出瓶外。

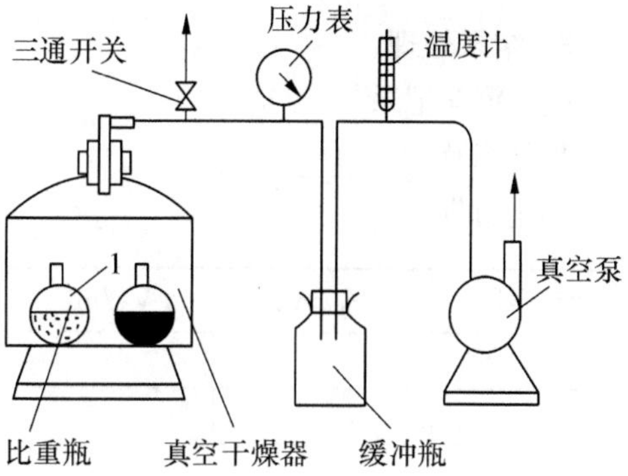

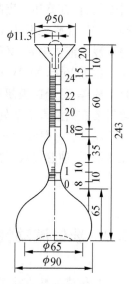

图 4.1　抽真空装置

3）结果处理

（1）数据记录

粉体名称_____　　　　　　比重瓶容积_____

浸液名称_____　　　　　　浸液密度_____

测定日期_____　　　　　　测定温度_____

瓶　　号	瓶质量 m_0/g	（瓶＋粉）质量 m_s/g	（瓶＋粉＋液）质量 m_{sl}/g	有效密度 /g·cm^{-3}	平均值 /g·cm^{-3}

（2）数据处理

粉体的有效密度按式（4.1）进行计算。数据应计算到小数点第三位。试样测定正常情况下，平行测两个试样即可，取算术平均值为测定结果；两个试样测定结果相对误差超过 1%，应平行地再测两个以上试样，取其算术平均值，精确到小数点后两位作为最终测定结果。

2. 李氏比重瓶法

1）仪器设备

李氏比重瓶（图 4.2）容积为 220～250 cm³，带有长 18～20 cm、直径约 1 cm 的细颈，下面有鼓形扩大颈，颈部有体积刻度，颈部为喇叭形漏斗并有玻璃磨口塞。百分之一电子天平、毛刷、漏斗等。

2）测量步骤

（1）将粉体试样在（110±5）℃烘箱中烘干 1 h，取出置于干燥器中冷却至室温。

（2）洗净比重瓶并烘干，将无水煤油注入比重瓶内至 0～1 刻度线（以弯液面下弧为准），将比重瓶放入恒温水槽内，使整个刻度部分浸入水中（水温必须控制与比重瓶读数时的温度相同），恒温 0.5 h，记下第一次液面体积读数 V_1。取出比重瓶，用滤纸将比重瓶内液面上部瓶壁擦干。称取干燥粉体试样 60 g 左右（准确至 0.01 g），用小勺慢慢装入比重瓶内，防止堵塞，将比重瓶绕竖轴摇动数次，排除气泡，盖上瓶塞后放入恒温水槽内，在相同温度下恒温 0.5 h 以上，记下第二次液面的体积刻度 V_2。

图 4.2　李氏比重瓶

3）结果处理

（1）数据记录

粉体名称_____　　　　　　　浸液名称_____

测定日期_____　　　　　　　测定温度_____

瓶　号	V_1/mL	V_2/mL	粉体质量 m_s/g	粉体体积/mL	粉体密度/g·cm^{-3}

（2）数据处理

粉体密度按式(4.4)计算。

$$\rho_e = \frac{m}{V_1 - V_2} \tag{4.4}$$

式中　m——粉体试样质量，g；

　　　V_1——装入粉体试样前比重瓶内液面读数，mL；

　　　V_2——装入粉体试样后比重瓶内液面读数，mL。

密度值应以两次试验结果的平均值为准，精确至 0.01，两次试验结果误差不得超过 0.02。

4.1.3　结果分析

浸液法中，选择不溶解试样而易润湿试样颗粒表面的液体是十分重要的。对于陶瓷原料如长石、石英和陶瓷制品一般可用蒸馏水作为液体介质，对可能与水起作用的材料如水泥则可用煤油或二甲苯等有机物液体介质，对无机粉体一般多选用有机溶剂类。此外，当粉末完全浸入液体中后，必须完全排除其中的气泡，才能准确确定其所排除的体积。

根据 Burt. M. W. G《Powder technology》(1973 年)，比重瓶法不适用粒度小于 5 μm 的超细粉体，对于这类超细粉体在其表面上有更多的机会强烈地吸附气体。要除去吸附气体，常需要在高温真空下处理。对于表面粗糙的颗粒，同样有可能有空气进入表面裂缝和凹坑内不易除去。《Powder technology》一书中提出离心后用比重瓶，将粉末制备成悬浮液放入比重瓶内，使悬浮液受离心作用后再按通常方法测定密度。

4.2　粉体流动性能测定

粉体流动性直接影响粉体的贮存、混合、分离、供料等单元操作。反映流动性的参数有休止角、内摩擦角、壁摩擦角等。

4.2.1 流动性指数测定

卡尔通过对 2 800 种粉体试样进行测定,归纳提出了一套比较全面的表征粉体流动性的方法,即对粉体的休止角、压缩率、平板角(铲板角)、凝集率(对于细粉料)或均匀性系数(对于粗粉料)等四项指标进行测定,将测定结果按表 4.1 或图 4.3 换算成表示其高低程度的点数(每项以 25 点为满值),然后采用"点加法"得出总点数作为流动性指数 FI,以此来综合评估粉体的流动性。$FI \geqslant 60$ 者为流动性较好便于操作;$60 > FI \geqslant 40$ 者则常易发生堵塞;$FI < 40$ 者为流动性不好,不便于操作,后两者生产过程中均需采取助流活化措施,以便卸料。

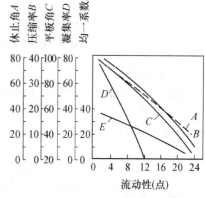

图 4.3　粉体的流动性

1. 休止角

休止角指粉体堆积时的自由表面与水平面的夹角。

测定休止角的方法有多种,图 4.4 中(c)、(d)均属堆积法,圆锥体的高度和底部直径对休止角的测定值均有一定的影响。对黏性物料来讲,附着力对其流动性影响较大,所以只宜采用堆积法来测定其休止角,但堆积时,可能会产生粉料,使堆积物的粒度分布不均;对充气性粉体宜采用(e)、(f)所示的两种方法。

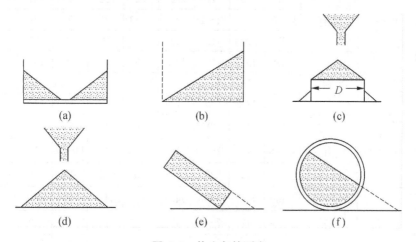

(a)　　　　　　(b)　　　　　　(c)

(d)　　　　　　(e)　　　　　　(f)

图 4.4　休止角的测定

2. 压缩率

压缩率测定为两个特制的一定大小的箱子 A、B,如图 4.5 所示,A 箱置于 B 箱之上,两箱相接处由角铁固定,可随时相接或分开。A 箱底为 10 目的筛板。测定时先将 A、B 两箱相接,向筛板上倒入被测定粉料,待 B 箱被粒料充满后,取下 A 箱。用平板将 B 箱料面轻轻刮平,将 B 箱连料称重,并由 B 箱的已知容积,算出其松装密度。然后将 A、B 两箱相接,向筛板上继续加入被测粉料,同时进行振动,振幅为 10 mm 以下,振频为 100 次/min,共振动 5 min,再取下 A 箱,刮平 B 箱,称重后算出其紧装密度。上述两密度值相减即为压缩率。

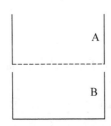

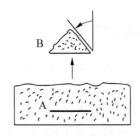

图 4.5　压缩率测定　　　　　　　　图 4.6　平板角测定

3. 平板角

如图 4.6 所示,在料槽内 A 处放入一块平板,然后将平板轻轻提升而离开料面到达 B 处,这时在平板上刮成一脊形的料堆,最后像测定休止角那样用指针贴近料堆,借刻度标尺读出平板角度数。

表 4.1　卡尔流动性指数表

流动性	流动性指数	架桥程度	休止角		压缩率		平板角		均匀性系数		凝集率	
			度	指数	百分比	指数	度	指数	单位	指数	百分比	指数
极好	90～100	没有	<25	25	<5	25	<25	25	1	25		
			26～29	23	6～9	23	26～30	23	2～4	23		
			30	22.5	10	22.5	31	22.5	5	22.5		
很好	80～89	没有	31	22	11	22	32	22	6	22		
			32～34	21	12～14	21	33～37	21	7	21		
			35	20	15	20	38	20	8	20		
好	70～79	个别有	36	19.5	16	19.5	39	19.5	9	19.5		
			37～39	18	17～19	18	40～44	18	10～11	18		
			40	17.5	20	17.5	45	17.5	12	17.5		
较好	60～69	有	41	17	21	17	46	17	13	17		
			42～44	16	22～24	16	47～59	16	14～16	16		
			45	15	25	15	60	15	17	15	<6	15
差	40～59	有	46	14.5	26	14.5	61	14.5	18	14.5	7～9	14.5
			47～54	12	27～30	12	62～74	12	19～21	12	10～29	12
			55	10	31	10	75	10	22	10	30	10
很差	20～39	严重	56	9.5	32	9.5	76	9.5	23	9.5	31	9.5
			57～64	7	33～36	7	77～89	7	24～26	7	32～54	7
			65	5	37	5	90	5	27	5	55	5
极差	0～19	极严重	66	4.5	38	4.5	91	4.5	28	4.5	56	4.5
			67～89	2	39～45	2	92～99	2	29～35	2	57～79	2
			90	0	>45	0	100	0	>35	0	>79	0

表 4.2　凝集率测定用筛

被测粉料体积密度	筛孔大小/目		
	NO. 1	NO. 2	NO. 3
>0.4	60	100	200
<0.4	40	60	100

表 4.3　凝集率测定的振动时间

被测粉料体积密度	振动时间/s	被测粉料体积密度	振动时间/s
>2	20	0.6	90
1.5	45	0.5	100
1.0	70	0.4	110~120
0.8	80		

4. 凝集率

凝集率的测定工具为三层分析筛,筛孔大小见表 4.2。测定时,将经过 200 目筛网过筛后的试样 2 g 放在上述三层筛上,然后在振动器上进行振动,振动时间采用表 4.3 所列时间,最后称量算出三层筛面上的残留率,将各百分率相加即为凝集率。

5. 均一系数

先用筛析法求出累积的粒度分布曲线,然后查出通过率各为 10% 与 60% 处的粒度 d_{10} 与 d_{60},则

$$均一系数 = d_{60}/d_{10} \tag{4.5}$$

即 $d_{60} \approx d_{10}$ 时,表示粉料的粒度非常均匀;$d_{60} > d_{10}$,意味着粉料粒度很不均匀。

4.2.2　粉体摩擦角的测定

1. 原理

粉体内摩擦角是指将散粒状料堆沿内部一断面切断产生滑动时,作用于此面的剪切力与垂直力之比的反正切。

测定内摩擦角和壁摩擦角最常用的方法是剪切法,如图 4.7 所示。在上盒对其施加垂直方向的作用力 W,再在上盒施加水平方向的作用力(剪力)F,当 F 小于粉体所能承受的最大剪力时,两盒处于平衡状态。当力 F 达到粉体所能承受的最大剪力时,即达到极限应力状态时,粉体开始流动,即重叠两盒有相对位移。改变垂直作用力 N,重复上述实验,即可得到 N 所对应粉体能承受的最大剪力。这样就可得到一系列使两盒间粉体开始流动时的 F 和 N 的临界值。将 F、N 除以两盒的截面积,就可得到一系列使两盒间粉体开始流动时的剪应力(τ)和正应力(σ)的临界值。

根据粉体上垂直应力和相应最大剪切应力的关系,可以作出 σ-τ 的关系曲线,此曲线称为破坏包络线(Yield Locus 线,略写为 YL 线),如图 4.8 所示。图 4.8 中①与②两 YL 线为直线,②在纵坐标上有截距 C_i。对①与②两种粉体,我们称为库仑粉体。它是指粉体本身

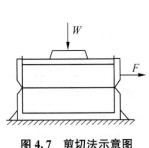

图 4.7　剪切法示意图

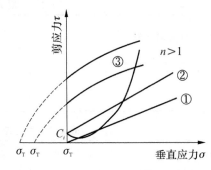

图 4.8　粉体破坏包络线

的切断应力与压缩应力成线性关系的粉体。其剪切应力 τ 可由下式表示：

$$\tau = \sigma \tan \phi_i + C_i = \mu_i \sigma + C_i \tag{4.6}$$

式中　ϕ_i——内摩擦角；

　　　μ_i——内摩擦系数；

　　　C_i——附着力，它是 $\sigma = 0$ 时的水平方向上的剪切应力。

　　式(4.6)中当粉体粒子间不存在附着力时，即非黏附性粉体时，$C_i = 0$，即是粉体①的 YL 线。图中③为非直线的 YL 线。此类粉体称为非库仑粉体，非库仑粉体有引起料斗堵塞的特性。此类粉体的剪应力 τ 可以用下式表示(法雷-范伦丁公式)：

$$\left(\frac{\tau}{c}\right)^n = \frac{\sigma_T + \sigma}{\sigma_T} = 1 + \frac{\sigma}{\sigma_T} \tag{4.7}$$

式中　σ_T——为破坏条件下(即剪断后)$\tau = 0$ 时的垂直应力值；

　　　n——剪切指数，其范围为 1~2。当 $n = 1$ 时即是库仑粉体，n 值越大，则粉体的流动性越差。

　　只要作出库仑粉体的破坏包络线 YL，就可以从直线 YL 的水平倾角直接求出内摩擦角的大小。

　　2. 仪器设备

　　1) 剪切仪

　　手摇式剪切仪，如图 4.9 所示，主要由以下几部分组成。

　　(1) 推动部分：推进杆以手轮每转 0.2 mm 推动剪切盒。当手轮转速 4 r/min 或 12 r/min 时，对应剪切速度 0.8 mm/min 或 2.4 mm/min。

　　(2) 剪切部分(图 4.10)：剪切盒有效面积 30 cm²、高 2 cm。

　　(3) 杠杆加压部分：杠杆比为 1∶12，垂直分级加压为 50、100、200、300、400 kPa。对应砝码质量 1.275、2.55、5.1、7.65、10.2 kg，吊盘为第一级。

　　(4) 测力部分：量力环置于顶座与剪切盒之间，承受最大水平剪切力为 1.2 kN。

　　(5) 加荷、卸载部分。

　　2) 其他仪器设备

　　电热鼓风干燥箱、百分表、天平、秒表等。

图 4.9　手摇杠杆式等应变直剪仪

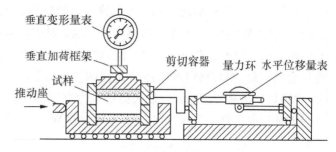

图 4.10　直剪仪剪切部分示意图

3. 粉体内摩擦角的测定

（1）在五种垂直应力作用下进行实验（有条件时还应在几种不同的孔隙率下进行）。垂直应力的大小应视实际需要而定。一般采用 50、100、200、300、400 kPa 五种垂直应力。

（2）称取 110℃ 温度下烘干的试样 1 000 g，备用（如果不与其他试样对比时可不烘干）。

（3）用二等分析天平称取每一试样所需的粉体物料量准确至 0.1 g，试样量可按下式计算。

$$m = V \cdot \rho(1-\varepsilon) = SH\rho\,(1-\varepsilon) \tag{4.8}$$

式中　m——每一试样所需的粉料质量，g；

S——剪切盒有效面积，30 cm²；

V——试样体积，cm³；

H——剪切盒有效高度为 2 cm，即除去上、下两块油石的高度；

ρ——试样的密度，g/cm³；

ε——规定的孔隙率，0.48～0.50。

（4）对准滑动盒和固定盒，插入固定销，将称量好的试样加入盒内，并使其在盒内充填均匀。按顺序依次加上油石、钢珠及加压框架。将垂直荷重加在活塞上，并安装垂直测微表和量力环内水平测微表。

（5）调整杠杆水平气泡，使杠杆在整个剪切过程中都处于水平，调整量力环中测微表读数为零。

（6）拔去固定插销，转动手轮。剪切开始时，秒表计时开始，控制手轮以 4～12 r/min 之间均匀速度旋转，直至将试样剪断为止（当量力环中百分表指针不再前进时，认为已剪断）。齿轮均匀转动，使水平荷重从小到大逐渐加在试样上，试样受剪均匀，则变形均匀。否则转转停停则使转动时力集中加到试样上，停转时百分表指针后退，使测量产生较大误差。在剪切过程应每隔 15 s 记录齿轮转数和量力环中百分表相应读数，记录于表 4.4 中，同时应注意用手轮及时调整杠杆使其始终处于水平状态。

(7) 剪切结束时,记下垂直测微表的读数。卸去剪切力和垂直压力,取出试样。顺序卸除测微表,荷重,加压框架,钢珠,活塞,固定盒等,并擦洗干净。

(8) 试验在垂直应力 50、100、200、300、400 kPa 时,分别各测定一次。

4. 粉体壁摩擦角的测定

物体层与固定壁面之间的摩擦角称为壁摩擦角(用符号 ϕ_w 表示)。对于各种无黏附性的物料,其内摩擦角 ϕ_i 大于壁摩擦角 ϕ_w。ϕ_w 对于物料的储存与密相气力输送是一个很重要的物理量。壁摩擦角 ϕ_w 测定方法,可用一块与贮库壁材料相同的板来代替内摩擦角 ϕ_i 剪切盒的下盒,用与测定内摩擦角相同的方法,就可测得粉体与固体壁面的剪切情况。同样,也可以作出垂直应力 σ 与最大剪切应力之间的关系曲线,求出 ϕ_w 值。这种情况下的粉体与固体壁面之间的 YL 线称之为 WYL 线(Wall Yield Locus)。对于库仑粉体,有如下的关系:

$$\tau_w = \sigma\tan\phi_w + C_w = \mu_w\sigma + C_w \tag{4.9}$$

式中 ϕ_w——壁摩擦角;

   μ_w——壁摩擦系数;

   C_w——附着力。

测定步骤同内摩擦的试验一样,只是用固体壁面代替滑动盒内的物料。

5. 数据处理

(1) 根据剪切试验的数据记录,计算试样的剪应力 τ,并填入表 4.4 中。

$$\tau = CR \tag{4.10}$$

式中 τ——剪切应力,kPa;

   C——量力环校正系数,kPa/0.01 mm;

   R——剪切时量力环中百分表的读数。

表 4.4 剪切试验记录表

试样名称_____ 量力环校正系数_____kPa/0.01 mm
手轮转速_____r/min 剪切时间_____min
垂直应力_____kPa 极限剪切应力_____kPa

齿轮转数/转	轮轴进度 0.2 mm/转	量力环内百分表 读数 R/0.01 mm	剪切位移 Δl/0.01 mm	剪切应力 τ/kPa

(2) 以剪切应力为纵坐标,以相应剪切位移为横坐标,绘出剪应力与剪切位移的关系曲线,在曲线的最高处,找出在该垂直应力下,试样剪断时的极限剪切应力 τ(图 4.11)。

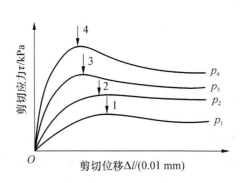

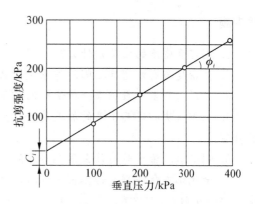

图 4.11　剪切应力与剪切位移的关系　　　　图 4.12　抗剪强度与垂直压力关系曲线

（3）以垂直应力为横坐标，以相应的极限剪切应力 τ 为纵坐标，绘出试样的 YL 线，求出粉体试样的内摩擦角 ϕ_i 和黏附力 C_i（图 4.12）。

6. 直接剪切试验中的几个问题

（1）垂直应力的大小及固结稳定标准

试验的垂直应力大小应根据粉体在料斗内实际受力的情况决定，垂直荷重可全部一次施加。试样在垂直荷重下压缩的时间长短（压缩稳定程度）对剪应力有影响，盒内粉体的充填状态（孔隙率）对摩擦特性也有影响。在精确测量时，试样在垂直荷重下压缩到每小时变化小于 0.005 mm 时，认为已经稳定。

（2）剪切速率

剪切速率是影响抗剪强度的一个重要因素，主要是对黏滞阻力的影响。当剪切速率较高、剪切历时较短时，黏滞阻力增大，表现出较高的抗剪强度。反之，黏滞阻力减小，抗剪强度降低。

（3）破坏值的选定

粉体应力应变关系曲线，一般具有几种类型。破坏值的选定常有两种情况。如剪切力与剪切位移关系曲线（图 4.13）中具有明显峰值或稳定值，则取峰值或稳定值作为抗剪强度值（如图中线 1 及 2 的 a 点及 b 点）。若剪切应力随剪切位移不断增加，无峰值或无稳定值时（如图中的曲线 3），则以相应于选定的某一剪切位移对应的剪切应力值作为抗剪强度值。一般最大位移为试样直径的 1/15～1/10。对于直径61.8 mm 的试样，其最大剪切位移为 4～6 mm。实际上，以剪切位移作为选值标准，虽然方法简单，但理论上是不严格的，因各种不同类型破坏时的剪切位移是不完全相同的。即使对同一种粉体，在不同的垂直压力作用下，破坏剪切位移也是不相同的，因而只有在破坏值难以选取时才能采用此法。

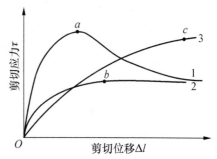

图 4.13　三种典型的剪切应力与剪切位移的关系曲线

思考题

1. 测定真密度的意义是什么？

2. 真密度与有效密度之间的关系是什么？

3. 怎样由真密度数据来分析试样的质量？

4. 比重瓶法测定其密度的原理是什么？什么条件下用比重瓶测出来的密度可看作物料的真密度？

5. 测定水泥密度时为什么用无水煤油作为浸透液？

6. 李氏比重瓶法测定粉体密度试验时，装了液体及试样的比重瓶为什么要在恒温水槽中恒温半小时？

7. 什么是粉体的休止角、内摩擦角，两者大小对粉体的流动有何影响？

8. 什么是库仑粉体和非黏性粉体？

9. 剪切速度的快慢对被测定粉体内摩擦角的大小有何影响？

10. 测定粉体摩擦角时为什么要均匀摇动手轮？

5 粉磨测试技术

5.1 Bond 球磨功指数的测定

物料粉碎在材料研究与生产中是十分重要的。Bond 功指数值反映出物料粉碎时功耗的大小,可以作为绝对可磨度标准,即粉碎的难易程度。根据测试方法的不同,它又可分为破碎功指数、棒磨功指数、球磨功指数和自磨功指数。

5.1.1 基本原理

Bond 球磨功指数是在专门制造的规格为 $\phi 305\ \text{mm} \times 305\ \text{mm}$ 间歇式球磨机内(筒体光滑无衬板),按标准程序,在循环负荷率为 250% 的闭路粉磨过程中进行测定的。其实质是用测定 Bond 功指数的磨以特定的实验操作步骤与测定方法来代替闭路湿法粉磨系统球磨机作业中,对某一物料在指定给料粒度条件下,将其粉磨至某一要求粒度所消耗的功。

根据 Bond 粉碎功耗定律,在某些条件下的粉碎功耗:

$$E = 10 W_i (1/\sqrt{d_P} - 1/\sqrt{d_F}) \tag{5.1}$$

式中 E——粉磨 1 t 物料所需功,$\text{kW} \cdot \text{h}$;

  d_P——产品 80% 通过的筛孔孔径,μm;

  d_F——入磨物料 80% 通过的筛孔孔径,μm;

  W_i——Bond 功指数,$\text{kW} \cdot \text{h/t}$;

经过大量试验,求得与 $\phi 2.4\ \text{m}$ 溢流型球磨机 Bond 功指数相当的计算式为:

$$W_i = \frac{44.5 \times 1.10}{d_{pi}^{0.23} G_{bp}^{0.82} (10/\sqrt{d_P} - 10/\sqrt{d_F})} \tag{5.2}$$

式中 W_{iB}——Bond 球磨功指数,$\text{kW} \cdot \text{h/t}$;

  d_{pi}——试验筛孔尺寸,μm;

  G_{bp}——球磨可磨度,即磨机每转一圈新生成的一 d_{pi} 粒级的质量,g/r。

5.1.2 仪器设备

(1) 规格为 $\phi 305\ \text{mm} \times 305\ \text{mm}$ 间歇式球磨机,如图 5.1 所示。

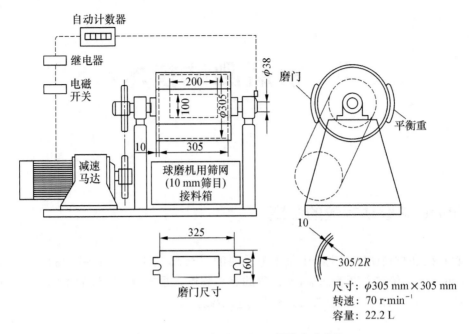

图 5.1　φ305 mm×305 mm 间歇式球磨机

（2）钢球，用普通级滚珠轴承用钢珠，其级配见表 5.1。

表 5.1　功指数球磨机中装球（285 个）的级配

球径/mm	36.8	30.2	25.4	19.1	15.5
数量/个	43	67	10	71	94

（3）φ200 mm 振筛机。振动次数：221 次/min；振击次数：147 次/min；回转半径：12.5 mm。

（4）标准筛：应符合 GB 3350.7 及 JB 3316 的要求（框内径为 200 mm，孔径为3.35 mm、2.5 mm、2.0 mm、1.6 mm、1.0 mm、150 μm、125 μm、90 μm、80 μm、63 μm）。

（5）托盘天平：量程 2 000 g，感量 2 g 的天平一台；量程 100 g，感量 0.1 g 的天平一台。

（6）1 000 mL 量筒（塑）。

（7）破碎机：100 mm×60 mm 颚式破碎机。

（8）其他。清扫筛网用的毛刷及清扫球磨机内表面的带柄毛刷，保存试样用的塑料袋，扳手工具等。

5.1.3　测试步骤

1. 测定准备

（1）试验用球磨机的准备　卸下磨门，用毛刷或布拭净磨机的内表面上的黏附粉尘，锁紧机盖，确保垫片完整，无粉尘泄漏。用手缓慢转动球磨机，打开球磨机及计数器电路的电源开关，再由微动开关启动计数器，然后启动球磨机运转按钮，使球磨机开始运转。

表 5.2 功指数测定所用标准筛

目 数	筛孔尺寸/mm	用 途	目 数	筛孔尺寸/mm	用 途
6	3.15	制备试样用	120	0.125	试样粒度分析用
8	2.5		190	0.080	
10	2.0			筛底	
12	1.6	试样粒度分析用	220	0.070	成品粒度分析用
20	0.9		240	0.063	
16	1.25		260	0.056	
24	0.80		300	0.050	
28	0.63		320	0.045	
35	0.50		360	0.040	
50	0.335			筛底	
70	0.224		360	0.040	水筛用
80	0.180				

（2）测定用钢球的准备　按表 5.1 的钢球级配检查钢球组成。如是新加的钢球，擦去球表面的油后，装入球磨机内，再加上约 700 mL 的硅砂，运转 1~2 h，待钢球表面完全发暗后再正式使用。

（3）试样的准备　将物料经颚式破碎机破碎后，用孔径 3.35 mm（6 目）的标准筛筛析，保证实验用物料粒度全部小于 3.35 mm。准备12.8 kg以上的试样，并对试样进行缩分，将缩分后的试样，用量程为 500 g 的托盘天平称取200 g，精确到0.5 g，采用筛孔孔径为2.0 mm、1.0 mm、500 μm、250 μm、150 μm、125 μm、90 μm 和 63 μm 的标准筛，由振筛机筛分 5 min。将测定结果记录在表 5.3 中，再标绘于坐标纸上，如图 5.2 所示，求得筛下累积率为 80% 粒径（d_{F80}）。

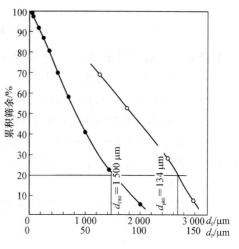

图 5.2　d_{F80} 与 d_{P80} 的图解

2. 测试步骤

（1）准确称取 50 g 试样，用 0.08 mm 筛进行筛分确定其筛余 R_0。

（2）测定 700 mL 松散试样的质量，将缩分后的试样装入 700 mL 的量筒内。当接近 700 mL 时，在桌上轻轻敲击，使之充分填充。料层表面不再下沉时，与最后的刻度平齐。刻度对齐的精度为 10 mL。然后用天平测定 700 mL 的质量 Q_0，记入表中。

（3）将试样 Q_0 加入球磨机内进行粉磨，操作顺序见图 5.3。

（4）第一次球磨机转数取值 100~300 转，软质物料取低值，硬质物料取高值（调节计数器的设定值）。按启动按钮，使球磨机运转至设定值而停止（常因惯性会多转 2~3 转，无妨碍）。

（5）待磨机停止后，将磨门卸下，将磨内物料全部倒出，用 0.08 mm 筛进行筛分，称其筛

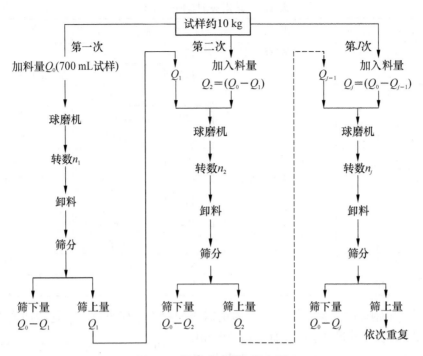

图 5.3 粉磨试验操作顺序图

上质量 Q_1，用总质量减去筛上量得筛下量（$Q_0 - Q_1$），同时称量筛下量以检测与计算值（$Q_0 - Q_1$）间的误差，此误差不得大于 5 g。

（6）从筛下量（$Q_0 - Q_1$）再减去试样带入的 0.08 mm 筛筛下物料量，求得试验磨机实际质量 G_1，用其除以转数可求得磨机每转产品量 G'（g/r）。

（7）第（$j+1$）次操作磨机转数的确定，用第（$j+1$）次操作需要产生的产品量 G_{j+1}。此值可用平衡状态时的成品量代替进行估算，平衡状态时的成品量见式（5.3）除以第 j 次操作所得的 G' 值。

平衡状态时成品量计算（循环负荷取 2.5）：

$$G = Q_0/(2.5+1) \tag{5.3}$$

（8）称取与（$Q_0 - Q_{j-1}$）相同质量的试样，与 Q_{j-1} 一起加入球磨机内，再进行粉磨。每次粉磨保证磨内有 Q_0 的试样。

（9）重复（5）～（8）操作步骤，直至达到平衡状态，得出渐近于稳定 G' 值。在连续三个 G' 值中，最大值与最小值之差不超过这三个 G' 平均值的 3% 时，则可以认为 G' 已达到稳定值。

3. d_{P80} 的确定

将最后 2～3 个周期所得的成品混合均匀，用精确称取 100 g，用分析套筛筛分测定粒度，筛分时间为 5 min。以求得成品的 80% 粒径（d_{P80}），参见图 5.2。

5.1.4 结果与分析

（1）将测试数据及有关的计算结果填入表 5.3 中。

表 5.3 Bond 功指数的测定结果

测定日期：_____ 测定者：_____

$Q_0 =$ _____ g $d_{pi} =$ _____ μm $d_{F80} =$ _____ μm $d_{P80} =$ _____ μm

粉磨次数 n	① 磨机的转数 N	② 成品 G_n 筛上量(筛径 d_{pi})/g	③ 成品 G_n 筛下量(筛径 d_{pi})/g	④ 加入料量 Q_n/g	⑤ 粉磨前的筛下量 $Q_n(1-R)$/g	⑥ 粉磨后增加的筛下量③—⑤/g	⑦ G'⑥/①	⑧ 下次预测转数
1								
2								
3								
4								
5								
6								
7								
8								
9								
10								
11								
12								

注：第一次为 Q_0 值，第二次以后由前次数据计算 $Q_j = (Q_0 - Q_{j-1})$。

（2）功指数 W_i 的计算，由上述数据，用式(5.2)求出 W_i 即可。粉磨功指数书写时应注明成品筛筛孔尺寸如：$W_i = 12.5$ kW·h/t $(d_{pi} = 80\ \mu\text{m})$。

（3）功指数 W_i 的应用及其范围。粉碎装置的基本设计，必须已知原料的性质与粉碎量（生产能力 t/h），并设定对粉碎产物的粒度分布或颗粒形状等的要求，还要考虑必要的粉碎过程。进料粒度较大时，则要进行多级粉碎来完成。先确定各级的粒度分布与处理能力之后，再确定粉碎机的千瓦值及其台数。若已有实际生产的粉碎数据，则可由此而确定。如果没有，则以实验室的粉碎结果来推断确定所需的动力。Bond 根据多年积累的实际生产资料和实验数据，而整理得出的有关 W_i 的概念，在实际中很有指导意义。它的前提条件和这种方法的适用范围如下：

① 一般只适用于以岩石或人造矿物之类作为粉碎对象，不适用于软质或韧性大的物料。

② 测定时喂入料，原则上采用 3.35 mm 筛孔的粉碎物料，不适用于非常细的物料。对于经过粒度齐整化了的物料，Bond 提供有校正的方法，须予以注意。

③ 根据 W_i 而确定的千瓦值，是以内径为 8 ft(1 ft = 30.48 cm)湿法闭路溢流式球磨机在平均效率下的电机输出功率为基准。对于干法，将 W_i 乘以 4/3；对球磨机直径为 D 英尺者，将 W_i 乘以 $(8/D)^{0.2}$。对 $d_{P80} < 70\ \mu\text{m}$ 时，将 W_i 乘以 $(d_{P80} + 10.3)/1.149 d_{P80}$。因此，不适用于球磨机以外而粉碎机理完全不同的其他粉碎机。但是，可供反击式粉碎机与振动磨

等参考之用。

④ 从实际作业中求得的 W_i。若已有粉碎机的实际作业资料时,可以倒算出 W_i。

5.2 粉磨速度测定

粉磨动力学主要研究粉体颗粒粒度随时间变化的规律,是分析粉磨过程、掌握粉碎设备特性和优化控制该过程的重要工具。

5.2.1 基本原理

物料在粉磨过程中粒度和粒度组成都发生变化。这种变化反映在粗颗粒含量的减少和微细颗粒含量的增加。研究粉磨速度是要研究物料颗粒组成随着粉磨时间的变化的关系,颗粒组成的变化可以用在某一标准筛(如 0.08 mm 标准筛)上的物料筛余的减少或用物料比表面积的增加来表示。

A. W. Faren. Wold 在研究间歇式球磨机的粉磨情况时,求得粉磨动力学一阶方程式,为:

$$R_t = R_0 e^{kt} \tag{5.4}$$

式中 R_t——粉磨 t 时间后,物料大于某一粒径的筛余质量百分数,%;

R_0——粉磨前,物料大于某一粒径的筛余质量百分数,%;

t——粉磨时间,min;

k——在一定条件下的粉磨速度常数。

由于式(5.4)经常与试验资料稍有偏差,B. A. 别列夫(Леров)建议用 n 阶方程式,即粉磨动力学指数方程式(也称粉磨速度方程式)为:

$$R_t = R_0 e^{-kt^n} \tag{5.5}$$

n 为在一定条件下的粉磨速度指数,也称速度均匀系数,它表示相对粉磨速度在粉磨过程中的变化参数。

计算时,使用常用对数较为方便,将式(5.5)中的 e^{-k} 用 $10^{-k\lg e}$ 表示;并用 K_t 代表 $k \cdot \lg e$,则

$$R_t = R_0 10^{-K_t t^n} \tag{5.6}$$

式中 K_t——粉磨速度常数,它表示物料的相对粉磨速度常数,K_t 说明物料的相对粉磨速度。指数 n 说明粉磨速度的变化。n 值决定于物料性质和粉磨机械性能,实际上是一个平均值。一般波动于 0.80～1.20 之间。在计算磨机产量时常取 $n=1$。常数 K_t 和 n 可通过实验作图求出。

采用间歇式球磨机操作将粉磨过程中物料粒度组成变化用粉磨时间 t 作为参数进行测定。将式(5.6)改写成:

$$\frac{R_0}{R_t} = 10^{K_t t^n} \tag{5.7}$$

式(5.7)取两次对数得：

$$\lg\lg(R_0/R_t) = \lg K_t + n\lg t \tag{5.8}$$

根据该动力学方程式，应用双对数坐标可以绘出物料粉碎时间筛析曲线，用以比较粉磨效率的分析图（图5.4）。

现将 $\lg\lg(R_0/R_t)$ 绘在双对数坐标的纵轴上，将 $\lg t$ 绘在对数坐标横轴上，则表示式(5.6)的曲线将成为一直线，斜率为 n。n 由直线与横坐标轴夹角的正切决定：

$$n = \frac{\lg\lg\dfrac{R_0}{R_1} - \lg\lg\dfrac{R_0}{R_2}}{\lg t_2 - \lg t_1} \tag{5.9}$$

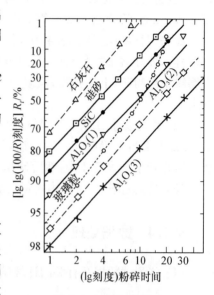

图 5.4 t 与 R 的关系

该直线与纵轴的截距为 $\lg K_t$，从理论上讲可以直接量取 $\lg K_t$ 的长度，查反对数求出 K_t。但实际上横坐标的起点不可能找到 O 点，即直线与纵轴的交点不到 O。所以不能求出，但 K_t 可能通过粉磨速度方程式求出：

$$K_t = 10^{\lg\lg\frac{R_0}{R_t} - n\lg t} \tag{5.10}$$

根据 K_t 和 n 这两个参数，以及图5.4中曲线来分析磨机操作条件，就可说明粉磨过程。

由于描绘二次对数曲线非常不便和费时，故常采用对数坐标纸作图（见第2章图2.6），横坐标直接表示 t 的对数值。而纵坐标表示 R_0/R_t 的二次对数值，这只需要计算 (R_0/R_t) 的比值，当 $R_0 = 100\%$ 时，则纵坐标直接表示 R 值的大小，即控制筛上筛余的大小，则此时式(5.8)可写成：

$$\lg\lg(100/R_t) = \lg K_t + n\lg t \tag{5.11}$$

5.2.2　仪器设备

(1) 500 mm×500 mm 试验磨或行星球磨机；

(2) 试验室用小型颚式破碎机一台；

(3) 0.08 mm 方孔筛；

(4) 量程 5 000 g，感量 5 g 和量程 100 g，感量 0.1 g 的天平各一台。

5.2.3　测定步骤

(1) 试样准备：石灰石、熟料或建筑用砂，如采用 500 mm×500 mm 试验磨，试样粒度控制在小于 20 mm；如采用行星球磨机，试样粒度控制小于 5 mm。

(2) 检查磨机系统机械电器零部件是否正常，用手转动磨筒体看是否转动灵活。

(3) 装取料要求　如采用 500 mm×500 mm 试验磨，打开磨门，称取 5 kg 试样加入磨内，盖紧磨门启动磨机，运转一定时间后停磨打开磨门取样，然后盖上磨门继续粉碎，上述操作，反复进行。其运转时间控制在第一次 1 min，第二次 1 min，第三次 2 min，第四次 6 min，第五次 5 min，第六次 5 min，第七次 5 min。

如采用行星球磨机，称取 160 g 试样 4 份，分别装入 4 个磨罐中（4 个磨罐要编号，以便于取样），装好磨罐拧紧螺栓，开启电机，运转一定时间后停磨。打开一个磨罐取样，然后装上磨罐继续粉碎，上述操作，反复进行。注意取样时 4 个磨罐应轮流取样。运转时间控制同上。

(4) 取样要求：所取试样要有代表性，能反映该粉磨时间时的物料平均情况。每次取样 50 g，放入烘箱干燥(105±5)℃后，用天平称取 25 g 试样，用 0.08 mm 标准筛进行水筛分析。数据记录于表 5.4 中，然后计算出筛余百分数。

(5) 测试完毕后，将磨内物料清理干净，清理标准筛等设备。

5.2.4　数据处理

(1) 将测试数据及有关的计算结果填入表 5.4 中。

表 5.4　粉磨速度测试数据记录表

取样时间	第一次	第二次	第三次	第四次	第五次	第六次	第七次	第八次
	0 min	1 min	2 min	4 min	10 min	15 min	20 min	25 min
取样量/g								
0.08 mm 筛筛余/g								
筛筛余百分数/%								

(2) 根据测试数据。用双对数坐标纸（第 2 章图 2.6），绘出粉磨物料的 0.08 mm 标准筛筛余-粉磨时间的关系曲线。

(3) 用直角坐标纸分别绘出 0.08 mm 的 $R_t - t$ 筛分析曲线。

(4) 根据曲线的斜率和纵轴截距求出速度均匀系数 n 和粉磨速度常数 K_t 的数值。

(5) 验证实验结果与粉磨速度方程式是否相符，并根据 n 和 K_t 这两个参数以及曲线状况来分析说明粉磨过程情况。

思考题

1. 为什么用 Bond 功指数磨能测定物料粉碎的难易程度？

2. 测定 Bond 功指数时为什么要预先把物料粉碎成一定的粒度？

3. 用 Bond 功指数磨能否测定软质或韧性大的物料？

4. 为什么由实验室小规模球磨机实验结果,可以对高达几千千瓦的粉碎机进行按比例放大的计算?

5. 粉磨时间与被粉磨物料的粒度之间呈什么关系?

6. 速度均匀系数 n 物理意义是什么? 可否用此来比较不同物料粉磨的难易程度?

7. 可否用连续式磨机测定粉磨速度? 若可以应如何取样?

8. 行星球磨机 4 个磨罐中为什么要装入同样重量的物料?

6 除尘系统测试技术

物料的破碎、粉磨、烘干及煅烧等环节产生的以及各通风设备排放的含尘气体即造成环境污染，又危害人们身体健康。对含尘气体进行收尘和粉尘的回收及再利用显得非常重要。用于气-固两相分离的设备称为收尘器。通过对收尘系统的测定，从具体操作参数变化对性能的影响入手，找出影响规律，以利于正确使用收尘器，达到高效低耗的目的。

6.1 流量测定

6.1.1 通过测定气体压力计算流量

管道中气体流动的动压是计算气流流速、流量的最常用和最基本的参数。因此通过管道中气体的压力(静压、动压、全压)的测定即可计算出气体的流速和流量。

在除尘系统中压力测定的主要方法是通过插入管道内的取压管将压力信号取出，在压力计上进行读数。具体测量方法见第 10 章。

管道气流中所测得的动压 p_w 与流速 v 的平方成正比：

$$p_w = \frac{v^2 \rho}{2} \tag{6.1}$$

式中 p_w——动压值，Pa；

ρ——工况条件下的气体密度，kg/m³。

按式(6.1)，当用皮托管测得某点的动压值 p_w，则可求得该点的流速。

$$v = K \sqrt{\frac{2p_w}{\rho}} \tag{6.2}$$

式中 K——皮托管校正系数。

由于管道断面上气流速度是不均匀的，同一断面上要分环测出各点的流速，然后计算出平均流速。

$$v_m = (v_1 + v_2 + v_3 + \cdots + v_n)/n \tag{6.3}$$

$$v_m = K \sqrt{\frac{2}{\rho}} \left(\frac{\sqrt{P_{w1}} + \sqrt{P_{w2}} + \sqrt{P_{w3}} + \cdots + \sqrt{P_{wn}}}{n} \right) \tag{6.4}$$

式中 v_1, v_2, $v_3 \cdots$——各点的流速，m/s；

p_{w1}，p_{w2}；⋯⋯各测点上的动压值，Pa；

　　　　n——测点数。

　　应该指出的是，这里是求出各点流速后再计算平均流速，而不能光求出平均动压再按平均动压求平均流速。

　　已知管道的平均流速，按已知的公式可求出通过管道的气体流量 Q。

$$Q = 3\,600v_m F \tag{6.5}$$

式中　F——管道断面积，m^2。

　　在有的情况下，可事先求出该管道断面测点上的流速不均匀系数 α_x，α_x 的定义为

$$\alpha_x = v_x/v_0 \tag{6.6}$$

式中　v_x——各测点的流速，m/s；

　　　　v_0——管道中心点的流速，m/s。

　　平均流速不均匀系数 α_m 是各测点的流速不均匀系数的平均值。

$$\alpha_m = \frac{\sum \alpha_x}{n} \tag{6.7}$$

　　于是气体的流量：

$$Q = 3\,600\alpha_m v_0 F \tag{6.8}$$

　　这样在事先测得管道的流速不均匀系数 α_m 后，只需测得管道中心点的流速 v_0，就可计算出管道的流量 Q。

　　在标准状态下（20℃、1.013×10^5 Pa），空气的密度 $\rho = 1.205$ kg/m^3（皮托管校正系数 $K = 1$），按式（6.2）得：

$$v = 1.288 \sqrt{2p_w}$$

　　当微压计的最小分度为 0.2 mm 水柱（1.962 Pa）时，所能测出的流速为：

$$v = 1.288 \sqrt{1.962} = 1.8(m/s)$$

　　因此当管道内的流速小于 1.8 m/s 时，就不能采用测压法确定流速。这时可以采用其他的方法，如用热球风速计来测定管道内的流速。

6.1.2　根据管道弯头处的压差测定流量

　　当测定的流量精度要求不很高时（例如在 5% 以内），可根据管道弯头处的压差测定流量。当气流在管道弯头处流动时，在曲率半径方向 A 及 B 两点之间（图 6.1）会产生静压差。这一静压差与气流的速度成正比，于是测出这两点的静压差就可以计算出通过该管道的流量。

$$Q = \alpha F \sqrt{\frac{2}{\rho}(P_A - P_B)} \cdot \frac{1}{2}\sqrt{\frac{R}{D}} \tag{6.9}$$

式中　Q——在工况下气体的流量，m^3/s；

α——流量系数；

F——弯头断面积，m^2；

P_A——弯头外侧的静压，Pa；

P_B——弯头内侧的静压，Pa；

R——弯头（按轴线）的曲率半径，m；

D——管道的内径，m。

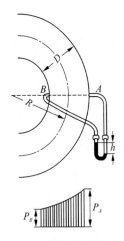

图 6.1　弯头流量的测定

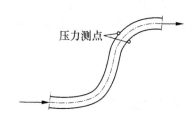

图 6.2　弯头测流量的测点布置

根据试验的资料，$D/R > 1$ 时，在精度为 5% 的范围内，流量系数 α 可取为 1，这种方法很简单也易于实现；如果测量的精度要求高于 ± 5% 时，则可以事先用皮托管进行校正。同样，对于 $D/R < 1$ 时也需要校正，这时的测定结果不十分可靠。

根据实验数据表明，流量系数 α 与进入弯头时断面上的气流分布均匀性有关。在弯头前面希望有尽可能长的直管段。插板阀门等部件应设于弯头前大于 $25D$、弯头后大于 $10D$ 处。当在所测弯头前在同一平面内有一反向的弯头时（图 6.2），测定的结果比较精确。

6.1.3　在管道入口测流量

管道的入口可以做成角度为 $45°$ 的圆锥管（图 6.3）。如果用阻力系数 $\zeta = 0.15$ 来表示该圆锥管入口处的压力损失和在距离为 1 倍管径的管段的阻力，则距圆锥 1 倍管径处的静压按伯努利方程式得：

$$p = (1 + 0.15)\frac{v^2\rho}{2} = 1.15\frac{v^2\rho}{2} \tag{6.10}$$

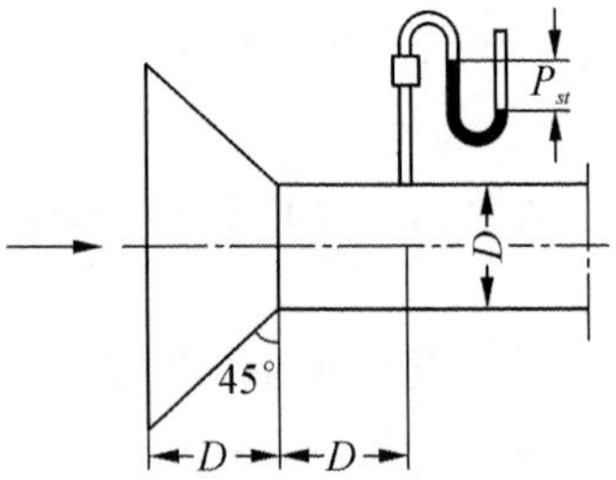

式中　v——测定静压处的流速，m/s。

由此可得

图 6.3　入口流量测定

$$v = \sqrt{\frac{p \cdot 2}{1.15\rho}} = 1.32\sqrt{\frac{p}{\rho}} \tag{6.11}$$

测出静压 p，可计算出气体的流速和流量。

这一方法简单、方便，但只有当气流均匀流入时才能获得正确的结果，而这点却不是经常能做到的。

6.1.4 局部气流的流量测量

在测尘采样过程中，经常需要将大气或管道中的部分气流抽出，测定这部分流量的仪器有两种：①测量瞬时流量的流量计；②测量累积流量的流量计。

1. 测量瞬时流量的流量计

这种流量计用以测量单位时间内所通过的流量。常用的有转子流量计和孔口流量计。

（1）转子流量计

转子流量计（图 6.4）由锥形玻璃管和其中的转子所组成。当气流由下向上流动时，转子浮起，浮起的高度与通过流量计的流量有关。

当玻璃管及转子的几何形状以及被测的气体状态确定时，流量即为转子浮升高度的函数。计算是比较复杂的，通常是通过试验对流量计进行标定，将标定好的流量读数直接刻在玻璃管上。在现场测定时，当测定的气体状态与标定时的气体状态不同时，测出的流量需要进行修正，有时还要换算成标准状态流量。

若流量计标定时的气体状态为 p_1，T_1，ρ_1；测量时的气体状态为 p_2，T_2，ρ_2；流量计读数为 Q_1，此时测量的工况流量应为 Q_2：

$$Q_2 = Q_1 \sqrt{\frac{\rho_1}{\rho_2}} = Q_1 \sqrt{\frac{T_2 p_1}{T_1 p_2}} \tag{6.12}$$

换算成标准状态（p_0，T_0）下的流量 Q_0 为：

$$Q_0 = Q_2 \frac{T_0 p_2}{T_2 p_0} \tag{6.13}$$

（2）孔口流量计

孔口流量计（图 6.5）可以按照理论公式进行计算，然而在实际中经常是通过试验，将所标定的流量读数直接刻在玻璃管上。这样，在测定时，流量计上的读数也需要换算成工况流量和标准状态流量。换算的过程和公式与转子流量计相同。

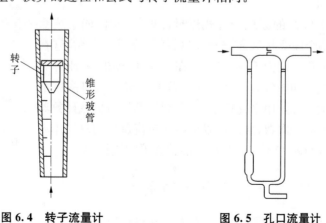

图 6.4 转子流量计   图 6.5 孔口流量计

2. 累积式流量计

累积式流量计测量在一定时间内所通过的总流量。由于气流的波动,累积式流量计测得的总流量,要比瞬时流量计读得的流量乘以时间所得的总流量精确得多。因此在有些采样系统中串联两种流量计,用瞬时流量计控制采样流量的大小,而用累积式流量计测量总流量。

(1) 湿式流量计

湿式流量计的工作原理见图 6.6。湿式流量计内的转鼓 A 围绕其轴 B 转动。转鼓用隔板 D 分隔成一系列小室 C。被测气体由入口管 E 进入到转鼓中心,然后通过缝口 F 进入到小室 C,使其"充气",在充气过程中同时推动转鼓转动。当一个小室充满后,缝口 F 被水封住,接着排气口 G 露出水面,进行排气,水则由缝口 F 进入小室,将气体挤出。转鼓连续转动,各小室连续进行充气和排气同时转鼓轴带动指针,指示出所通过的流量。

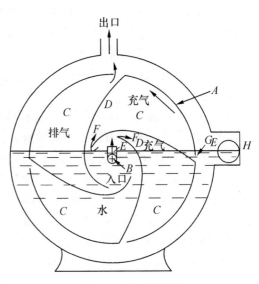

图 6.6 湿式流量计

流量计内的水位应准确地保持在给定的刻度位置,通过观察口 H 可以观察水位。为了使水位保持稳定,转鼓速度不能太高。

湿式流量计是以转鼓内各室的容积作为气体体积计量的,因而它的精度较高,在经过精确标定后其误差不大于 0.1%~0.2%。

湿式流量计测得的流量 Q_1,可按下式换算成标准状态流量 Q_0:

$$Q_0 = Q_1 \frac{T_0}{T_1} \frac{p_1 - p_v}{p_0} \tag{6.14}$$

式中 T_1, p_1——流量计进口气体的绝对温度和绝对压力;

p_v——在流量计进口温度下的饱和水蒸气分压力,Pa。

(2) 干式流量计

干式流量计(图 6.7)的原理与湿式流量计类似,它由四个膜盒所组成。工作时,四个膜盒按顺序进行充气,排气完成一个循环(在工作状态时,四个膜盒分别为正在排气、正在充气、已经排空、刚好充满状态)。每次充气量和排气量均为一定。膜盒的进出气口系用滑阀控制(在湿式流量计中是用水封控制)。滑阀的动作与机械计数器相连,以累计滑阀的动作次数,从而可以得出通过流量计的总气体流量。测得的气体流量 Q_1 按下式换算成标准状态下的流量 Q_0:

图 6.7 干式流量计

$$Q_0 = Q_1 \frac{T_0}{T_1} \frac{p_1}{p_0} \tag{6.15}$$

式中 T_1, p_1——测量状态下气体的绝对温度和绝对压力。

干式流量计的精度较低,一般用于现场测量。

6.2 气体含尘量的测定

含尘量(粉尘浓度)是指单位体积中所包含的粉尘量。测量粉尘浓度的方法主要有两种:一种是利用抽气设备使管道中的含尘气流通过等速取样管,控制在一定的速度下抽入过滤器把尘粒收下,而经过过滤的洁净气流再由流量计计量,然后排入大气。被收下的粉尘进行称量,最后根据流量计上所得的气体流量进行计算。另一种方法是利用光学的方法,即利用光束通过含尘气流时,光强度发生变化来确定含尘浓度。

6.2.1 测量仪器及设备

1. 取样管

目前比较通用的取样管是等速取样管,其结构如图 6.8 所示。它由三根管子组成,中间一根较粗的铜管是取样管,旁边两根小铜管是静压管,一根与取样头的内管相通,用来反映取样管内的静压,另一根与取样头的外套相通,用来反映含尘管道内的静压,理论上讲,当两根静压管反映的静压相等时,则表示取样管内的气体流速与含尘管道内的气流速度相等。当取样管内的气流速度大于烟道内气流速度时,较粗的尘粒由于惯性的作用,不如气体和细粉灵活,会有较多的细粉随气流被吸入,这样就会使所测量的含尘量较实际偏低。反之,若取样管内的气流速度小于烟道内气流速度时,则进入取样管内的粗粒子的比例相对增大,使测出的含尘率比实际情况偏高。但根据经验,测量时取样管内静压(0~5 Pa)稍小于管外静压,利于测量;而只要略大时就会产生较大误差。

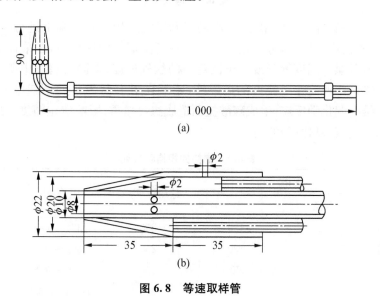

图 6.8 等速取样管

取样管弯头处必须成 90°角,以便取样时取样头入口与气流方向相对。取样管口径的大小应根据被测气流含尘量的多少而定。含尘量大的,口径可小些;含尘量小的口径可大些。实践证明,对于含尘量在 50 g/m³ 以下的气体用 ϕ8 mm 和 ϕ15 mm 两种口径的取样管就足够了。

其次,取样头口径 d 也可根据管道内气流速度的大小来选取,即管内气流速度越大,则取样头的口径应选小一些,根据经验有公式:

$$d = \sqrt{\frac{Q_C}{0.047 v_g}} \tag{6.16}$$

式中　Q_C——抽气量,L/min;

　　　v_g——管道内气体流速,m/s。

2. 捕尘装置

捕尘装置是采样系统的核心,通常采用的种类有滤膜、小旋风筒、滤筒等。采用小旋风筒时可以直接称量其所捕集到的粉尘量,而采用滤膜或滤筒时,可称量其采样前后的质量差以作为所捕集的粉尘质量。对捕尘装置的基本要求是要高效(达 99.9% 以上)捕集气流中的粉尘。捕尘装置要根据气流中的含尘浓度、温度等条件来选择,例如:在含尘浓度低和常温条件下可以采用滤膜;在高浓度和高温下可采用小旋风筒采样器。

目前广泛采用的是滤筒取样。滤筒的优点是过滤面积大、阻力小、捕尘效率高、容尘量大、适应性能好。用滤筒取样的滤筒罐(带采样嘴)见图 6.9。滤筒的规格及性能列于表 6.1 中。对滤筒的过滤效率要求为:在迎风速度为 5 cm/s 时,经油雾试验其捕尘效率不小于 99.95%。

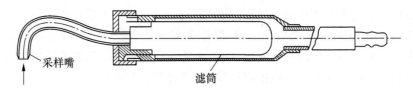

采样嘴

滤筒

图 6.9　滤筒夹

玻璃纤维滤筒制作简单、使用方便,因而得到广泛应用。在常温下进行采样时,由于玻璃纤维不吸湿,不需烘干恒重,可直接采样。但在高温烟气中使用时,在采样前需要在烘箱中烘干处理 1 h,其烘干温度等于或高于测定时的烟气温度,以除去滤筒中所含的有机物及其他杂质。玻璃纤维滤筒除了温度的局限外,还不宜用于含 SO_2 的烟气中采样,因为 SO_2 对多数玻璃纤维会起化学反应,生成硫酸盐而造成滤筒增重,影响测定精度。通常只是在温度很高时才采用刚玉(氧化铝)滤筒。

表 6.1　滤筒的规格和性能

种　类	规格/mm		选用温度/℃	阻力/Pa	质量/g
	直径	长			
含胶玻纤滤筒	32	120	250	390～500	≈2.4
无胶玻纤滤筒	32	120	250	390～500	≈2.4
	25	70	500	600～700	0.8～1
刚玉滤筒	28	100	800	1 334～5 336	≈30

3. 冷凝、干燥部分

冷凝、干燥部分的作用是将烟气流中的水分冷凝下来,其目的一方面是为了计算烟气的含湿量,另一方面也是为了防止冷凝的水分进入流量计和抽气泵而影响其正常工作。

当采样气流进入冷凝、干燥部分时,温度降低到露点温度以下,气体中的水分在冷凝器中冷凝下来,然后再通过干燥器进一步干燥成为干气体。在各种不同的系统中,对冷凝、干燥部分的处理也不同。如在 YC-1 型采样系统中,采用蛇形管冷凝器。

4. 气体计量装置

通常在采样系统中采用瞬时流量计来测定流量,其作用一方面是测量总采气量,另一方面是控制等速采样流量。常用的有孔板、转子及湿式流量计。

5. 抽气设备

对抽气设备的要求为:一要能克服整个系统内各种阻力,二要保证抽入采样嘴的流速达到等速采样,三要体积小、重量轻、便于携带。为此,抽气设备通常需在达到 $2 \times 10^4 \sim 5 \times 10^4$ Pa的负压下保持流量在 40 L/min 以上。可采用各种型号的真空泵。

6.2.2　测量方案及计算

根据测量的内容、要求及仪器设备的条件确定具体的测量方案。如根据测量精度的要求来选择何种取样管,若要求不高,用一般取样管就行了;否则应采用等速取样管。根据含尘气体的温度、湿度来确定是否需用保温冷凝设备。根据含尘气流的速度及稳定程度来考虑选用何种流量计。

测量地点和位置的选择,应当选择气流稳定的管道处作为测点,最好在垂直管道内进行。粉尘采样时在管道上测定断面以及断面上测点数的选择原则,与流速的测定原则相同。由于每个断面上有多个测点,采样时,移动采样管,在每个测点上按给定的时间进行采样,一直到每个测点都采完为止。

下面介绍一种目前应用较多的测量系统。如图 6.10 所示,用夹套采样嘴、转子流量计以及抽气泵组成的测量系统。

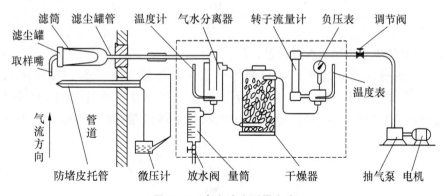

图 6.10　含尘浓度测量方案

这种测量系统由于取样管没有微压计监视被测管道内气体流速和取样嘴口子上的流

速,因此,在测试前必须预测管道当中的含尘气体流速,然后根据抽气泵的抽气能力,选择采样嘴的直径,再计算出采样点等速取样所需的流量计读数。

测试过程大致如下:

① 将已称重的滤筒放入采样管中。按图 6.10 所示的顺序连接整个系统,并检查是否漏气。

② 采样管放入烟道前,先打开抽气泵调整采样点所需要流量读数,然后关闭抽气泵。

③ 采样管放入烟道后,先使采样嘴背着气流方向预热几分钟,然后将采样嘴对准气流,同时开动抽气泵迅速调节流量到等速采样流量并读数。

④ 采样完毕后切断电源,同时关闭采样管路,防止由于烟道内的负压将尘粒倒抽出来,并小心取出滤筒。

⑤ 将滤筒放在 105 ℃烘箱中烘 1 h,并在干燥器内冷却 30 min,用分析天平称重(使用前滤筒也需同样处理)。

⑥ 根据滤筒的增重和采样体积,计算被测烟气的粉尘浓度。

当气体露点较低或测量仪器采用保温措施,在测定过程中气体不会冷凝下来,因而流量计前可不设干燥器,这时湿气体流量为:

$$Q_S = \frac{\pi}{4}\left(\frac{d}{1\,000}\right)^2 v \cdot \frac{273+t_j}{273+t_y} \cdot \frac{p_d+p_y}{p_d+p_j} \tag{6.17}$$

式中　d——取样直径,mm;

　　　v——气体在管道中的流速,m/s;

　　　t_j——流量计温度,℃;

　　　t_y——管道中烟气温度,℃;

　　　p_d——当地大气压,Pa;

　　　p_y——管道内静压,Pa;

　　　p_j——流量计压力,Pa。

当气体湿度较高时,流量计前必须设干燥器,则干气体流量为:

$$Q_G = \frac{Q_S(100-A)}{100} \tag{6.17}$$

式中　A——气体中水汽体积百分含量,%。

气体中水汽体积百分含量可用量筒中的水量和干燥器中干燥剂吸收的水量来计算,也可用干湿球温度计来测量。同时,由于是用转子流量计来计量,因此必须对所测的流量进行校正(见 6.1.4 节)。换算成标准状态下的流量,则气体标准状态下的含尘率为:

$$y_b = \frac{G}{Q_b t} \tag{6.18}$$

式中　G——总收尘量,g;

　　　t——总取样时间,s。

6.3 旋风除尘器性能的测定

旋风除尘器是一种结构简单,除尘效率较高,阻力较大的通用除尘设备。含尘气体在系统后部离心通风机的抽吸下,流经旋风除尘器,形成旋转运动,此时气流中的尘粒由于离心惯性力作用,大部分被甩向筒壁失去能量沿壁滑下,经锥体下口入贮灰斗,少量微细颗粒同气流一起由排气管排出旋风除尘器。而气流在流经除尘器时受到较大的阻力,造成一定的压力损失。

当固体粉尘性质一定时,气体操作参数对旋风除尘器的阻力和除尘效率有很大的影响。气体操作参数一般包括旋风除尘器入口风速和气体的含尘浓度。若改变这两个参数,则除尘器的性能将发生变化。生产中应确保操作气体符合设计风量和允许入口最高含尘浓度。

6.3.1 设备装置

实验装置主要有:料斗、电磁振动给料机、集风器、U 形管液柱压力计、CLT/A - 20 型旋风除尘器、集灰箱、袋式除尘器、9 - 19 - 5 型离心通风机、台秤、天平、干燥箱等。实验系统布置如图 6.11 所示。

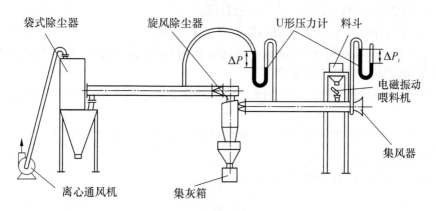

图 6.11 除尘系统简图

6.3.2 步骤与操作

1. 风速变化对阻力的影响

当操作气体为净空气时,测定进口风速变化对阻力的影响。

(1)启动通风机,观察通风机和除尘器工作是否正常。

(2)均匀改变手动闸板的开启度,即改变集风器进风量。待流量稳定后,由 U 形管压力计分别读出集风器负压值和除尘器前后测压点间静压差(要求至少获取 6 组以上数据)。本实验可采用除尘器前后测压点间静压差的变化来反控闸板的开启度。

（3）读取实验时的环境温度及大气压强。

2. 含尘浓度变化对阻力和效率的影响

当操作气体为含尘气体，且进口风速一定时，测定含尘浓度变化对阻力和效率的影响。

（1）称取已烘干试样（G_i）100、200、400、600、800 g 共 5 份备用。

（2）观察除尘器内壁有无粉尘黏附，清扫除尘器。

（3）启动通风机，并观察通风机和除尘器工作是否正常。

（4）检查电磁振动给料机工作是否正常。

（5）将手动闸板全部打开，以免加料后粉尘在水平管内沉积。

（6）将已称取的 5 份试样分别加入料斗，开动喂料机向系统均匀加料，调节加料速度使每次加料时间尽可能相同，以获得不同的含尘浓度。

（7）待加料稳定后，读取集风器测压管负压和除尘器前后测压点间静压差，并记下每次加料时间。

（8）每次加料完毕，待试样全部进入除尘器后，关闭喂料机和闸板。将贮灰斗内的粉尘全部清扫出来称重，即得 G_C 值。

3. 进口风速变化对阻力和效率的影响

当操作气体为含尘气体，且含尘浓度一定时，测定进口风速变化对阻力和效率的影响。

（1）观察除尘器内壁有无粉尘黏附，清扫除尘器。

（2）启动通风机，并观察通风机和除尘器工作是否正常。

（3）检查电磁振动给料机工作是否正常。

（4）称取已烘干试样（G_i）500 g，共 6 份备用。

（5）每次加料前，改变闸板开启度，以改变进风速度。

（6）分别将试样加入料斗，开动喂料机向系统均匀供料。保持一定的加料速度使每次加料时间相同，以确保每次含尘浓度不变。

（7）待加料稳定后，读取集风器测压管负压和除尘器前后测压点间静压差，并记下每次加料时间。

（8）每次加料完毕，待试样全部进入收尘器后，关闭喂料机和闸板。将贮灰斗内的粉尘全部清扫出来称重，即得 G_c 值。

（9）测试全部完毕后，关闭通风机。

6.3.3 处理与分析

（1）计算旋风除尘器阻力。

由 U 形管压力计读数的静压差，应扣除测压点至除尘器进出口水平管段的沿程阻力和除尘器进出口方圆接管的局部阻力，方才得到除尘器进出风口截面之间的阻力。

本系统水平管段的直径 $D = 100 \text{ mm}$，摩擦系数 λ 可按光滑管求取；方圆接管的局部阻力系数 $\xi = 0.16$。

（2）计算进口含尘浓度。

$$c_i = \frac{G_i}{Q \times t} \tag{6.19}$$

式中　G_i——喂入粉尘量,g;

　　　Q——进风量,m²/s;

　　　t——喂料时间,s。

（3）不同条件下的除尘效率。

$$\eta = \frac{G_C}{G_i} \times 100\% \tag{6.20}$$

（4）整理全部实验数据制成表格,并绘出不同条件下的进口风速 v_i 与旋风除尘器阻力 Δp 的关系图（c_i 为零和 c_i 为定值两种情况）,进口风速 v_i 与除尘效率 η 的关系图（c_i 为定值）,进口含尘浓度 c_i 与旋风除尘器阻力 Δp 的关系图（v_i 为定值）、进口含尘浓度 c_i 与除尘效率 η（v_i 为定值）五条曲线。

（5）根据测试结果和所作曲线,分析讨论气体操作参数对旋风除尘器工作性能的影响规律,确定较佳的操作参数。

思考题

1. 常用测量管道风量的方法有哪几种?

2. 可否用管道的平均动压来计算管道的平均风速,为什么?

3. 如何对转子流量计测得的流量进行校正?

4. 在圆形管道中测量管道动压时应如何布置测点?

5. 采用滤筒测量气体含尘浓度时,为什么要事先对滤筒进行烘干处理?

6. 测量气体含尘浓度系统中冷凝干燥设备的作用是什么?什么情况下可以不采用冷凝干燥设备?

7. 什么是除尘设备的分离效率?

8. 何为含尘率?

9. 简述旋风除尘器的工作原理。

10. 简述旋风除尘器进口风速与除尘器的阻力和除尘效率的关系。

7 燃料测试技术

7.1 煤的组成、种类及性质

7.1.1 煤的组成

固体燃料煤是由极其复杂的有机化合物组成的,通常包含碳(C)、氢(H)、氧(O)、氮(N)、硫(S)五种元素及部分矿物杂质(灰分A)和水分(M)。用煤中各元素及灰分和水分的百分含量表示煤的组成,称为煤的元素分析组成。

$$C\% + H\% + O\% + N\% + S\% + A\% + M\% = 100\%$$

煤在燃烧时放出挥发性成分(V)和水分(M)后,固定碳(F_c)开始燃烧,放出热量,煤中不能燃烧的矿物杂质形成灰分(A)。工业上简单地以挥发分、固定碳、灰分和水分表示煤的组成,称为煤的工业分析组成。

$$V\% + F_c\% + A\% + M\% = 100\%$$

工业分析方法由于比较简单,一般工厂都可进行,且对于了解煤的使用性能已能满足要求,因而得到广泛的应用。

由于煤开采、运输和贮存的条件不同,同类煤的组成往往有较大的变动,尤其是煤中水分和灰分的含量。因此表示煤的组成可用不同的基准,目前有四种基准(图7.1),即:

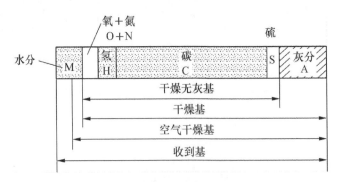

图7.1 煤组成的表示方法

收到基 指使用单位收到的实际使用煤的组成。在各组成的右下角以"ar"表示。

空气干燥基　指分析实验室里所用的空气干燥煤样的组成。在各组成的右下角以"ad"表示。

干燥基　指绝对干燥的煤的组成。在各组成的右下角以"d"表示。

干燥无灰基　指假设的无水无灰的煤的组成。在各组成的右下角以"daf"表示。

7.1.2　煤的种类

煤有泥煤、褐煤、烟煤和无烟煤等,工业上常用的是烟煤和无烟煤。

根据煤挥发后残留的焦渣外形特征及挥发分的量,可以判断煤种类。

焦渣特征,即测定挥发分后残渣外形特征共分为八类,即:

① 粉态　全部是粉末,没有互相粘连的颗粒;

② 粘着　以手指轻压即成粉末;

③ 弱粘结　以手指轻压即成碎块;

④ 不熔融粘结　以手指用力压才成碎块;

⑤ 不膨胀熔融粘结　焦渣呈扁平饼状,煤粒界限不易分清,表面有银白色光泽;

⑥ 微膨胀熔融粘结　焦渣用手指不能压碎,表面有银白色光泽和较小的膨胀泡;

⑦ 膨胀熔融粘结　焦渣表面有银白色光泽,明显膨胀,但高度不超过 15 mm;

⑧ 强膨胀熔融粘结　焦渣表面有银白色光泽,明显膨胀,高度超过 15 mm。

由于焦渣特性对计算煤发热量有较明显的影响,因此在计算前一定要根据以上特征对焦渣进行正确的分类。

我国对煤的种类的划分以干燥无灰基挥发分含量 V_{daf} 为根据,见表 7.1。

表 7.1　不同种类煤的挥发分(V_{daf})

煤的种类	褐　煤	烟　煤	无烟煤
$V_{daf}/\%$	>37	$10\sim46$	<10

7.1.3　煤的性质

1. 煤的发热量及计算

单位质量或单位体积的燃料完全燃烧,燃烧产物冷却到燃烧前的温度时所放出的热量,称为燃料的发热量或热值,单位为 kJ/kg 或 kJ/Nm³。

燃料发热量有高位发热量 Q_{gr} 和低位发热量 Q_{net} 两种。高位发热量是指燃料完全燃烧,当燃烧产物中的水蒸气全部凝结为水时所放出的热量;低位发热量是指燃料完全燃烧后,其燃烧产物中的水蒸气仍以气态存在时所放出的热量。

实际燃烧时,温度很高,燃烧产物中的水蒸气均以气态形式存在,不可能凝结成水而放出汽化热。故使用时和燃烧计算中应以燃料收到基的低位发热量为基准。

燃料的发热量可以根据燃料组成计算,比较常用的方法是用煤的工业分析数据计算。

无烟煤($V_{daf} \leqslant 10\%$ 时): $\qquad Q_{net,ad} = K_0 - 360M_{ad} - 385A_{ad} - 100V_{ad}$ (7.1)

式中　$Q_{net,ad}$——空气干燥基时煤的低位发热量,kJ/kg;

　　　M_{ad},A_{ad},V_{ad}——分别为空气干燥基时煤中水分、灰分、挥发分的百分含量%;

　　　K_0——系数,从表 7.2 中查出。

表 7.2　K_0 与 V'_{daf} 的关系

$V'_{daf}/\%$	≤3.0	>3.0~5.5	>5.5~8.0	>8.0
K_0	34 300	34 800	35 200	35 600

表 7.2 中,$V'_{daf} = aV_{daf} - bA_d$

式中　a,b——系数,与煤的干燥基灰分 A_d 有关,从表 7.3 中查出。

表 7.3　a,b 与 A_d 的关系

$A_d/\%$	30~40	25~30	20~25	15~20	10~15	≤10
a	0.80	0.85	0.95	0.80	0.90	0.95
b	0.10	0.10	0.10	0	0	0

烟煤:　　　$Q_{net,ad} = 100K_1 - (K_1 + 25.12)(M_{ad} + A_{ad}) - 12.56V_{ad}$　　　(7.2)

式中　K_1——系数,与 V_{daf} 及焦渣特性有关,从表 7.4 中查出。V_{daf} 可由 V_{ad} 换算而得:

$$V_{daf} = V_{ad} \times \frac{100}{100 - (M_{ad} + A_{ad})}$$　　　(7.3)

表 7.4　K_1 与 V_{daf} 及焦渣特性的关系

焦渣特性 \ $V_{daf}/\%$	10~13.5	13.5~17	17~20	20~23	23~29	29~32	32~35	35~38	38~42	>42
1	352	337	335	329	320	320	306	306	306	304
2	352	350	343	339	329	327	325	320	316	312
3	354	354	350	345	339	335	331	329	327	320
4	354	356	352	348	343	339	335	333	331	325
5~6	354	356	356	352	350	345	341	339	335	333
7	354	356	356	356	354	352	348	345	343	339
8	354	356	356	358	356	354	350	348	345	343

煤的收到基低位发热量 $Q_{net,ar}$ 可由 $Q_{net,ad}$ 换算而得:

$$Q_{net,ar} = (Q_{net,ad} + 25M_{ad}) \times \frac{100 - M_{ar}}{100M_{ad}} - 25M_{ar}$$　　　(7.4)

2. 挥发分

在隔绝空气的条件下,将一定量的煤样在温度 900℃下加热 7 min,所得到的气态物质(不包括其中的水分)称为煤的挥发物。挥发物占煤的质量百分数则称为挥发分。

煤中挥发物含量,影响煤燃烧时火焰的长度及着火温度。一般说来,挥发物含量高时,火焰长,着火温度低,易着火。不同种类煤的挥发分见表 7.1。

3. 结渣性

结渣性与煤中灰分的组成有关。灰分的组成,影响煤灰的熔融性,当灰分中 SiO_2、Al_2O_3 含量多时,灰分软化温度高;FeO、Na_2O、K_2O 等含量多时,灰分软化温度降低。灰分软化温度还与燃烧时的气氛有关。在氧化性气氛中,铁以 Fe_2O_3 和 Fe_3O_4 形式存在,它们与 SiO_2 形成软化温度高的硅酸盐灰分。在还原气氛中,铁以 FeO 形式存在,FeO 与 SiO_2 形成软化温度低的硅酸盐灰分。通常用灰分软化温度判断燃料是否易结渣。软化温度高,不易结渣;反之,容易结渣。易结渣的煤燃烧时,操作困难,燃烧不易稳定,且灰渣中易带走未燃的燃料,使机械不完全燃烧热损失增加。

4. 水分

煤中水分不宜高。水分存在,会降低发热量,亦不利于着火,且使炉温降低,并增加烟气带走的热量。但烧较碎的煤时,适当加入水分($<8\%$)使煤渣疏松,易于处理,且对减少机械不完全燃烧热损失也是很有利的。

5. 可燃硫含量

燃料中存在的可燃硫,燃烧后将会生成 SO_2 和 SO_3 气体。这些气体与烟气中的水蒸气结合会形成硫酸或亚硫酸蒸气,腐蚀金属管道或设备。此外,SO_2 和 SO_3 气体若随烟气排到大气中,则使大气污染,直接影响人体健康和植物生长。一般要求可燃硫含量小于 1%。由于我国燃料中硫酸盐硫含量很小,一般所谓全硫含量即指可燃硫含量。

7.2 煤的工业分析组成的测试

7.2.1 煤的工业分析法原理

对煤进行工业分析所遵循的原理为热解重量法,即根据煤样中各组分的不同物理化学性质控制不同的温度和时间,使其中的某种组分发生分解或完全燃烧,并以失去的质量占原试样质量的百分比作为该组分的质量百分含量。

对水分的分析采用常规测定的方法。将煤置于 $105\sim110℃$ 的鼓风干燥箱中干燥,并进行检查干燥,直至质量变化小于 ±0.001 g 为止。

水分:
$$M_{ad} = (失重 / 样品重) \times 100 \tag{7.5}$$

对煤的灰分分析采用快速灰化法(国标采用慢速灰化法)。将煤样置于 $815℃$ 的马弗炉中灼烧 40 min,并检查其燃烧完全程度,直至质量变化小于 ±0.001 g 为止。

灰分:
$$A_{ad} = (灰重 / 样品重) \times 100 \tag{7.6}$$

对于挥发分,是煤炭分类的重要指标之一,且是煤样在特定的条件下受热分解的产物,采取干馏法测试煤样放入带盖的瓷坩埚中,置于 $(900\pm10)℃$ 的马弗炉中隔绝空气加热

7 min,冷却后称重,以失重减去水分即为挥发分含量。

挥发分:
$$V_{ad} = (失重 / 样品重) \times 100 - M_{ad} \tag{7.7}$$

固定碳:
$$F_{cad} = 100 - M_{ad} - A_{ad} - V_{ad} \tag{7.8}$$

7.2.2 测试仪器设备

(1) 马弗炉:对煤样进行定温下加热,测试灰分和挥发分含量;
(2) 鼓风干燥器:对煤样在定温下干燥,测试水分含量;
(3) 1/10 000 天平:精称煤样;
(4) 玻璃干燥器及称量瓶、瓷坩埚、灰皿等测试容器。

7.2.3 测试步骤

1. 煤样制备
测试用煤样粒度要小于 0.2 mm,并在空气中风干,备用。

2. 水分的测定
(1) 在分析天平上称出预先烘干的带盖称量瓶的空重,然后加入煤样(1±0.1)g。
(2) 将称量瓶置入预先加热到 105~110℃的鼓风干燥箱中,打开瓶盖,干燥 1 h。
(3) 取出称量瓶并加盖,在空气中冷却 2~3 min 后,放入玻璃干燥器中冷却到室温(约 20 min),称重。

3. 灰分的测定
(1) 在分析天平上称出预先灼烧的矩形坩埚(也称灰皿)的空重,然后加入煤样(1±0.1)g。
(2) 将坩埚置入已预热到 850℃的马弗炉中,在(815±10)℃的温度下灼烧 40 min。
(3) 取出坩埚观察,煤样应完全烧透,灰中无黑色碳粒,否则应重新灼烧。在空气中冷却 5 min 后,放入玻璃干燥器内冷却到室温(约 20 min),称重。

4. 挥发分的测定
(1) 在分析天平上称出预先在 900℃下烧至恒重的带盖坩埚的空重,然后加入煤样(1±0.1)g。
(2) 将坩埚迅速置入预先升温至 920℃的马弗炉中,并在(900±10)℃的温度下继续加热 7 min。
(3) 取出坩埚,在空气中冷却 5~6 min 后,放入玻璃干燥器中冷却到室温(约 20 min),称重。

7.2.4 数据整理及分析

1. 原始数据
原始数据及计算结果列于表 7.5 中。

表 7.5　测定数据记录及计算结果

测定编号	容器名称及质量/g	空容器质量/g	总重/g	样品重/g	热处理后总重/g	计算结果/%
水　分						
灰　分						
挥 发 分						
固 定 碳						
煤 种 类						
低位发热量						

2. 计算煤的工业分析组成

按式(7.5)、(7.6)、(7.7)、(7.8)分别计算煤中水分、灰分、挥发分及固定碳的百分含量。

3. 计算煤的发热量

首先判断煤的种类,然后计算煤的发热量。无烟煤用式(7.1)计算;烟煤用式(7.2)计算。

7.3　煤的发热量的测试

煤的发热量除可以根据煤的工业分析组成计算外,还可以用专门的量热计测定,而且结果更精确。但测试过程较复杂,且需要特定的设备,一般工厂不易进行。测定煤的发热量常采用氧弹量热计,测得的结果称为煤的氧弹发热量。

7.3.1　氧弹法测煤的发热量的原理

氧弹法测煤的发热量是 1881 年由科学家伯斯路特发明的。该法是把一定量的煤样放在充有高压纯氧的密闭弹筒(即氧弹)中完全燃烧,燃烧时氧弹置于盛水的内筒中,并被水完全浸没,因此煤燃烧放出的热量通过弹筒传递给水及仪器系统,再根据水温的变化计算出煤样的发热量。

测定时,除燃料燃烧放热外,点火丝燃烧,H_2SO_4 和 HNO_3 的生成与溶解也放出热量。量热计本身(包括氧弹、温度计、搅拌器和外壳)也吸收热量。此外,量热计还向周围散失部分热量。在计算煤的发热量时,这些热量计算均须考虑加以修正。

量热系统在试验条件下温度升高 1℃ 所需要的热量称为量热计的热容量,试验前必须加以标定(此工作由实验室进行)。其步骤为:将已知发热量的苯甲酸(量热标准物质)在氧弹中燃烧,设总热效应为 Q_e,测得温升为 Δt_e,则量热计的热容量为:

$$K = \frac{Q_e}{\Delta t_e} \tag{7.9}$$

用氧弹法测得的煤的发热量称为弹筒发热量,计算式为:

$$Q_{b,ad} = \frac{KH[(t_n + h_n) - (t_0 + h_0) + c] - q_1}{G} \qquad (7.10)$$

式中　$Q_{b,ad}$——弹筒发热量,J/g;

　　　G——空气干燥煤样的质量,g;

　　　K——量热计的热容量,J/℃;

　　　H——贝克曼温度计的平均分度值(见检定证书);

　　　t_n——终点时贝克曼温度计的读数,℃;

　　　t_0——点火时贝克曼温度计的读数,℃;

　　　h_n——终点时贝克曼温度计的刻度修正值,℃;

　　　h_0——点火时贝克曼温度计的刻度修正值,℃;

　　　q_1——点火丝产生的热量,J;

各种点火丝的发热量:钢丝 6 700 J/g,铜丝 2 510 J/g,镍丝 1 400 J/g,铂丝 427 J/g。

$q_1 =$(点火丝原质量—残余点火丝质量)×所用点火丝的发热量;

　　　c——冷却校正值,根据煤炭科学院提出的经验公式计算:

$$c = (n - b)V_n + bV_0 \qquad (7.11)$$

V_n、V_0——分别为点火终点及初点的内筒温度下降速度

$$V_n = k(t_n - t_g) - A$$
$$V_0 = k(t_0 - t_g) - A \qquad (7.12)$$

　　　k——冷却校正常数,$k = 0.002$;

　　　A——搅拌热常数,$A = 0.000\,4$;

　　　b——系数,b 值可由表 7.6 查得。

表 7.6　b 值 表

$\Delta/\Delta t$[①]	b	$\Delta/\Delta t$	b
1.00～1.60	1.00	4.01～6.00	2.00
1.61～2.40	1.25	6.01～8.00	2.25
2.41～3.20	1.50	8.01～10.0	3.00
3.21～4.00	1.75	>10	3.50

　　① Δ——总温升,$\Delta = t_n - t_0$;Δt——点火后第一分钟内的温升,$\Delta t = t_1 - t_0$。t_g——外筒温度,为实测外筒温度 t_g' 减去贝克曼温度计的基点温度 t_0',即:$t_g = t_g' - t_0'$;t_0'——为实测内筒水的温度减去同时测得的贝克曼温度计的温度,℃。

　　由于生产中使用的是煤的低位发热量,故将各种发热量的概念和换算关系叙述如下。

1. 弹筒发热量 $Q_{b,ad}$

在密闭的氧弹中充以初压为 2.8～3.0 MPa 的氧气,燃烧单位质量的试样,燃烧产物温

度为 25℃时所产生的热量称为弹筒发热量,单位为 J/g。

2. 恒容高位发热量 $Q_{gr,v,ad}$

弹筒发热量减去稀硫酸和二氧化硫生成热之差以及稀硝酸生成热,即为恒容高位发热量,单位为 J/g。

恒容高位发热量比工业上的恒压(大气压)高位发热量低 8.374～16.748 J/g,一般可以忽略不计。

$$Q_{gr,v,ad} = Q_{b,ad} - (3.6V + 1.5aQ_{b,ad}) \tag{7.13}$$

式中　V——滴定含有硝酸的弹筒洗液消耗的 0.1 mol/L NaOH 溶液的体积,mL;
　　　a——硝酸生成热校正系数,贫煤、无烟煤取 0.001,其他煤取 0.0015。

3. 恒容低位发热量 $Q_{net,v,ad}$

恒容高位发热量减去水的汽化热,即为恒容低位发热量,单位为 J/g。

$$Q_{net,v,ad} = Q_{gr,v,ad} - 25(M_{ad} + 9H_{ad}) \tag{7.14}$$

式中　M_{ad}——煤样的空气干燥基水分含量;
　　　H_{ad}——煤样的空气干燥基氢含量。

7.3.2　测试装置

介绍常用的 GR-3500 型氧弹式量热计,其结构如图 7.2 所示。

(1) 氧弹

恒容燃烧室,其结构见图 7.3。即样品燃烧室。内装待测样品,充以氧气,通过电极点火使样品燃烧。氧弹系用不锈钢制成,其容积为 300 mL 的厚壁圆筒,弹头上有充氧阀门 1、放气阀门 2、电极 3、坩埚架 4、充气管 5、燃烧挡板 6。

(2) 量热系统

由内筒、外筒、搅拌器及搅拌马达、电振动装置、点火栓等组成。

(3) 测量装置

金属坩埚,用来装燃烧煤样;

分析天平,用来称煤样和点火丝质量;

贝克曼温度计,用来测内筒水温升高值,利用放大镜读数;

工业用玻璃套管温度计,用来测量外筒水温;

普通温度计,用来测内筒水温;

0.1 mol/L 浓度的 NaOH 溶液、甲基红试剂、滴定台,用来滴定从燃烧产物中和冲洗氧弹的溶液中收集的硫酸和硝酸。

(4) 控制箱

为了操作方便,点火、记时。振动温度计和搅拌等均通过控制箱进行控制。

(5) 氧气瓶及氧气减压阀。

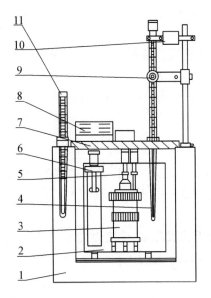

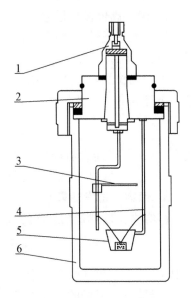

1—外壳;2—内筒;3—氧弹;4—贝克曼温度计;5—电极;
6—搅拌器;7—盖子;8—搅拌电机;9—放大镜;10—电振荡装置;11—工业用玻璃套温度计

图 7.2　SF‑GR3500 型氧弹式量热计

1—阀体;2—弹头;3—燃烧挡板;
4—坩埚架;5—坩埚;6—弹筒

图 7.3　氧弹剖面图

7.3.3　测试步骤

1. 称样

在分析天平上称出坩埚的空重,加入粒度小于 0.2 mm 的煤样(1±0.1)g,精确到小数点后 4 位,放入坩埚。

2. 装点火丝和充氧

取一段已知质量的点火丝,将两端分别接于两个电极上,把盛有试样的坩埚放在支架上。用镊子调节下垂的点火丝,使与煤样接触(点火丝切勿与坩埚壁接触,以免引起短路)。弹筒中加入 10 mL 蒸馏水,拧紧弹筒盖,然后接上氧气导管缓缓充入氧气(充气时间不少于 30 s),直至氧弹中压力达到 27 个大气压(1 大气压 $= 1.013 \times 10^5$ Pa),拆下氧气导管。

3. 内筒加水及氧弹气密性检查

在内筒中加入与标定热容量时相同的内筒水量(一般为 3 000 mL),调整内筒初始水温比外筒水温低 $0.5 \sim 1.0\ ℃$,以使实验终期内、外筒保持较小的温差,减少因温差而引起热量传递误差。

将充好氧气的氧弹放入内筒的水中,使氧弹除充气阀和电极外其余部分都淹没在水中。仔细观察有无漏气现象,如没有发现气泡逸出,表明氧弹气密性良好,即可开始以下步骤。

4. 安装测试仪器

安装贝克曼温度计、测量外筒温度的外筒温度计、测量环境温度的露出柱温度计。其中,贝克曼温度计的插入深度应与热容量标定时贝克曼温度计的插入深度一致(由已知实验仪器常数表中给出),安上点火栓,以上测试仪器装完后盖上外筒盖。

5. 实验开始初期温度测定

开动搅拌器（注意实验过程中搅拌器始终不能停止），5～10 min 后读取内筒初期温度 t_0，外筒温度 t_g，露出柱温度 t_e。要求内筒贝克曼温度计精确到 0.001℃（电磁振动器振动后，用放大镜读数），其他温度计只要精确到 0.1℃。

6. 点火测温阶段

以上温度记录完毕后，立即点火，注意观察内筒温度的变化情况，如果内筒温度迅速上升，表明点火成功。1 min 后，电磁振动器振动后记录内筒温度 t_1，准确到 0.001℃。以后每隔 1 min 记录一次内筒温度，准确到 0.01℃，分别记作 t_2，t_3，t_4，…，t_n，t_n 为第一个下降温度，称为终点温度（准确到 0.001℃）。

7. 收集弹筒洗液

停止搅拌，从内筒中取出氧弹，开启放气阀，用导管把燃烧废气缓缓引入装有适量氢氧化钠标准溶液的三角烧瓶中，吸收废气中的雾状硫酸和硝酸。放气过程不少于 1 min。放气完毕后，拧下并打开弹筒盖，观察坩埚内试样的燃烧情况。若燃烧不完全则试验失败，应重做；如燃烧完全，用蒸馏水冲洗弹筒各部位，将所有洗液都收集在三角烧瓶中。

8. 滴定

将上述洗液加热到 60℃ 左右，加甲基红指示剂数滴，用 0.1 mol/L 的 NaOH 标准溶液滴定到中点。记下 NaOH 溶液的总消耗量 V(mL)。

9. 称量出残余点火丝的质量

10. 结束

倒掉内筒的水，清洗氧弹，所有仪器归位，测试结束。

7.3.4　测试结果及数据处理

1. 测试结果

测试结果见表 7.7。

表 7.7　测 试 数 据

初期温度			点火期温度	终点温度
内筒温度 t_0/℃	外筒温度 t_g/℃	露出柱温度 t_e/℃	t_1/℃	t_n/℃

2. 原始数据

量热系统热容量 $K=$ _____ J/℃　　　　试样质量 $G=$ _____ g

点火丝原重 = _____ g　　　　残余点火重 = _____ g

贝克曼温度计的温度校正系数：$h_0=$ _____ ℃　$h_n=$ _____ ℃

贝克曼温度计的分度值 $H=$ _____（根据 t_0 和 t_n 查贝克曼温度计的温度校正系数）

冷却校正常数：$k=0.002$　搅拌热常数：$A=0.0004$

滴定消耗的 0.1 mol/L NaOH 溶液体积 $V=$ _____ mL

3. 发热量计算

(1) 按式(7.10)计算弹筒发热量 $Q_{b,ad}$；

(2) 按式(7.13)计算煤样的恒容高位发热量 $Q_{gr,v,ad}$；

(3) 按式(7.14)计算收到基煤样的恒容低位发热量 $Q_{net,v,ad}$。

7.4 煤中硫含量的测定

煤的工业分析中，通常不作硫含量的测定。但对于作动力燃料的煤，为了把弹筒发热量换算成高位发热量，则需测定全硫量（有机硫、硫化物中硫和硫酸盐硫的总量）。同时，由于煤中硫分燃烧后形成 SO_2、SO_3，与水蒸气相遇又转变为亚硫酸和硫酸，这些物质会腐蚀管道、污染环境，因此，煤中硫的含量必须严格监督控制，必要时在燃烧前要进行脱硫处理。

煤中全硫的测定方法，主要有艾氏卡法、燃烧-碘量法、弹筒洗涤水法和库仑滴定法。

艾氏卡法：将煤样与艾氏卡混合剂（2 份质量的氧化镁和 1 份质量的碳酸钠混合研细）在 800～850℃的温度下烧结，使煤中各种形态的硫完全转化成为可溶性的硫酸盐（硫酸钠和硫酸镁），然后以热水浸取，过滤，用硫酸钡重量法进行测定。

燃烧-碘量法：煤样经高温燃烧，煤中各种形态的硫都转化生成 SO_2，然后用淀粉-盐酸吸收，使其形成亚硫酸盐，再用碘酸钾标准溶液进行滴定。依其所消耗的体积计算出硫的含量。

弹筒洗涤水法：在测定煤发热量后的氧弹后，将氧弹内燃烧的废气（含雾状硫酸及硝酸）全部引入或洗入装有适量氢氧化钠标准溶液的三角烧瓶中，然后用氢氧化钠标准溶液进行滴定，从而计算出硫的含量。

库仑滴定法：煤样在催化剂作用下，于空气中燃烧分解，煤中硫生成 SO_2 并被碘化钾溶液吸收，对电解碘化钾溶液所产生的碘进行滴定，根据电解所消耗的电量计算煤中全硫的含量。

在实际工作中，前两种方法应用较多，后者虽然也是一种快速方法，但准确度较差，一般只在换算高位发热量或对试验结果要求不高时才可应用，本节主要介绍燃烧-碘量法。

7.4.1 燃烧-碘量法测定硫含量的原理

将试样在空气流中进行高温燃烧，使煤中各种形态的硫都转化生成 SO_2，然后捕集在 0.1%淀粉-盐酸溶液中，使其形成亚硫酸盐，用碘酸钾标准溶液跟踪滴定，按其所消耗的体积计算硫的总量。反应方程式如下。

(1) 煤中的硫转化成 SO_3：

$$CaSO_4 + \begin{cases} SiO_2 \\ Fe_2O_3 \\ Al_2O_3 \end{cases} \longrightarrow \begin{cases} CaO \cdot SiO_2 \\ CaO \cdot Fe_2O_3 + SO_3 \uparrow \\ CaO \cdot Al_2O_3 \end{cases}$$

(2) 煤中的 SO_3 转化成 SO_2：

$$2SO_3 \Longrightarrow 2SO_2 + O_2(1\,000℃\ 以上)$$

$$2C + O_2 \Longrightarrow 2CO$$

$$CO + SO_3 \Longrightarrow CO_2 + SO_2$$

（3）SO_2 被 0.1％淀粉-盐酸溶液吸收生成亚硫酸：

$$H_2O + SO_2 \Longrightarrow H_2SO_3$$

（4）碘酸钾标准溶液滴定生成的亚硫酸，过量的碘酸钾析出碘，随即与吸收液中的淀粉作用，使溶液由无色变蓝色：

$$KIO_3 + 5KI + 6HCl \Longrightarrow 6KCl + 3I_2 + 3H_2O$$

$$I_2 + H_2SO_3 + H_2O \Longrightarrow H_2SO_4 + 2HI$$

$$过量的\ I_2 + 淀粉 \longrightarrow 蓝色$$

7.4.2　HT－4A 型微机定硫分析仪测试原理

1. 二氧化硫的转化过程

HT－4A 型微机全自动定硫分析仪检测金属及非金属中的硫或三氧化硫所采用的方法均为燃烧-碘量法。对于钢铁等金属来说，是在氧气存在的条件下，用电弧炉代替管式炉燃烧样品，使硫转变成二氧化硫，最后采用恒压恒流光电耦合技术，由单片机完成模拟碘量法滴定；对于非金属类材料（如水泥及熟料等）中的三氧化硫（或硫）来说，主要解决了硫酸盐的分解转化问题，本仪器采用专利添加剂，经锡箔包裹的样品在添加剂和氧气存在的条件下，经高速自动引燃炉高温燃烧反应后，将各种价态的硫转变成二氧化硫。

HT－4A 型微机定硫分析仪气路连接见图 7.4。

2. 自动定硫滴定原理

采用一只防腐电磁阀 DZ_5，完成碘酸钾滴定液快滴与慢滴过程。淀粉溶液由 DZ_2 控制定量加入，滴定开始时，硫吸收溶液很浅，光电转换的输出信号较大，立即进入模拟转换电路与快滴基准电压比较，输出高电平，又输送到单片机中，由通用接口输出控制滴定电磁阀 DZ_5，进行快滴定。当快滴定临近终点时，溶液颜色变深，透光率变小，光电转换输出电信号变小，快滴定停止，此时慢滴基准电压比较电路仍输出高电平，又输送到单片机中，由接口电路间断输出，控制进行慢滴定。当滴定到终点颜色时，快滴、慢滴全部结束。如果吸收溶液的颜色未达到终点颜色，还能再进行自动补充滴定，直至终点颜色。

7.4.3　主要仪器设备

HB－2H 型引燃炉。

HT－4A 型微机全自动定硫分析仪，见图 7.5。

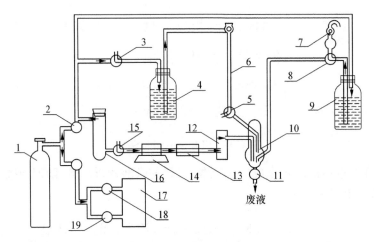

1—氧气瓶；2—减压阀；3—DZ_1加液电磁阀；4—碘酸钾滴定液贮液瓶；5—DZ_5滴定电磁阀；6—滴定管；7—淀粉5 mL定量加液器；8—DZ_2淀粉放液阀；9—淀粉贮液瓶；10—硫吸收器；11—DZ_3废液阀；12—流量计；13—除尘器；14—引弧炉；15—DZ_4通氧电磁阀；16—引弧炉升降装置；17—净化器；18、19—22 V金属电磁阀

图7.4 HT－4A型微机定硫分析仪气路连接图

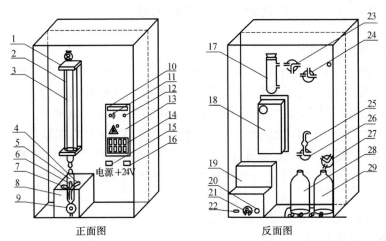

正面图　　　　　　反面图

1—滴定架；2—标尺筒；3—滴定管；4—淀粉进液嘴；5—硫吸收器；6—炉气进气嘴；7—碘酸钾滴定液进液嘴；8—光电盒；9—DZ_3废液阀；10—指示灯；11—蜂鸣器；12—定硫调节；13—微机控制部分；14—微机按键；15—电源开关；16—＋24 V开关；17—净化器；18—单片机；19—稳压盒；20—保险丝；21—电源插座；22—遥控插座；23—DZ_4通氧阀；24—DZ_1加液阀；25—淀粉贮液瓶

图7.5 HT－4A型微机全自动定硫分析仪结构图

7.4.4 试剂及其配制方法

1. 0.1%淀粉-盐酸溶液

称取4 g可溶性淀粉，用少量水调成糊状，成细流加入不断搅动的500 mL沸水中，加25 mg $HgCl_2$继续煮沸5 min，冷却；然后加浓盐酸50 mL摇匀，最后稀释至5 000 mL。

2. 碘酸钾溶液

碘酸钾滴定母液：称取1.789 g碘酸钾溶于1 000 mL水中。

做金属样品时分取 28 mL 上述母液,加 1 g 碘化钾,溶解后稀释至 1 000 mL;做水泥等其他非金属样品时取 150 mL 上述母液,加 3 g 碘化钾,溶解后稀释至 1 000 mL。

3. 含硫标准样品的制备

分别称取 1.075 3 g 优级纯二水石膏及 8.924 7 g 优级纯氧化镁(或二氧化硅等不含硫的试剂),然后将两样品充分混合均匀,即得含硫量为 2.00% 的标准样品,标准样品的含硫量可根据煤中硫含量的高低而设定。

7.4.5 分析步骤

(1) 提前半小时打开 HT‐4A 定硫仪"电源"开关;HB‐2H 型引燃炉也应提前打开"电源"和"加热"开关,使炉体加热或燃烧 2～3 份废样。

(2) 打开氧气瓶总阀及减压阀出口小阀门。分别调整 HT‐4A 定硫仪的"氧气"气嘴接出口压力和 HB‐2H 引燃炉的"氧气"气嘴接出口压力到仪器规定的数值。

(3) 若样品用管式炉燃烧即配管式炉使用时按"准备 1"键,结束后按"分析"键,程序自动进行,后继样品按上述操作。若样品用电弧炉燃烧即配电弧炉使用时,则按"准备 2"键,结束后按电弧炉"启动"键即进入自动跟踪引弧,遥控进入分析程序,分析程序结束后延时一段时间,仪器又自动进行"准备"。继续测定时,只需将样品放入电弧炉炉体内,升上炉体,吻合后按"启动"键后就按上述操作分析。

(4) 在 HB‐2H 引燃炉坩埚内先放入 0.3 g 硅粉,0.3 g 锡粒,称量标准样品 0.1 g,并用 3.5 cm×2.5 cm 的铝箔包好并压平放入。再加入 1 g 纯铁溶剂,升上炉体,吻合后,即可分析。

(5) 按下"准备 1"键,使滴定管中加满碘酸钾标准滴定溶液,转动标尺筒至零点。

(6) 两手同时按下"启动"和"分析"键,即可自动进行燃烧分析。

(7) 分析结束后,仪器的蜂鸣器停止鸣叫,然后读出标尺上消耗碘酸钾溶液的读数 V_1 mL。

(8) 称取同样质量的煤样,用上述同样的方法进行测定,记下标尺上消耗碘酸钾溶液的读数 V_2 mL。

7.4.6 测试结果及计算

1. 原始数据

测试原始数据列于表 7.8。

表 7.8 测 试 数 据

煤样重/g	滴定标准试样消耗的碘酸钾溶液的体积(V_1)/mL	滴定煤样消耗的碘酸钾溶液的体积(V_2)/mL	煤样中硫的百分含量/%

2. 计算煤中全硫含量

煤样中硫的百分含量为:

$$S = V_2 \times 2.0\% / V_1 \tag{7.15}$$

7.5 油黏度的测定

7.5.1 重油的黏度

我国硅酸盐材料工业及其他工业窑炉中使用的液体燃料主要是重油。各地重油的元素成分基本相近。但其物理性能和燃烧特性却往往差别很大。因此为了安全有效地使用重油,除了解重油的热值和硫分等性质外,尚需了解重油的黏度。

重油的黏度对装卸、存贮、过滤、输送及雾化均有较大影响。我国重油常用的黏度标准是以恩氏黏度($°E$)来表示的,即在测定温度下油从恩格勒黏度计中流出 200 mL 所需的时间(s)与 20℃蒸馏水流出 200 mL 所需的时间(约 52 s)之比。我国重油的牌号是以 50℃时油的恩氏黏度来分类的。

重油的黏度不仅和原油的产地及加工过程有关,还受温度的影响,温度高,黏度降低。选择合理的加热温度,使重油达到一定的黏度以满足各种不同条件下的要求,甚为重要。图7.6 表示各种重油的黏度与温度的关系,并说明不同牌号的重油在不同情况下所需控制的黏度和温度要求。

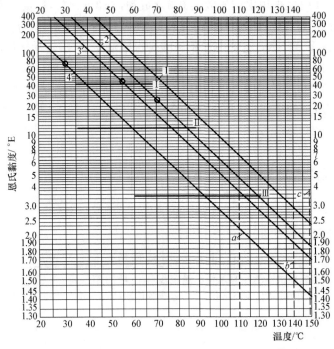

1—200 号重油;2—100 号重油;3—60 号重油;4—20 号重油

Ⅰ—用于泵送或抽吸的平均黏度;Ⅱ—主油路中允许最大黏度;Ⅲ—低压雾化的最大黏度

a—加热重油最大温度;b—加热器中最大蒸气温度;c—加热沉淀界限温度(在该温度下,碳素在加热器表面每月沉淀达 0.5 mm)

图 7.6　重油黏度与温度的关系

若重油的温度过低,黏度过大,会使装卸、过滤、输送困难,雾化不良;温度过高,则易使油剧烈气化,造成油罐冒顶,发生事故,亦容易使烧嘴发生汽阻现象,使燃烧不稳定。

7.5.2 重油黏度测试基本原理

重油的黏度和它的摩擦力的关系,用牛顿公式表示:

$$F = \eta A \frac{\mathrm{d}u}{\mathrm{d}x} \tag{7.16}$$

式中 F——内摩擦力,N;

η——黏滞系数,Pa·s;

A——面积,m^2;

$\frac{\mathrm{d}u}{\mathrm{d}x}$——速度梯度,m/s。

在科学研究中常需要测定黏滞系数 η 的绝对数值,但在工业上,则采用在一定条件下一定容量的液体由锐孔流出所需时间来表示黏度的大小。工业用黏度计种类很多,同一黏度重油用不同的黏度计所测定的数字都不同,但是可由现成的表进行相互换算。本节介绍用恩格勒黏度计测试重油黏度的方法。

如在测定温度下油从恩格勒黏度计中流出 200 mL 所需的时间是 $\tau(\mathrm{s})$,则重油的恩氏黏度为:

$$°E = \frac{\tau}{52} \tag{7.17}$$

7.5.3 测试装置

测试装置如图 7.7 所示。

(1)盛水系统:由容器、容器盖、开止栓、出水口和液面标志尖端等组成。

(2)加热系统:由加热水浴、加热器和温度计组成。

(3)其他:搅拌器、三脚支架、秒表等。

7.5.4 标准时间的测定

用酒精洗涤容器及流出孔,将流出孔用木制的开止栓堵起来,倒入 200 mL 蒸馏水(试验水专用不得接触油)。加水至水面与容器中作为标志用的三个尖端相接触为止。测定时,先将 200 mL 的量瓶放入烧杯中置于流出孔下,然后拔起开止栓,同时测定流出 200 mL 蒸馏水所需的时间——水系数,一共需测定三次,每次差异应在 0.14 s 以

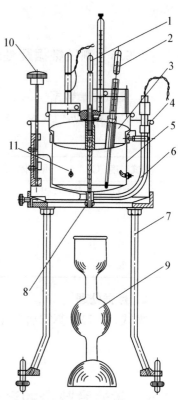

1—开止栓;2—温度计;3—容器盖;
4—加热水浴;5—盛液容器;6—加热器;
7—三脚支架;8—出水锐孔;9—容量瓶;
10—搅拌器;11—液面标志尖端

图 7.7 恩格勒黏度计构造示意图

内,正确时间应为 50～52 s。

7.5.5　测试步骤

（1）在测定 100℃ 以上重油的黏度时,加热水浴中加入的水超过 100℃ 时,使用矿物油,加热水浴液面至少应比容器内液面高出 1 cm。

（2）用开止栓把流出锐孔堵住后,向容器中加入待测的重油,一直加到液面与三个尖端标志相接触为止。

（3）加热水浴温度应比试验所需之温度稍高 1～2℃,此时再保温使容器中被测重油温度升至所需温度。加热水浴升温时可点燃液面酒精灯,或用热水调节,使其尽快达到所需温度。为使水浴温度均匀,也可不时用搅拌器搅动。被测液体应在 1 min 内保持所规定的温度（实验可在室温 40℃、60℃、80℃ 附近各测一次）。

（4）拔起开止栓,保持温度恒定,测定 200 mL 重油流出所需的时间。

（5）黏度很大的油（恩格勒黏度大于 10）可测 100 mL、50 mL 或 20 mL 流出所需的时间,若将其换算成 200 mL 流出所需要的时间,应分别乘以 2.392、4.967 及 12.85 的换算系数。

7.5.6　测试数据及处理

1. 测试原始数据

测试原始数据列入表 7.9。

表 7.9　测 试 数 据

测试温度/℃	重油体积/mL	流出时间/s	换算系数	恩氏黏度/°E
室温				
40				
60				
80				

2. 数据处理

按式（7.17）计算重油在各测试温度下的恩氏黏度。

7.6　重油发热量的测试

对于重油,当缺少成分等原始数据时,可按下述方法来确定其发热量。

将重油样品置于量筒里,浸入能控制温度的恒温水槽内,待样品和水温平衡时,用轻油密度计测量重油密度,测得在不同温度下的重油密度,作温度-密度关系图,外推确定在 15℃

时的重油密度,查表 7.10 求得重油收到基低位发热量。

表 7.10 ρ_{15}^{15} 与 $Q_{net,ar}$

密度 ρ_{15}^{15}	低位发热量 $Q_{net,ar}/kJ \cdot kg^{-1}$	密度 ρ_{15}^{15}	低位发热量 $Q_{net,ar}/kJ \cdot kg^{-1}$
1.076 0	39 599.8	0.959 3	41 314.2
1.067 9	39 725.2	0.952 9	41 397.8
1.059 9	39 850.6	0.946 5	41 481.5
1.052 0	39 976.1	0.940 2	41 565.1
1.044 3	40 101.5	0.934 0	41 648.7
1.033 6	40 227.0	0.927 4	41 732.4
1.029 1	40 352.4	0.921 8	41 816.0
1.021 7	40 436.1	0.915 9	41 899.6
1.014 3	40 519.7	0.910 0	41 983.3
1.007 1	40 645.2	0.904 2	42 025.1
1.000 0	40 728.8	0.893 4	42 108.7
0.993 0	40 854.2	0.892 7	42 192.3
0.986 1	40 937.9	0.887 1	42 276.0
0.979 2	41 021.5	0.881 6	42 317.8
0.972 5	41 146.9	0.876 2	42 401.4
0.965 9	41 230.6		

思考题

1. 固体燃料的组成有哪几种基准表示? 各适用于哪些场合?

2. 准确进行煤的工业分析的关键是什么?

3. 煤的工业分析在工程实际中有何作用?

4. 对煤进行工业分析过程中可能产生的误差有哪些?

5. 什么是燃料的发热量? 测定燃料的发热量有什么作用?

6. 什么是煤的氧弹发热量、煤的恒容高位发热量? 两者之间有什么关系?

7. 进行煤的发热量测定为什么预先要进行系统热容量的标定? 在实验时应注意保证哪些条件?

8. 煤中硫的存在形式有哪几种?

9. 煤中全硫测定有哪些方法? 其测定原理各是什么?

10. 测试重油的黏度对工业生产有什么指导意义? 恩氏黏度与其他黏度有什么区别?

8 烟气成分测试技术

烟气成分的测量是利用物理化学的方法分析燃烧产物(烟气)中各组分的含量。通过对窑内不同部位的烟气成分分析,可以了解燃料燃烧是否完全,窑和烟道漏风的情况。判断窑内燃烧情况,可合理调整燃料和空气的比例关系及燃料燃烧过程,使燃料合理、经济地燃烧,提高热效率、降低热耗。窑和烟道漏风的减少,有利于工况正常和余热利用,因此,烟气成分的测量十分重要。

烟气成分分析的方法种类很多,目前常用的方法有化学分析法(奥氏分析法)、热导式自动分析法、红外自动分析法、二氧化锆分析法、热磁式分析法利用磁氧原理自动分析法以及红外自动分析法等。

8.1 化学分析法

化学分析法是用来测量烟气成分的一种常用方法,它利用气体被吸收后体积的改变来进行气体分析,可以分析烟气中的二氧化碳、氧和一氧化碳的含量。整个仪器根据化学试剂能对混合气体进行选择性吸收的原理制成。

烟气中的成分可以与不同的化学试剂反应而被吸收。利用这个原理,选择一种化学试剂使烟气与之反应,从而使烟气中的某一成分被吸收掉,而不与其他成分作用。这样,由吸收前后烟气的体积之差,就可以计算出被吸收掉成分的含量。

吸收 CO_2 用苛性钾(KOH)溶液,吸收 O_2 用焦性没食子酸碱溶液,吸收 CO 用氯化亚铜氨溶液。

1. CO_2 的测定

用苛性钾(KOH)或苛性钠($NaOH$)溶液吸收 CO_2,吸收反应式为:

$$2KOH + CO_2 \longrightarrow K_2CO_3 + H_2O$$

同时,此溶液亦吸收烟气中含量很少的 SO_2,吸收反应式为:

$$2KOH + SO_2 \longrightarrow K_2SO_3 + H_2O$$

2. O_2 的测定

用焦性没食子酸($C_6H_3(OH)_3$)碱溶液吸收 O_2,吸收反应式为:

$$C_6H_3(OH)_3 + 3KOH \longrightarrow C_6H_3(OK)_3 + 3H_2O$$
$$\text{三羟基苯钾}$$

$$4C_6H_3(OK)_3 + O_2 \longrightarrow 2(KO_3)C_6H_2C_6H_2(OK)_3 + 2H_2O$$
$$\text{六羟基联苯钾}$$

3. CO 的测定

用氯化亚铜（Cu_2Cl_2）的氨溶液吸收 CO，吸收反应式为：

$$Cu_2Cl_2 + 2CO + 4NH_3 + 2H_2O \longrightarrow 2Cu + (COONH_4)_2 + 2NH_4Cl$$
二酸铵

在进行 CO 测定时，由于生成的化合物不稳定，常使测量结果不准确。所以当烟气中 CO 含量比较高时（如 16％～20％），可再加装一个吸收瓶，装入氨性氯化亚铜溶液，对 CO 进行第二次吸收。

由于焦性没食子酸钾也能吸收 CO_2，氨性氯化亚铜也能吸收 O_2，所以分析时先分析 CO_2，然后再依次分析 O_2 和 CO，次序不能颠倒。

8.2 热导式分析法

热导式分析法的基础是利用物质在传递热能上的特征对物质进行定量分析，这是一种最早用于生产上的物理分析法。主要用来分析气体混合物中某一成分的含量，尤其是用来分析烟气中的 CO_2 含量。

热导法是利用各种气体具有不同的导热系数的特点，测得某种气体在混合气体中的体积百分含量。但是在实际测定中测试的是混合气体的总导热系数 $\lambda_总$，并且是各组成导热系数的平均值。即：

$$\lambda_总 = \lambda_1 c_1 + \lambda_2 c_2 + \cdots + \lambda_n c_n \tag{8.1}$$

式中 $c_1，c_2，\cdots，c_n$——混合气体中各组分的体积百分数，％；

$\lambda_1，\lambda_2，\cdots，\lambda_n$——混合气体中各组分的导热系数，W/m·℃。

由于在一定温度范围内 $\lambda_1，\lambda_2，\cdots，\lambda_n$ 都是相对稳定的，所以 $\lambda_总$ 的大小仅由 $c_1，c_2，\cdots，c_n$ 来决定，即任何一种气体的百分含量 c 的变化都会引起 $\lambda_总$ 的变化。

实际测量 $\lambda_总$ 的相对变化量的方法如图 8.1 所示。

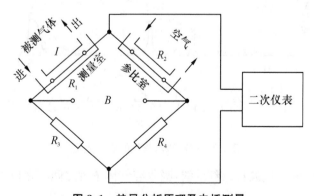

图 8.1 热导分析原理及电桥测量

它由两个完全相同的玻璃圆筒，两端密封，内有一直径和长度都相同的加热铂丝组成，在引出线上通以同样大小的电流 I，一个连续通以含有 CO_2 的烟气，一个通空气。进入气室以前,两气体的温度是相同的,流量也相同。

由于 CO_2 的导热系数小于空气的导热系数,因此,尽管两根铂丝所发出的热量相同,但是被气体带走的热量却不同,由于 λ_{CO_2} 小于 $\lambda_{空气}$,致使含 CO_2 气室的热量积聚而升温($t_1 > t_2$);同时,铂丝本身是热敏元件,温度一变,铂丝的阻值 R 就发生了变化。因此只要测出 R 值的变化,也就测得了 CO_2 的百分含量的变化。电阻值的变化可以通过如图 8.1 所示的电桥来测量,把上述两个气室接入电桥的相邻臂,通以待测的组分称为测量室,而通以空气的称为参比室。同时在另两臂接入固定电阻 R_3、R_4,当 $R_3 = R_4$、$R_1 = R_2$ 时,电桥处于平衡状态,这时,二次仪表指针指零。当测量室通入 CO_2 等气体后,$R_1 > R_2$,破坏了电桥的平衡,使二次仪表指针偏转,达到测量的目的。

热导仪由热导池、抽气器、采样器、稳压电源、恒温控制器以及记录仪等组成。

8.3 红外线分析法

红外线分析法是用固定安装式红外自动分析仪进行烟气分析,它能连续分析混合气体中如 CO、CO_2、CH_4 以及各种碳氢化合物的浓度,用这种仪器分析具有灵敏度高、反应速度快、工作可靠并且使用方便等优点。

8.3.1 测试原理

红外气体分析仪是应用气体对红外辐射能的吸收原理制成的。除了单原子气体和相同原子的双原子气体外,几乎所有的气体都在近红外波段具有各不相同的红外吸收光谱,即它们在数微米左右的红外线范围内,有各不相同的、不连续的强吸收光带。从图 8.2 可以看出,CO_2 在波长 4.3 μm 处有一很强的吸收带。根据这一特点就可以对气体成分进行鉴别。

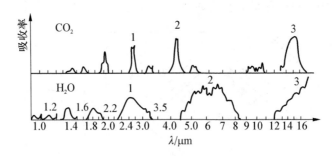

图 8.2 CO_2 和水蒸气的吸收光谱

对于一定的气体和一定波长的红外线,吸收与气体浓度之间存在以下定量关系:

$$I = I_0 e^{-KCd} \tag{8.2}$$

式中 I——透射光强度;

I_0——入射光强度;

K——气体对该波长红外线的吸收系数;

C——气体的浓度;

d——气体层厚度。

这表明当红外线的波长与强度不变,气体厚度也不变,透射红外线的强度仅与气体的浓度有关。红外仪的基本原理就是根据测定红外线的强度进行测定气体浓度的。

8.3.2 仪器的工作原理

仪器的工作原理见图 8.3。

1 是两个几何形状和物理参数完全一样的镍铬丝构成的辐射器的红外线光源,它能辐射出一定波长的红外线,这些射线经过两个抛物面反射成两束平行光,分别射向工作室和参比室。2 是一个由同步电机带动的切光片,它以 12.5 Hz 的频率旋转,周期地切断和通过红外线。3 是参比室滤波器,内充以 N_2(它不吸收红外线)。4 是工作室,内有待测气体连续通过。假定有混合气体 A 和 B,其中 A 为待测组分,B 为干扰组分。A 对红外线有吸收,因此红外线的强度通过该室后就发生了变化。显然,A 组分含量愈高,红外线被吸收愈多,红外线的强度也变得愈弱。5 为滤波室,由于 B 组分也能吸收 A 组分所吸收的这段波长范围内的红外线,这就会给测量带来误差,为此,充以足够多的干扰组分 B,把 B 组分能够吸收的红外线全部吸收掉,以避免干扰组分对测量结果的影响。6 是一个检测器,充以被测气体 A,只对被测量气体吸收带的红外线敏感,对其他波长的红外线不敏感。

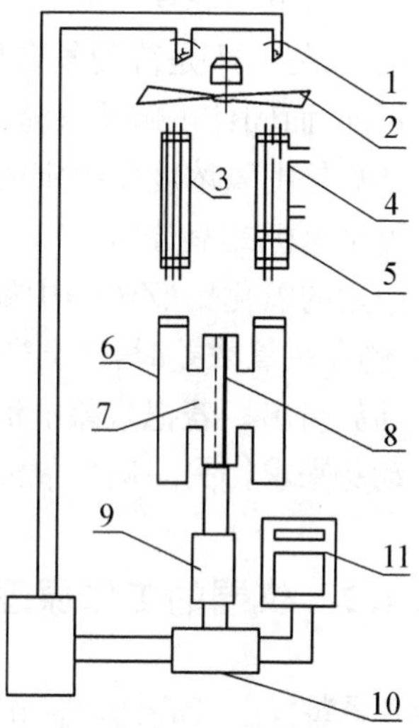

1—红外线光源;2—切光片;3—参比室滤波器;
4—工作室;5—滤波室;6—检测室;7—动片;
8—电容定片;9—前置放大器;10—主放大器;
11—记录器

图 8.3 红外仪工作原理

很明显,当两束平行的、相同的红外线分别经过参比气室和工作气室以后,它们的红外射线强度已不相同了,前者为常量,而后者却随测量组分 A 的含量变化,但是前者始终大于后者,它们之差值反映了待测组分 A 含量的大小。这两股强弱不同的红外线进入检测室 6 的左右两部分后,由于其内充满了纯的被测气体 A,因此被气体再吸收,但吸收的能量是不同的,参比室过来的这一股射线强,因此吸收量大;反之,后者则少,减少程度反映了浓度的变化。

气体吸收了红外线后,温度升高,致使检测室内压力变大。由于吸收不一,温升也不同,压力升高也就不一样,前者高,后者低,于是在动片的两边产生了压差,使动片 7 推向右。8 是一块可以通气体的电容定片,它的位置是不变的,但由于压差的作用使 7 向 8 靠拢,这就改变了两者的电容量。这时,通过放大器就使电容量交替变化并产生充放电电流。此电源作为信号再经放大后被表头指示出来,并用记录仪二次显示。

8.4　二氧化锆分析法

应用固体电介质二氧化锆来构成氧浓差电池所制成的氧化锆氧量分析器,具有反应速度快、测量范围广、结构简单及精度高等优点。

8.4.1　测试原理

根据浓差电池原理构成的 ZrO_2 氧量分析器,由两个半电池组成。一个是已知氧分压的铂参比电极,另一个是待测氧含量电极,两电极中间用固体电解质连接。由于两个半电池的氧分压不同,而固体电解质又是一个氧离子导体,在一定的温度下,两电极间产生了电动势。这一电动势是由氧浓度差决定的,因而在固定参比电极氧分压的情况下,由测得的电动势便可求出测量电极的氧分压。

一般用的氧化锆(ZrO_2)中掺有氧化钙(CaO),在高温下是良好的氧离子导体。一旦在 ZrO_2 两侧存在氧浓差时,便会通过氧孔位引起电导而产生电动势,并由贴于管外的铂电极将该电动势引出。若把浓差电池一侧的氧分压固定在一定的数值(如用空气),就可根据测得的电动势来求得另一侧的氧浓度,这就是氧化锆氧含量分析器的基本工作原理。

8.4.2　仪器的工作原理

该仪器装置由氧量变送器、供电器(阻抗变换器及温度控制器)及显示仪表等组成,如图 8.4 所示。

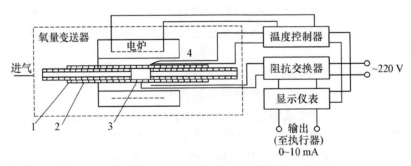

1—氧化铝管;2—氧化锆管;3—多孔铂电极;4—热电偶

图 8.4　氧化锆氧量分析器的组成

氧量变送器由 ZrO_2 固体电解质及加热器构成,在分析器中起氧量-电势变换作用。

实际使用时,ZrO_2 管的内外壁均涂有传导电子的铂电极。

仪表中的参比气是利用空气作为标准气与外电极接触,且参比气的更换是依靠本身的热对流来完成的,因此必须保持外电极与大气畅通。被测气体在氧化锆管内流动,当烟气中含有水蒸气和 SO_2 时,在抽出管道后会部分凝结成水珠和酸雾,并随着气流通过 ZrO_2 管,一部分就粘在壁上,长期积累后会造成 ZrO_2 的破裂。

由于仪表的发讯部分是一个容量极小的氧浓差电池,因此在输出电动势时,必须通过阻抗变换,限制回路电流,使之接近零,否则在测量过程中就会有电流通过,从而引起电池的化学变化。

ZrO_2 输出的电势不仅与氧浓度有关,而且还与温度有关,为此,必须对温度加以控制。

ZrO_2 使用时,可采用一个抽气泵将烟气从烟道中取出,见图8.5。或者可利用具有一定压力的水通过喷嘴所造成的负压来实现。由于烟气中含有大量粉尘,所以在气样抽出管道以前,必须加以过滤(如碳化硅过滤管)。

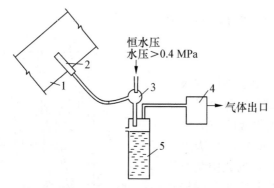

1—烟道;2—过滤器;3—抽气泵;4—氧分析器;5—水气分离器

图 8.5 取样系统

当被测气体氧含量极微时,应注意气路系统的密封性,另外,取样地点的温度不应低于 $400℃$。

氧化锆分析器具有很高的稳定性,精度较高,固体电解质 ZrO_2 探头对氧量变化的反应非常迅速,现场测量时是否滞后主要是因为管路的长短。

ZrO_2 探头最好在 $800℃$ 以下工作。使用时,气流速度不能太大,否则带走的热量太多,使内电极温度下降太多而产生误差。

8.5 热磁式分析法

氧含量测量也可用热磁式分析法即用热磁式氧分析器来进行。

热磁式氧分析器是利用氧气具有较高的磁化率这一特性而制成的。它是一种工业上可以连续测量氧含量的分析器。

任何物质在外磁作用下,都能被感应磁化,不同物质具有不同的磁化率。磁化率为正的物质,称之为顺磁性物质,它们在外磁场中被吸引。磁化率为负的物质,称为反磁性物质,它们在外磁场中被排斥。氧是一种顺磁性物质,它的磁化率比其他气体的磁化率大得多。另外磁化率与温度也有关系。当气体温度升高时,气体的磁化率很快下降。热磁式氧分析器就是利用磁化率与温度这个关系来设计和测量的。

目前用于工业测量的是 QZS 型热磁式氧分析器和 CD-001 型等磁氧分析器。QZS 型分析器已成系列,测量范围有 $0\sim2.5$、$0\sim5$、$0\sim10$、$0\sim21$ O_2‰ 等几种规格。

8.6 奥氏气体分析器测试烟气组成

8.6.1 测试装置

实验室所用的奥氏气体分析器如图8.6所示。

1. 吸收瓶

共三个吸收瓶,分别盛装不同的吸收液,吸收烟气中的不同成分。每个吸收瓶是由底部连通的装有吸收液的前后两个瓶所组成的。前瓶通过旋塞 K 可吸入气样。为了加快吸收速度,在前瓶中装有许多组玻璃管,增大了气样与吸收剂的接触面积。后瓶则在分析过程中贮存吸收液,避免溢出。为防止吸收液在空气中吸收 O_2,在贮液瓶液面上方加少许石蜡封液。

2. 梳形管

通过梳形管连通烟气和各吸收瓶,吸收瓶分别通过旋塞 K_1、K_2 和 K_3 与梳形管相通,梳形管一端经三通阀和气样或大气相通,另一端与量气管相通。

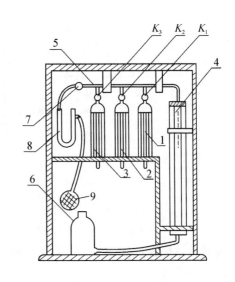

1、2、3—吸收瓶;4—量管;5—梳形管;6—水准瓶;
7—三通阀;8—干燥器;9—取气胆;K_1、K_2、K_3—吸收瓶旋塞

图 8.6 奥氏气体分析器

3. 水准瓶

通过水准瓶的抬高或下降,调节系统的压力,把气体吸入或排出。

量气管下端通过胶管与水准瓶联接,在水准瓶中用饱和食盐水做封闭液。为防止 CO_2 溶于封闭液,可在封闭液中加少量 Na_2CO_3,以甲基红着色。

4. 干燥器

干燥器内装有干燥剂,可滤掉烟气中的灰尘和水汽。

5. 量气管

量气管为量烟气的体积之用。量气管放在注满冷却水的保温套内,起保温作用。

6. 取气系统

由取样管(耐热钢管或石英玻璃管)、胶管、吸气球、弹簧夹和球胆等组成。用于取被测试烟气。

仪器所有联结处都用胶管对接封严,旋塞及三通阀均涂凡士林密封。

8.6.2 测试步骤

1. 吸收液的配制

1) 苛性钾水溶液

取 1 份质量的 KOH 溶于 2 份质量的蒸馏水中。此溶液的吸收能力为每毫升溶液吸收 CO_2 40 mL。

2) 焦性没食子酸碱溶液

取 38 g $C_6H_3(OH)_3$ 溶于 150 mL 蒸馏水中；再取 45 g KOH 溶于 32 mL 蒸馏水中。使用前将两种溶液加到吸收瓶中混合。此溶液的吸收能力为每毫升溶液吸收 O_2 8~13 mL。

3) 氯化亚铜氨溶液

取 50 g NH_4Cl 溶于 150 mL 蒸馏水中，再溶入 40 g Cu_2Cl_2，并放入少量铜丝。使用前再加入相对密度为 0.91，体积为溶液 1/3 的氨水。此溶液的吸收能力为每毫升溶液可吸收 CO 15 mL。

4) 封闭液的配制

水准瓶内封闭液在分析时要和烟气试样接触。为了使封闭液不吸收 CO_2，常使它略带酸性。

（1）将 150 g 食盐溶于 0.5 L 蒸馏水中。经过一昼夜沉淀后滤去沉淀物，向该溶液中加入浓硫酸酸化。每升加入 10 mL 浓硫酸，再向溶液中滴入 10 滴甲基橙，使它变成红色，然后用烟气饱和后即可使用。

（2）将 80 g 固体硫酸钠溶于 200 mL 蒸馏水中，滤去杂质。再加入甲基橙 2~4 滴，并加入稀硫酸使甲基橙变红，然后用烟气饱和即可使用。

2. 取气样

1) 装接取气系统

将球胆、吸气球、取气管用胶管联接，并在球胆口夹上弹簧夹。要求各个接口严密不漏气。

2) 洗气

将取气管插入测点。打开弹簧夹，用手压放吸气球，将烟气吸入球胆至半满。用弹簧夹关闭球胆前的取气系统，取下球胆。卷叠球胆将球胆中的气体赶到大气中（操作中注意不要再让空气进入球胆和取气系统），然后将球胆接到取气系统上，重复取、放气三次，洗气完毕。

3) 取样

用以上洗好的取气系统按洗气取气方法将烟气吸入球胆至完全充满（不要过饱满而造成胆内气压太大，给分析时取气带来不便），夹紧球胆口，取下供分析用。

取样要有代表性，这是最重要的，否则会产生较大的测量误差。取样地点、位置应确实能反映气体的真实成分，最好不要在气流拐弯的地方、设备或管道有严重漏气的地方，也不要在气流"死角"、底层或表面取样。这是因为在整个管道截面上，气体成分浓度分布是不均匀的。

3. 检查奥氏气体分析器的严密性

1) 检查吸收瓶及三通阀、旋塞的严密性

关闭旋塞 K_1、K_2、K_3，将三通阀 7 和大气相通，提高水准瓶，使量气管内水位升到标线处，关闭三通阀。依次分别打开旋塞 K_1、K_2、K_3，放低水准瓶，使吸收液缓慢上升到瓶颈标线位置，关闭旋塞。将水准瓶放在台面上，如果吸收瓶和量气管中液面能够保持不变，表明三通阀、旋塞是严密不漏气的。

材料工程测试技术

2）检查干燥器的严密性

夹紧干燥器的入口,将三通阀 7 与干燥器 8 相通,观察量气管内液面,若无变化,表示干燥器不漏气。

在上述检查过程中,若有漏气现象发生,可将旋塞或三通阀卸下,在通气孔洞附近涂少许凡士林油,插入后按一个方向不停旋转,直至凡士林油呈半透明状。

4. 烟气成分分析

1）洗气

将盛有烟气的球胆接到干燥器的进口玻璃管上,打开三通阀使大气与量气管相通,举高水准瓶,将气体从仪器中排出。然后将三通阀旋到气样与量气管相通的位置,打开球胆夹,降低水准瓶,将烟气吸入量气管;再举高水准瓶,旋三通阀与大气相通,将气体排出,洗三次。

2）取气样

将三通阀旋到气样与量气管相通位置,举高水准瓶使其液面与量气管刻度上标线相平齐。将水准瓶降低,烟气被吸入。当量气管中封闭液降到刻度 100（或 0）且水准瓶液面与量气管液面相平齐时,关闭三通阀,此时所取气样为 100 mL。

3）分析

分析的程序是先测定 CO_2,其次是 O_2,最后是 CO。举高水准瓶,打开旋塞 K_1,将烟气吸入第一个吸收瓶,吸收 CO_2。上、下举水准瓶 4～5 次,最后使吸收瓶液面回到原标准位置,关闭 K_1。举水准瓶使其液面与量管液面在同一水平面上,此时气体体积的减少即为 CO_2 的体积百分含量。为使分析准确,应再重复吸收一次,如果体积相差小于 0.2 mL,则认为测定结果准确。依次将余气压入第二、第三吸收瓶,重复上述过程,得到 O_2 和 CO 的体积百分含量。

注意:在吸收过程中,升降水准瓶一定要使吸收瓶中的吸收液不得超过瓶颈,否则吸收液进入梳形管将会使测量产生很大误差。

8.6.3 测试数据及处理

1. 原始数据

测试原始数据,见表 8.1。

表 8.1 测试数据记录

烟气样体积 V_1	CO_2 吸收后体积 V_2	O_2 吸收后体积 V_3	CO 吸收后体积 V_4

2. 计算各成分的体积百分含量

$$CO_2 = \frac{V_1 - V_2}{V_1} \times 100\% \tag{8.3}$$

$$O_2 = \frac{V_2 - V_3}{V_1} \times 100\% \tag{8.4}$$

· 104 ·

$$CO = \frac{V_3 - V_4}{V_1} \times 100\%$$ (8.5)

N_2 的体积百分含量可由下式计算得到：

$$N_2 = 100 - (CO_2 + O_2 + CO)$$ (8.6)

3. 过剩空气系数按下式计算：

$$\alpha = \frac{N_2}{N_2 - \frac{79}{21}\left(O_2 - \frac{1}{2}CO\right)}$$ (8.7)

思考题

1. 气体成分分析有哪几种方法？分析原理是什么？
2. 试说明水准瓶在实验中的作用和原理。
3. 实验前为什么要检查仪器的严密性？如有漏气，如何处理？
4. 为什么在取气样和分析气样时都要洗气？如何洗气？
5. 怎样判断吸收剂已被气体饱和？
6. 影响奥氏气体分析器测量准确性的因素有哪些？

9 温度测试技术

温度是一个重要的物理量,它是国际单位制中 7 个基本物理量之一,也是工业生产中主要的工艺参数。要准确地测量温度是很困难的,如果温度计选择不当,或者测试方法不适宜,无论采用精确度多么高的温度计,均不能得到精确的结果。因此可以看出测温技术的重要性与复杂性。

9.1 温度测试基础

9.1.1 温度及测温基本原理

由热力学定律知,处于同一热平衡状态的所有物体都具有某一共同的宏观性质,表征这个宏观性质的物理量就是温度。温度仅取决于热平衡时物体内部的热运动状态。即:温度高的物体,分子平均动能大;温度低的物体,分子平均动能小。因此,温度可表征物体内部大量分子无规则运动的程度。

一切互为热平衡的物体都具有相同的温度,这是用温度计测量温度的基本原理。选择适当的温度计在测量时使温度计与待测物体接触,经过一段时间达到热平衡后,温度计就可以显示出被测物体的温度。

9.1.2 温度测量方法

根据温度传感器的使用方式,测温法通常分为接触法与非接触法两类。

(1)接触法 由热平衡原理可知,两个物体接触后,经过足够长的时间达到热平衡,则它们的温度必然相等。如果其中之一为温度计,就可以用它对另一个物体实现温度测量,这种测温方式称为接触法。其特点是温度计要与被测物体有良好的热接触,使两者达到热平衡。因此,测温精确度较高。用接触法测温时,感温元件与被测物体接触,往往要破坏被测物体的热平衡状态,并对被测物体有腐蚀作用。因此,对感温元件的结构、性能要求苛刻。

(2)非接触法 利用物体的热辐射能随温度变化的原理测定物体温度的测温方式称为非接触法。其特点是不与被测物体接触,也不改变被测物体的温度分布,热惯性小。用这种方法测温无上限。通常用来测定 1 000℃以上的移动、旋转或反应迅速的高温物体的温度。

两种测温方法的特点列于表 9.1 中。

表 9.1　接触法与非接触法测温特性

	接　触　法	非　接　触　法
特　点	不适合测量热容量小的物体和移动物体。可测量任何部位的温度,便于多点集中测量和自动控制	不改变被测物体的温度场,可测量移动物体的温度,通常测量物体表面温度
测量条件	测温元件要与被测对象很好地接触,接触测温元件不要使被测对象温度发生变化	由被测物体发出的辐射能充分照射到测温元件,要准确知道被测物体的辐射率
测量范围	适合测量 1 000 ℃以下的温度	适合测量 1 000 ℃以上的温度,测低温时误差较大
精确度	通常为 0.5%～1%,最高达 0.01%	通常为 20 ℃左右,最小 5～10 ℃
响应时间	1～2 min	通常较小为 2～3 s,最多 10 s

9.1.3　温度计的分类

（1）按测温原理分类

常用温度计按测温原理分类,见表 9.2。

表 9.2　常用温度计的种类及特性

原　理	种　类		使用温度范围/℃	量值传递的温度范围/℃	精确度/℃	响应时间
膨　胀	水银温度计		−50～650	−50～550	0.1～2	中
	有机液体温度计		−200～200	−100～200	1～4	中
	多金属温度计		−50～500	−50～500	0.5～5	慢
压　力	液体压力温度计		−30～600	−30～600	0.5～5	中
	蒸气压力温度计		−20～350	−20～350	0.5～5	
电　阻	铂电阻温度计		−260～1 000	−260～630	0.01～5	中
	热敏电阻温度计		−50～350	−50～350	0.3～5	快
热电动势	热电温度计	B	0～1 800	0～1 600	48	快
		S・R	0～1 600	0～1 300	1.5～5	
		N	0～1 300	0～1 200	2～10	快
		K	−200～1 200	−180～1 000	2～10	
		E	−200～800	−180～700	3～5	
		J	−200～800	−180～600	3～10	
		T	−200～350	−180～300	2～5	
热辐射	光学高温计		700～3 000	900～2 000	3～10	—
	光电高温计		200～3 000	—	1～10	快
	辐射温度计		100～3 000	—	5～20	中
	比色温度计		180～3 500	—	5～20	快

（2）按精度等级分类

按精度等级分类，温度计可分为基准、工作基准、一级基准、二级基准及工业用基准等各种温度计。国际上精确度最高的标准计量仪器由国际计量局保存，我国的国家基准放在中国计量科学研究院。各省、市技术监督局温度标准都要定期与国家基准比对，以保证全国及各地区的温度量值统一。

9.2　热电偶测温技术

9.2.1　热电偶测温原理

概括而言，各种型号热电偶的测温原理均是利用导体两端温度不同时产生热电势的性质进行工作的。其测温范围较宽，为 $-269 \sim 2\,800\,℃$。

实验表明，在两种金属 A 和 B 组成的闭合回路中，当两个接触点维持在不同的温度 t_1 和 t_2 时，该闭合回路中就会有温差电动势 $E = E_{AB}(t_1, t_2)$ 存在，这个回路称为温差电偶或热电偶，金属 A 和 B 称为热电极。显然，当组成热电偶的材料 A 和 B 给定时，温差电动势 E 由温度 t_1 和 t_2 决定。如果让 t_1 固定在已知温度 t_0，原则上就可以由 t_2 决定 E 的大小；反之，可以由 E 的大小来确定 t_2。

一般地，把热电偶中温度已知的一端称为参考端或冷端，温度未知的一端称为测量端或热端。当要测定某处的温度 t 时，可按图 9.1 的方法连接。其中 t_0 为参考端温度，此时的热电偶输出电势为 $E(t, t_0)$。若参考端温度 $t_0 = 0$，则输出热电势为 $E(t, 0)$，由 $E(t, 0)$ 即

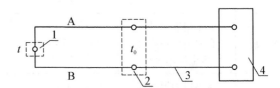

1—测量端；2—参考端；3—引线或补偿导线；4—电位差计

图 9.1　热电偶的基本连接法

可直接从分度表上查出被测温度 t（见附录 5）。若 $t_0 \neq 0$，则输出电势为 $E(t, t_0)$，此时不能由 $E(t, t_0)$ 直接从分度表上查出温度，应先计算出 $E(t, 0)$，再由 $E(t, 0)$ 查表。计算式为：

$$E(t, 0) = E(t, t_0) + E(t_0, 0) \tag{9.1}$$

由于热电偶的分度表给出的通常是在其冷接点温度 t_0 保持在 $0\,℃$ 时的分度值。但在实际使用时，经常不能保证这个条件，因此便引起了测量的误差。若冷接点高于 $0\,℃$，会使测量值偏低，为了消除测量误差须进行冷端补偿。

9.2.2　冷端补偿常用的方法

1. 计算修正法

当热电偶的冷接点温度增加（或降低）为 t'_0 时，其热电势降低（或增加）的数值等于该热电偶在热接点为 t'_0、冷接点为 t_0（$0\,℃$）时所产生的热电势，即 $E(t'_0, t_0)$。所以热电势的真实

数值 $E(t, t_0)$ 应等于热电势读数 $E(t, t_0')$ 加上（或减去）$E(t_0', t_0)$。即：

$$E(t, t_0) = E(t, t_0') \pm E(t_0', t_0) \tag{9.2}$$

式(9.2)中 $t_0' > t_0(0℃)$ 时，取"+"号；$t_0' < t_0(0℃)$ 时，取"−"号。

2. 冷端冰点法

将热电偶的冷端放在盛满冰水混合物的冰点槽内，使其维持 0℃。图 9.2 为冰点槽的示意图。它是在一个保温大口瓶内装满清洁的冰、水混合物（冰要砸成小块），在盖子上插进两个盛油的试管（试管内的油是为了保证传热性能良好），把热电偶的冷端插入试管中即可。

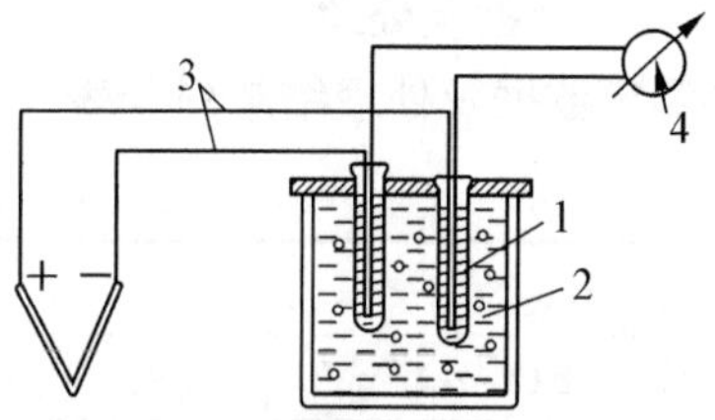

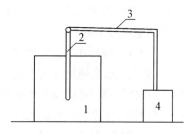

1—装有绝缘油的试管；2—冰水混合物；
3—补偿导线；4—毫伏计

图 9.2 冰点槽法接线图

3. 补偿导线法

当热电偶冷端所处的环境温度较高或者经常变化时，可采用补偿导线将冷端移至温度较低且变化不大的地点。应注意的是，热电偶所用的补偿导线的热电性质应与所接热电偶相近并且价格较便宜，同时应掌握正确的使用方法，否则不仅不能起到补偿作用，反而会增加测量误差。

4. 补偿电桥法

热电偶的热电势随着冷端温度的升高而变小。如果有一个输出电压的装置正好反过来，即输出的电压随着温度的升高而升高，用这个装置与热电偶配合后，热电偶冷端温度因高于 0℃ 而使热电势减小的数值，正好从这个装置的输出电压由于温度升高而增大得到补偿。这个装置叫做补偿电桥，又称冷端温度补偿器。

9.2.3 用热电偶测试炉内气体温度

1. 测试装置

图 9.3 为热电偶测试装置示意图。

(1) 马弗炉：加热设备，产生热气流。

(2) 热电偶：测试气流温度的感温元件。

(3) 电位差计：显示温度差产生的热电势。

(4) 补偿导线等。

2. 测试步骤

(1) 根据被测气体的性质和设备情况选择热电偶的型号和长度。

(2) 选择与热电偶相配用的补偿导线，并与热电偶正确连接。

1—马弗炉；2—热电偶；
3—补偿导线；4—电位差计

图 9.3 热电偶测试装置示意图

(3) 将电位差计的倍率开关从"断"旋转到所需倍率，此时电位差计与电源接通。2 min 后调节"调零"旋钮，使检流计指针示值为零。

(4) 将热电偶补偿导线与电位差计正确连接。"测量-输出"开关置于"测量"位置，扳键开关扳向"标准"，调节"粗、微"调旋钮至检流计指零。

（5）将热电偶插入被测气流中。数分钟后将电位差计扳键扳向"未知"，并调节测量盘使检流计指零，若数分钟后检流计指针不变，记录热电势（测定中应经常核对"标准"，以使测量精确）。

（6）测定并记录环境温度。

3. 测试数据及处理

将测定数据及处理结果列于表9.3中。

表9.3 测定记录

热电偶分度号：

测定序号	$E(t, t_0)$/mV	$E(t_0, 0)$/mV	$E(t, 0)$/mV	环境温度/℃	气流温度/℃
1					
2					
3					
平均					

9.3 流动气体的温度测试

9.3.1 测温原理

在工业生产中，气流温度是判断热工设备工作正常与否及换热状态好坏的一个重要指标，因而常被作为稳定热工制度的重要参数而加以监控。

气流温度测量是指管道内流动速度快但温度不高的温度测量，以及各种工业窑炉中速度不快，但温度较高的燃烧气流的温度测量。

工业上，对气流温度的监测，目前多根据气流温度的不同采用不同的热电偶测温系统实现。

材料工业中经常需要对二次空气及烟气等高温气流的温度进行测量。用普通热电偶来测量时就会产生测量误差，有时甚至会很大，可达几十度至几百度。由于气体温度、炉壁温度、物料温度不同，三者之间会有热量传递产生。热电偶放在气流中时，不仅和气体有对流热交换，而且由于辐射传热，还会与周围环境发生热交换。当周围环境温度较高（如测定二次风温度）时，由于热电偶接受了辐射热，测得的温度就会较真实温度高。相反，在测量气体温度时，由于热电偶要向温度较低的墙壁辐射而损失热量，因而所测得的温度就比真实温度低。

如气体的温度比墙壁的温度高，当辐射占优势时，热电偶测得的温度就越接近于墙壁的温度；当对流占优势时，测得的温度就越接近于气体温度。但在所有高温实际测量中，由辐射所产生的影响是最主要的。

将热电偶插入气体中测量温度时，在没有热量导入或导出的稳定情况下，当热电偶通过气体的对流传热方式获得的热量与辐射给墙壁的热量达到平衡时，热电偶的温度就不再改变，其数值是介于气体与炉壁两者之间的某一温度。

设通过对流换热热电偶取得的热量为 Q_1：

$$Q_1 = \alpha_1 A_1 (t_2 - t_1) \tag{9.3}$$

式中　α_1——气体与热电偶之间的对流换热系数,$W/m^2 \cdot K$;

　　　A_1——热电偶浸入部分表面积,m^2;

　　　t_2——被测气体温度,℃;

　　　t_1——热电偶(或等于保护管)的温度,℃。

热电偶向墙壁辐射的热量为:

$$Q_2 = \varepsilon_{10} C_0 A_1 \left[\left(\frac{T_1}{100} \right)^4 - \left(\frac{T_0}{100} \right)^4 \right] \tag{9.4}$$

当 $Q_1 = Q_2$ 时,得:

$$t_2 - t_1 = \frac{\varepsilon_{10} C_0}{\alpha} \left[\left(\frac{T_1}{100} \right)^4 - \left(\frac{T_0}{100} \right)^4 \right] \tag{9.5}$$

式中　T_1,T_0——分别是热电偶(保护管)和其周围环境的绝对温度,K;

　　　C_0——黑体辐射系数,$C_0 = 5.67\ W/m^2 \cdot K^4$;

　　　ε_{10}——系统的表面辐射率;

$$\varepsilon_{10} = \frac{1}{\dfrac{1}{\varepsilon_1} + \dfrac{A_1}{A_2} \left(\dfrac{1}{\varepsilon_0} - 1 \right)} \tag{9.6}$$

　　　ε_1——热电偶(保护管)表面的辐射率;

　　　ε_0——墙壁表面的辐射率;

　　　A_2——与热电偶保护管表面起热交换作用的周围墙壁面积,m^2。

当 $\dfrac{A_1}{A_2} \to 0$ 时,则 $\varepsilon_{10} = \varepsilon_1$。由附录10查得 ε_1,便可计算出测量误差。

9.3.2　测量误差及误差校正

(1) 测温误差与热电偶外套管材料的辐射率 ε_1 成正比,因此宜采用表面比较光滑,辐射率比较小的热电偶外套管。加工时将套管打磨抛光也可减小辐射率。

套式热电偶(图9.4)就是减小测量端辐射率的一种热电偶,它是将镍铬-镍铝或镍铬-考

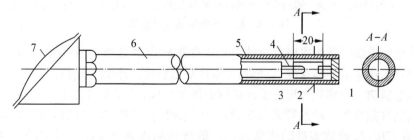

1—端塞;2—拉紧丝;3—金或银套;4—热电偶;5—瓷套管;6—耐热钢保护管;7—接线盒

图9.4　套式热电偶

铜热电偶置于耐热钢保护管中,保护管端部侧面开有宽槽以使工作端露出并受到被测气流的冲刷。在工作端装有辐射率很小的金或银做成外径为 3 mm、壁厚为 0.5 mm、长为 20 mm 的小短管,用这种套式热电偶测温可使误差下降为裸接点热电偶的 1/3,为带有保护套管的热电偶的 1/2。

(2) 测温误差随 $(T_1^4 - T_0^4)$ 差值的减小而减小。为提高 T_0,可以在管道上安装热电偶的部分包上绝热层,或在热电偶外加遮热罩,如图 9.5 所示。加遮热罩后,辐射换热在热电偶与遮热罩之间进行,而遮热罩的温度较管道壁温高,且辐射率小,因此加遮热罩后热电偶的辐射散热损失将减少,测温误差也会减小。必要时遮热罩可做成多层,但超过 3～4 层,不但安装困难,而且效果也不太显著,因此一般 1～2 层即可。

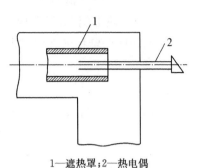

1—遮热罩;2—热电偶

图 9.5　遮热罩

(3) 测温误差与对流换热系数 α_1 成反比,这说明管道内气流速度愈快,测温误差愈小。为此,测温时热电偶必须安装在气流速度较快处,在热电偶安装处可造成人为的缩颈,或采用抽气热电偶。

抽气热电偶结构比较复杂,使用也不方便,但可在很大程度上降低传热误差而得到气体的真实温度。若用抽气热电偶与普通热电偶同时对某一气流温度进行测量,则可画出对比曲线,利用曲线可用普通热电偶来测量,再加以校正即得气流的真实温度。

抽气热电偶结构如图 9.6 所示,它由热电偶元件、遮热罩和水冷抽气套管等组成,它与二次仪表(毫伏计、电位差计等)及抽气系统组成整套的抽气热电偶高温计。

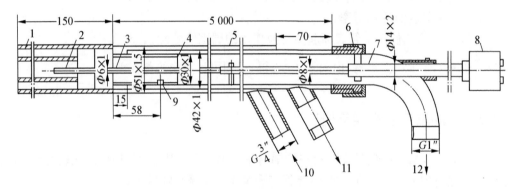

1—遮热罩;2—双孔瓷管;3—刚玉保护管;4—罩座;5—水冷套管;6—密封填料;
7—耐热钢保护管;8—接线盒;9—榫销;10—冷却水进口;11—冷却水出口;12—抽气出口

图 9.6　抽气热电偶结构示意图

抽气热电偶借助于遮热罩以减少热电偶工作端辐射散热损失,并用抽气的方法提高烟气对热电偶及遮热罩的冲刷速度,以增加对流换热系数而减小测量误差。

抽气热电偶的水冷套管多用三层同心钢管焊制而成,长度视需要而定,直径的大小则应根据热电偶抽气截面和冷却水管截面决定。为了隔绝辐射热,配以遮热罩。遮热罩可以用一层、两层或三层,层数愈多准确度愈高。一般气体温度在 600℃ 以下时,用一层遮热罩,700～1 000℃ 时用两层,1 200℃ 以上时用三层。

抽气热电偶依靠喷射泵造成抽力,以增加气流经过热电偶的流速,当用 3～4 个大气压的压缩空气或蒸气时,可在热电偶的工作端,直径为 20 mm 的圆管端面上产生 80 m/s 以上的高速气流,喷射器的结构见图 9.7。

为了保证气体向热电偶热接点传热,抽气速度一般不宜小于 80 m/s,用双层遮热罩的抽气热电偶的抽气速度达 100 m/s。

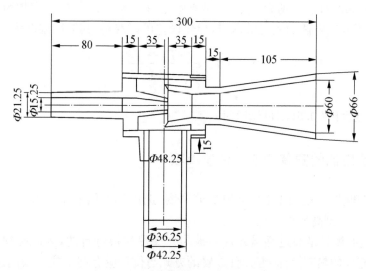

图 9.7　抽气热电偶的喷射器结构

抽气热电偶测温前,除应对热电偶校正外,还需对抽气速度做空白试验,以检查抽气速度是否合乎要求。

(4) 减小导热误差。增大 L/d,增加浸入长度将增加对流换热面积和热电偶的导热热阻,减小直径 d 则不仅增大放热系数,而且也增加导热热阻。另外选用 λ 较小的材料做套管,可减小导热误差。

(5) 减少热电偶丝的直径。根据传热原理以及多支工作端直径不同的热电偶测得如图 9.8 所示的曲线。从这些曲线可以看出,热电偶丝的直径愈小,则愈接近被测气体的真实温度,这是因为热电偶丝与被测介质间的对流换热系数随着热偶丝直径的减小而增大,而对流换热系数愈大,热电偶测量端温度愈接近被测气体实际温度。当热电偶丝的直径为零时,则两者温度就相等了。但是热电偶丝直径不可能为零,即使很细,使用也很不方便,因此采用零直径外推法,用作图的方法求得被测介质温度。

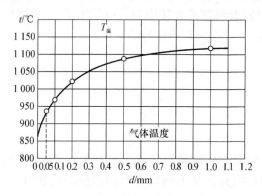

图 9.8　不同直径热电偶的指示温度曲线

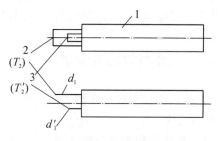

1—四管瓷管;2—粗丝热电偶测量端;
3—细丝热电偶测量端

图 9.9　双热电偶

（6）采用双热电偶。图9.9所示的是由粗细不同的两对热电偶组成的双热电偶。由于它们的直径不同,辐射散热面积不同,介质对它们的放热系数也不同,所以尽管热电偶材料相同,它们所反映的被测温度却不同。但可以根据所测得的两温度 T_2 和 T_2' 来推算被测温度 T 的数值,修正辐射传热误差。

设两对热电偶的直径分别为 d_1、d_1',放热系数分别为 α_1、α_1',辐射率均为 ε,周围物体平均温度为 T_3。当双热电偶插入足够深时,导热误差可以忽略,其被测温度为：

$$T_1 = T_2 + \frac{T_2' - T_2}{1 - \left(\frac{d_1'}{d_1}\right)^{1-m}} \tag{9.7}$$

式中　m———一般可取 0.5(测量烟道时)。

9.3.3　热电偶的安装和使用注意事项

（1）根据所测点的大致温度及烟道炉墙厚度,选用热电偶的型号及长度。贵重热电偶如铂铑-铂热电偶除测高温外尽量少用。

（2）热电偶的测量是通过感温元件与被测介质热交换进行的,因此必须使感温元件与被测介质进行充分的热交换,感温元件放置的方式与位置应有利于热交换的进行,不应把感温元件插至被测介质的死角区域,为防止热电偶的变形,应尽量垂直安放。

（3）安装热电偶的部位尽量防止热辐射的影响,尤其在测高温时,一方面要防止高温火焰对热电偶的强烈辐射,另一方面又要防止热电偶向周围"冷"表面(例水管、锅筒等)辐射,一般可在热电偶的保护套管上安装防辐射罩。

（4）避免热电偶外露部分因导热损失所产生的测量误差。如热电偶插入深度不足时,且其外露部分置于空气流通之中,则由于通过热电偶丝的热量散失,所测出的温度往往比实际值偏低。

（5）用热电偶测炉膛温度时,应避免热电偶与火焰直接接触,否则必然会使测量值偏高。同时应避免把热电偶安装在炉门旁或加热物体距离过近之处,其接线盒不应碰到被测介质的器壁,以免热电偶冷端温度过高。

（6）使用热电偶要小心,尤其是使用测高温的带有非金属保护管的热电偶时,更要防止断裂,要缓慢插入和拔出,防止非金属保护管突然受热和冷却而断裂。

（7）多点测温时,应采用多点切换开关,注意防止热电偶接线短路和接地。

当用动圈式仪表作为二次仪表时,应按仪表要求调整好外接电阻,一般为 15 Ω(外接电阻应包括热电偶电阻、补偿导线电阻、冷端补偿器等效电阻和连接导线电阻)。

9.3.4　流动气体温度测试

抽气热电偶测量回转窑入窑二次空气温度。

1. 准备工作

测定前,除应进行热电偶校正外,抽气速度应做空白试验。试验方法是做一个扩散管,接在抽气套管气体进口处,由通过扩大管的风量,换算出热电偶接点在缩颈处的风速,以检查抽气速度是否合乎要求。测入窑二次空气温度用的抽气热电偶如图9.10所示。

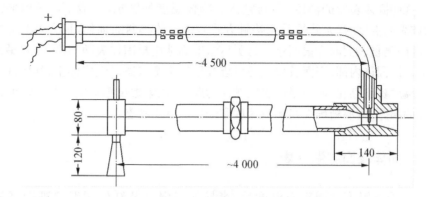

图 9.10　测入窑二次空气用的抽气热电偶

2. 测点的选择

由于入窑二次空气温度的分布不均匀,为得到其平均温度,在测量单筒或炉箅子式冷却机时,应将断面分为几个等分,测量后取其平均值,如图 9.11 所示。测量多筒式冷却机时,要沿入窑二次空气进口的断面上左右两边下面取 3 个测定点,如图 9.12 所示。热接点应伸过箱形缺口一定距离(不超过 0.5 m)。这样所测得的温度略低于真正的二次空气温度,因为有部分漏风掺杂在里面。

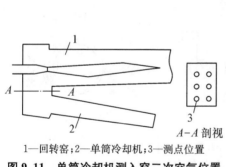

1—回转窑;2—单筒冷却机;3—测点位置

图 9.11　单筒冷却机测入窑二次空气位置

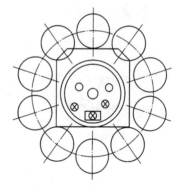

图 9.12　多筒冷却机测入窑
二次空气位置

3. 测定步骤

测定最好是在窑操作稳定时进行。测定时先将温度表的起点设定在当时的冷端温度上。在不稳定时,应注意窑的操作变动情况,对来料多少、风门大小、风量调整等都应加以记录。正常或不正常时的二次空气温度均需分别测量 3 次。当温度跳动比较大时,每点最少测量半小时,如波动不大,每点测定 10 min 即可。

9.4　固体表面温度的测试

在工程上经常需要测量表面温度,如窑炉、燃烧室、热气体管道以及其他热工设备的表面温度等。这些固体表面的温度，受与它接触物体温度的影响，一般不同于内部温度。因此，测量物体表面温度时（尤其是采用接触方式），由于传感器的辐射，很容易改变被测表面的热状态，准确测量表面温度很困难。为了尽量准确地测量固体表面温度，当然最好是处于等温状态下。即固体内部、表面及周围环境皆处于热平衡状态。但实际上，从固体内部到表面一定会有温度梯度存在，而带来许多问题。为此，必须考虑传感器的选择、表面温度范围、表面与环境的温差、测温精确度与响应速度和表面形状与状态。

9.4.1 固体表面测温仪表

窑体外表面的温度常用表面温度计、半导体点温计及红外测温仪进行测量。表面温度计、半导体点温计属于接触法测量表面温度，红外测温仪属于非接触法测量表面温度。

1. 携带式表面温度计

接触法测量表面温度的传感器主要是热电偶。表面热电偶有许多结构形式，见图9.13。

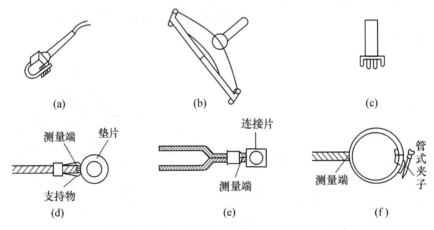

a—凸形；b—弓形；c—针形；d—垫片式；e—铆接式；f—环式

图9.13 表面热电偶的结构形式

（1）凸形探头。凸形探头适于测量平面或凹面物体的表面温度。

（2）弓形探头。弓形探头适于测量凸形物体表面温度。在测量管壁温度时，可紧紧压在管壁上，接触面积大，效果好。

（3）针形探头。针形探头适于测量导体表面温度。

（4）垫片式探头。将热电偶的测量端焊在垫片上，测温时把垫片安装在被测物体表面上，用栓拧紧，使垫片紧压在被测物体的表面上。该种温度计适合于测量带有螺栓的物体表面温度。

（5）铆接式探头。用铆钉将连接片铆接在被测物体表面上，但铆接工艺较麻烦，应用不普遍。

（6）环式探头。利用环形夹紧器夹在被测管子上测量表面温度，适于测量管道表面的温度。

如WREA-890型凸形表面温度计，具有凸形镍铬-考铜热电偶，专供测量静态固体平面的表面温度。WREA-891型弓形表面温度计(图9.14),具有弓形镍铬-考铜热电偶,系供测量静态固体圆柱形或球形的表面温度。WREU-892型针形表面温度计,是镍铬-镍硅热电偶,仅用来测量静态导电固体的表面温度。

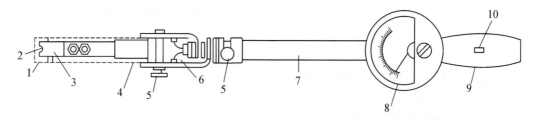

1—探头;2—热电偶;3—绝热瓷;4—支架连接片;5—固定螺丝;6—补偿导线;
7—支杆;8—显示仪表;9—手柄;10—温度补偿片

图 9.14　表面温度计

表面热电偶的测头可在平面上转动180°,用于测量不同方向的表面。通过导线与手柄处的毫伏计相连,可直接读出温度值。由于冷端位于手柄处,冷端温度为人体体温,因此,毫伏计的读数已作了修正。

使用表面温度计时必须注意:测点表面要清洁。如炉顶等处必须将灰尘扫掉,清扫后要等一段时间才能测量其表面温度,否则测量结果偏高。测量时尽量紧贴壁面,否则测量结果偏低,但也不能压得过紧和磨擦,以免损坏测头。

2. 吸附式表面温度计

吸附式表面温度计的形状和构造如图9.15所示。它测量的准确性较好,但测量温度的时间常数大,反应不够灵敏,微小的温度变化要经过10 min才能反映出来。

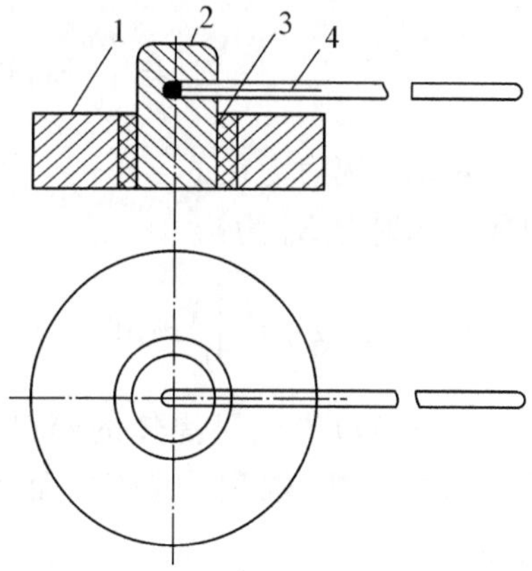

3. 半导体点温计

半导体点温计是用微型圆珠半导体热敏电阻作为感温元件。其工作原理是采用了不平衡电桥,温度的变化引起电阻值的变化将其变化转换为电信号,然后用微安表指示出温度值。它灵敏度高、热惰性小、使用方法简便,只要将测量探头接触被测物体就可以在表头上读出温度值。但测量探头易磨损。

1—环型磁钢;2—锌柱;3—石棉绳;
4—水银温度计

图 9.15　吸附式表面温度计的构造

4. 光学高温计、红外测温仪

非接触法测量物体表面温度的非接触测量常用光学方法测量。常用的测温仪表是红外测温仪和光学高温计。

9.4.2　红外测温仪测物体表面温度

1. 物体的表面辐射

由传热学可知,单位时间内物体的单位辐射表面,向半球空间发射从 λ 到 λ＋dλ 的波长

间隔内的能量,称为光谱辐射力,也称单色辐射力。单位是 W/m^3,用 $E_{b\lambda}$ 表示,即

$$E_{b\lambda} = \frac{dE_b}{d\lambda} \tag{9.8}$$

绝对黑体的单色辐射力与波长和温度的关系可由普朗克定律确定,即:

$$E_{b\lambda} = C_1\lambda^{-5}(e^{\frac{C_2}{\lambda T}} - 1)^{-1} \tag{9.9}$$

式中 $E_{b\lambda}$——绝对黑体的单色辐射力,W/m^3;

  λ——波长,m;

  T——黑体的绝对温度,K;

  C_1——普朗克第一辐射常数,$C_1 = 3.743 \times 10^{-16}\ W \cdot m^2$;

  C_2——普朗克第二辐射常数,$C_2 = 1.4387 \times 10^{-2}\ m \cdot K$。

普朗克定律可用图 9.16 来表示,反映了 E_λ 与 λ、T 的关系曲线。由图 9.16 可见,一定波长的单色辐射力与温度之间存在单值函数关系,温度越高,单色辐射力越强。

单位时间内物体的单位辐射面积向半球空间发射的全波段($0 < \lambda < \infty$)的辐射能,称为辐射力,用 E_b 表示单位是 W/m^2。辐射力和光谱辐射力有如下关系

$$E_b = \int_0^\infty E_{b\lambda}d\lambda \tag{9.10}$$

对单色辐射力在 $\lambda = 0 \sim \infty$ 区间内积分,便可得到黑体的辐射力 E_b 为:

$$E_b = \int_0^\infty E_{b\lambda}d\lambda = C_0\left(\frac{T}{100}\right)^4 \tag{9.11}$$

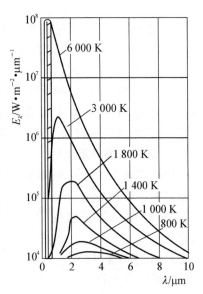

图 9.16 普朗克定律图示

式(9.11)说明了黑体的辐射力与其温度的单值关系。温度越高,辐射力越大,而且是以四次方的关系增加。

在同温度下,实际物体的辐射力低于绝对黑体。其单色辐射力 E_λ 和辐射力 E 都比绝对黑体的小,它们之间的关系:

$$E_\lambda = \varepsilon E_{b\lambda} = \varepsilon_\lambda C_1\lambda^{-5}(e^{\frac{C_2}{\lambda T}} - 1)^{-1} \tag{9.12}$$

$$E = \varepsilon E_b = \varepsilon C_0\left(\frac{T}{100}\right)^4 \tag{9.13}$$

式中 ε_λ、ε 为物体的单色辐射率和全波辐射率,它们均是小于 1 的数。灰体的辐射率不随波长而变化。

实际物体的辐射率随波长而变化。但一般工程物体的辐射率随波长变化并不显著,可以近似看作灰体。各种实际物体的辐射率大小不一,由物体的性质、温度和表面状况所决定。

2. 热辐射测温原理

热辐射测温主要是利用被测物体的辐射力与温度的关系,通过测量接收到的辐射能的大小来显示被测物体的温度高低。

对于生产中的工业窑炉,由于内部不同的反应过程,窑炉表面温度往往不是均匀分布的,故在测定时应先把被测表面划分为若干区段分别进行测量。当测得各区段的表面平均温度及环境温度后,即可进行散热量计算。即:

$$Q_{aq} = \sum Q_{aq, i} = \sum \left[a_{aq, i}(t_{\omega, i} - t_f)A_i \right] \tag{9.14}$$

式中　Q_{aq}——表面散热量,kJ/h;

　　　$Q_{aq, i}$——某区表面散热量,kJ/h;

　　　$t_{\omega, i}$、t_f——分别为各区段表面平均温度及环境温度,K;

　　　A_i——各区段表面面积,m²;

　　　$a_{aq, i}$——各区段表面综合散热系数,主要与温差($t_{\omega, i} - t_f$)、环境风速及空气冲击角有关,kJ/m² · h · K。

3. 测试仪器设备

(1) IRT - 1200D 型手持式快速红外测温仪 (图 9.17)

通过光学系统接收被测物体的红外辐射能并将其转变成电信号,再经过微机处理,由液晶显示器直接将对应的温度显示出来,其测温显示原理如图 9.18 所示。

使用红外测温仪应注意,当连续测量 700℃ 以上的高温部位后,再测低温部位温度时,应恢复等待 1 min 后再进行测量。同时,由于 IRT - 1200D 型红外测温仪的距离系数为 40,因此,要求被测目标直径不小于 $L/40$(L 为仪器到目标的距离),以保证测量的温度与距离无关。若目标直径小于 $L/40$,则测量值不能准确反映目标的真实温度。此外,测量误差还与其自身的质量、被测物体的辐射率、测量环境中的烟、尘、雾等因素有关。

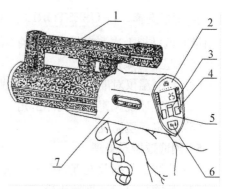

1—瞄准镜;2—操作面板;3—存储控制;
4—温标控制;5—功能选择;6—辐射率修正;
7—本体

图 9.17　IRT - 1200D 型红外测温仪

(2) 风速仪(叶轮式或热球式)

用风速仪测量环境风速。

(3) 温度计

用温度计测量环境温度。

4. 测试步骤

(1) 按照被测物体的结构及表面温度分布差异划分测定区段,确定测点位置。

(2) 测温仪器准备。

① 安装电池,或使用外接电源。

② 设定目标辐射率。接通电源,面板上显示闪烁的 1.00 数字。再按压面板按键▽或△使显示数字与目标的辐射率相符。

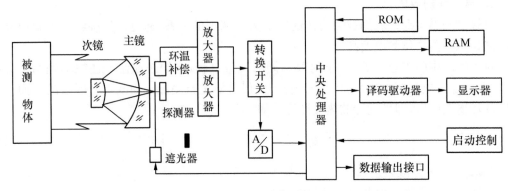

图 9.18 IRT‑1200D 原理框图

③ 温标选择。按 SCALE SELECT 键。使显示面板右侧的箭头指向所选择的温标位置,摄氏或华氏。

④ 功能选择。按 FUNCTION SELECT 键,使显示面板左侧的箭头指向所选择的功能位置:瞬时温度"TMP"、平均温度"AVG"、最高温度"MAX"、最小温度"MIN"或温差"DIF"。

⑤ 记忆选择。按 USESTOREDDATA 键,显示板下方的箭头若指向 NO,表示重新开始测量时就已把上次测量的数据从存储器中清除了;指向 YES 则表示多次测量的数据进入存储器一起进行累加计算。

(3) 将测温仪对准被测目标,按下测温开关,逐一测出各区段、各点的温度并记录。

(4) 测定环境风速及空气冲击角。

(5) 测定环境温度。

5. 测试数据及处理

(1) 将测试数据及处理结果列入表 9.4 中。

(2) 按式(9.14)计算散热量。

(3) 以测点距离为横坐标,温度为纵坐标,绘制被测表面的温度分布曲线。

表 9.4 测定数据记录及处理

测点序号	1	2	3	4	5	…	$n-1$	n
测点表面温度/℃								
分段平均温度/℃								
环境温度/℃								
温 差/℃								
分段长度/m								
分段面积/m²								
环境风速/(m/s)								
冲击角/度								
冲击角系数								
散热系数								

9.5　高温火焰温度的测试

光学高温计常用来测定高温火焰温度。

9.5.1　火焰亮度与亮度温度

一般来说,只要物体温度高于绝对零度,它就不断地向外发射可见的和不可见的射线。当物体的温度升高到一定程度后都有发光现象,而且温度越高,发出的光越亮。这是由于物体的温度越高,发出的光短波部分越多,而可见光的短波部分比长波部分亮,所以物体在高温时比低温时亮。物体的亮度和它的辐射力成正比,用公式表示为:

$$B_\lambda = KE_\lambda = K\varepsilon_\lambda C_1 \lambda^{-5} (\mathrm{e}^{\frac{C_2}{\lambda T}} - 1)^{-1} \tag{9.15}$$

式中　B_λ——物体的单色亮度;

　　　E_λ——物体的单色辐射力;

　　　K——比例系数。

由于 B_λ 和温度有关,所以受热物体的亮度可以反映其温度的高低。但是由于各类物体的辐射率 ε_λ 不相同,所以即使它们的亮度相同,它们的温度也可能是不相同的。为了解决这个问题,首先需要引入亮度温度的概念。亮度温度的定义是:当实际物体在辐射波长为 λ、温度为 T 时的亮度 B_λ 和黑体在辐射波长为 λ、温度为 T_s 时的亮度 $B_{b\lambda}$ 相等,则称 T_s 为该物体在波长为 λ 时的亮度温度。代入公式,化简后得到

$$T = \frac{C_2 T_s}{\lambda T_s \ln \varepsilon_\lambda + C_2} \tag{9.16}$$

所以只要测出被测物体的亮度温度 T_s,且物体的辐射率 ε_λ 已知时,就可以用式(9.16)计算出物体的真实温度 T。假如被测物体为黑体,$\varepsilon_\lambda = 1$, $T = T_s$,由于一般物体满足

$$(\lambda T_s \ln \varepsilon_\lambda + C_2) < C_2 \tag{9.17}$$

所以　　　　　　　　　　　　　　$T_s < T$

9.5.2　光学高温计的测试原理

光学高温计全称为单色灯丝隐灭式光学高温计,是目前使用非常广泛的一种非接触式温度计。光学高温计内部装有能发光的弧形灯丝,通过调整变阻器可以调整通过灯丝的电流流量,也就调整了灯丝的温度和亮度。

实际测量时,将光学高温计对准被测物体,在辐射热源(即被测物体)的发光背景上可以看到弧形灯丝(图9.19)。假如灯丝亮度比辐射热源亮度低,灯丝就在这个背景上显现出暗

的弧线,如图 9.19(a)所示。反之,如灯丝的亮度比背景亮度高,则灯丝就在较暗的背景上显现出亮的弧线,如图 9.19(b)所示。假如两者的亮度一样,则灯丝就隐灭在热源的发光背景里,如图 9.19(c)所示。这时灯丝的温度和被测物体的亮度温度相等,由仪表读出的指示数就是被测物体的亮度温度。

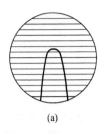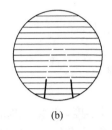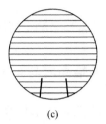

(a)   (b)   (c)

图 9.19   灯丝亮度调节图

通常灯丝的温度不能超过 1 400℃,否则会因过热氧化而损坏。同时高温下钨丝升华沉积,将改变灯泡的亮度特性。所以在被测物体的温度超过 1 400℃时,不宜继续加大灯丝电流,而是加装吸收玻璃,以减弱被测热源的辐射亮度。在测量时,用已经减弱的热源亮度和灯丝亮度进行比较,显然这时光学高温计的亮度平衡是灯泡电流和吸收玻璃的综合结果。所以一般光学高温计有两挡刻度,一挡是 800~1 400℃,这是不加灰色吸收玻璃时的刻度;另一挡是 1 400~2 000℃,这是加了灰色吸收玻璃后使用的刻度。

在比较亮度时,为了造成窄的光谱段,采用了红色滤光片。图 9.20 表示了红色滤光片的光谱透过系数 τ_λ 曲线和人眼的相对光谱敏感度曲线。显然,透过滤光片后人眼能感到的光谱段就仅是两条曲线下面积的共同部分。该波段的波长为 0.62~0.7 μm,称为光学高温计的工作光谱段。工作光谱段重心位置的波长为 0.65 μm,称为光学高温计的有效波长。这样红色滤光片使我们能看到的是波长为 0.65 μm 的单色光。

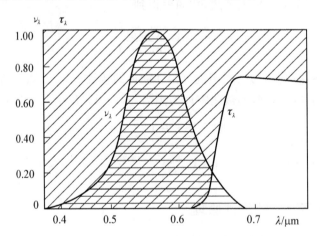

图 9.20   光谱敏感度曲线和光谱透过系数

由此可知,所谓"单色",是指灯丝发亮后经滤光镜滤色所得的单一波长($\lambda = 0.65\ \mu m$)的红色光波。所谓"隐灭",是指调节灯丝亮度与被测物体亮度一致。

9.5.3 测试设备

WGG－202 型光学高温计,其结构如图 9.21 所示。它主要由光学系统和电测系统两部分组成。测温量度为 800～2 000℃。第一挡量程为 800～1 500℃,基本误差为±13℃;第二挡量程为 1 200～2 000℃,基本误差±20℃。

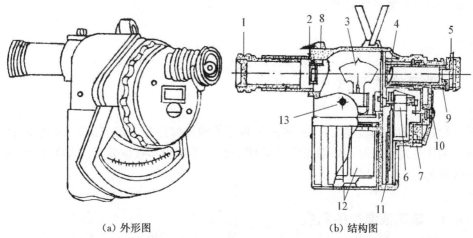

(a) 外形图　　　　　　　　　　　(b) 结构图

1—物镜;2—吸收玻璃;3—高温计灯泡;4—目镜;5—红色滤光片光栏;6—测量电表示;7—变阻器;
8—旋钮;9—目镜定位螺母;10—零位调节器;11—刻度盘;12—干电池;13—按钮开关

图 9.21　光学高温计

9.5.4 测试步骤

(1) 检查仪表指针,将其调到零位。

(2) 估计被测物体的温度,选择量程。并将吸收玻璃旋钮拨向该量程所对应的位置。

(3) 移开红色滤光片,将目镜对准观察者眼睛,前后调节目镜至灯丝清晰可见,旋紧目镜定位螺母。

(4) 将物镜对准被测物体,前后调节物镜内筒,使被测物体(倒像)清晰可见,然后再加上红色滤光片。

(5) 按下电源按钮接通电源,调节可变电阻盘,使灯丝尖端的亮度从亮到暗渐渐隐灭在被测物体的像中。

(6) 读出被测物体的亮度温度并记录。

(7) 实验完毕,关闭电源,取出电池,并将电阻盘刻度转至零位,仪器归位。

9.5.5 测试数据及处理

(1) 测试数据

测试数据列于表 9.5。

表 9.5　亮度温度记录

测试部位	1	2	3	4	5
亮度温度					
真实温度					

（2）计算真实温度

按式（9.16）计算真实温度。

9.6　物料温度的测试

对于粉粒状物料如玻璃配合料、水泥生料等的温度常用接触式温度计（如水银温度计、半导体点温计等）测量；对于如刚出窑的玻璃液温度等常用非接触式的光学高温计、红外测温仪等来测量。

9.6.1　玻璃液温度的测量

掌握玻璃液在窑内温度场分布，分析其运动规律，对改进窑体结构、完善操作过程、提高产品产量和质量是十分必要的。玻璃液温度测定通常可以用快速微型热电偶、铂铑水冷测温管等在熔窑相应部位的长、宽、深方向进行测试，由于熔窑不可能预留和打开很多孔洞，以及测试仪器本身的局限，对玻璃液温度的测定尚不完善，仅能测得某些数据，但对生产有一定的指导作用。

例如，对于日用玻璃池窑，从碹顶插入快速微型热电偶测量玻璃液深度方向温度分布，能了解其透热率、温度降；从取料口、间隙砖处测玻璃液温度，对了解玻璃液在窑长、宽方向温度分布是否符合工艺要求、发现问题和改进操作有利。

用来测量玻璃液温度的快速微型热电偶结构如图 9.22 所示。它用直径为 $0.05\sim 0.1~mm$ 的铂铑$_{10}$-铂热电偶装在 U 形的石英管中，后者被铸在高温绝热水泥中，外面用铝套保护起来。

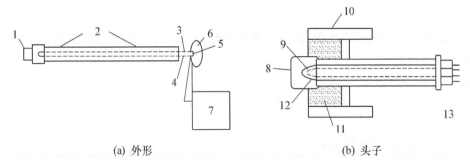

(a) 外形　　　　　　　　　　　　(b) 头子

1—头子；2—纸套；3—测杆；4—补偿导线；5—插头；6—把手；7—快速电子电位差计；
8—铝套；9—热电偶热端；10—纸壳；11—填料；12—石英管；13—塑料插头

图 9.22　快速微型热电偶

当热电偶插入被测物体(如熔融玻璃液)后,保护铝帽即迅速熔化,这时 U 形石英管和被保护的热电偶工作端即暴露于熔融玻璃液中。由于石英管和热电偶的容量都很小,因此能很快反映出熔融玻璃液的温度,反映时间为 4～6 s。在测出温度后,热电偶和石英管以及其他部件均被烧坏,每测一次,换一只头子,因此称为消耗式热电偶。

为测量方便起见,用一根长为 3～4 m(根据需要而定)的无缝钢管作测杆,外面用纸套(多层马粪纸叠成)保护钢管不被烧坏,可使其连续多次使用,钢管内穿过补偿导线,把热势的变化从头子传到插头。

为快速记录测定结果,配上有自动记录的电子电位差计或 Py-8 型电子数码显示测温仪,量程范围为 1 200～1 800℃。

使用时以下几个方面必须注意:

(1) 测杆的长度必须保证测到被测点的深度,尽可能长些,以免测定时握杆者烫伤。

(2) 测定时间要根据头子的结构和被测温度的高低而定。如果头子铝套较厚,测量时就不易熔化,则测量时间就必须长些,有时达几十秒。为保证测杆不被烧毁,可将铝套磨薄或磨掉,否则测杆、补偿导线及插头等全会烧坏(测量时间一般在 8～12 s)。

(3) 测量时环境较恶劣,必须胆大心细,仔细测量,仔细观察,方能测得理想的结果。

9.6.2　水泥窑内物料温度的测量

水泥工业生产中,对离开冷却机的水泥熟料的真实温度进行测定不仅对热平衡计算具有重要意义,而且也是分析冷却机热效率的重要参数。一般地,离开冷却机熟料的温度因冷却机的型式、操作方法及热效率不同而异,实际生产中波动于 100～300℃。这一温度虽不太高,但因为熟料粒度不均匀及内外冷却程度不一致,所以对它进行准确测量十分困难。

1. 用钨铼热电偶测量立窑高温带温度

钨铼热电偶又称快速测温枪,它由钨铼热电偶、无缝钢管、瓷绝缘管与补偿导线等组成。

钨铼热电偶能测 2 400℃以上的高温,主要受到绝缘材料的限制。其热电偶丝由钨铼$_5$及钨铼$_{20}$组成,丝的直径一般为 0.5 mm。使用时只要用手钳将负极(含铼 20%的钨铼丝)绕在正极上 7～9 圈即成工作端。热电偶的保护管一般为无缝钢管,其外径为 15 mm,内径为 9 mm,绝缘保护材料常用氧化铝或氧化镁等。钨铼热电偶也可接补偿导线,显示仪表可用电位差计或配钨铼热电偶的动圈式毫伏计。

钨铼热电偶在使用时必须控制测量时间,一般不要超过 1 min,测量后应立即将测温枪从高温处拔出,待冷却后再继续进行测量。在使用中若发现指示仪表的指针不动或温度偏低,可检查热电偶丝与补偿导线处接触是否良好,补偿导线是否接错或者整个连接线路上是否有断开处。

2. 用坩埚热电偶测量回转窑物料温度

窑内从出链条带,到窑皮后结圈处的物料温度,一般是 100～1 200℃。当物料温度比较低时,从取样孔取出的物料可用水银温度计测量,也可用坩埚热电偶测量;当物料温度超过 500℃时,只适用坩埚热电偶进行测量。

坩埚热电偶是由耐火坩埚和插入坩埚侧壁孔中的一支热电偶所构成,热电偶接点大约伸在坩埚直径一半处,热电偶的自由端接到补偿导线上,从带有手柄的铁管引出接到高温计上。在接取物料时,应按图 9.23 从 A 位置将取样孔打开,待孔到 B 处,见到孔内向外漏出物料,立即用坩埚热电偶将取样孔堵住,直到转到 C 的位置时离开,一般堵口后几秒钟就装满。这样取 2～3 次物料,使热电偶预热后再正式取样,一直到高温计的读数不再上升时为止,此时读取温度,记录下来,并将最后一次物料留料,做容量、烧失量、游离石灰等分析用。当物料温度达到 900℃ 以上时,此时窑内已有液相出现,有粘结取样孔的可能,要用铁钎在 A 处将孔捅开,才能接取物料。

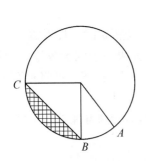

图 9.23　回转窑上物料取样位置

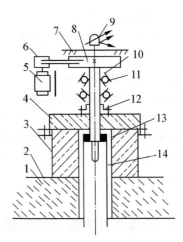

1—窑内异形耐火砖;2—窑筒体;3—袋体;4—袋盖;5—小电机;
6—小三角皮带轮;7—热电偶固定架;8—大三角皮带轮;9—热电偶;
10—空心轴;11—滚锥轴承;12—密封圈;13—密封帽;14—清灰器

图 9.24　带有旋转清灰装置的袋式测温器

3. 用袋式测温器测量物料温度

带有旋转清灰装置的袋式测温器的结构如图 9.24 所示。袋式测温器主要用于测量 200～800℃ 范围内的物料。虽然它的结构较复杂,但能长期运行,在实际使用中取得了较好的效果。

袋体 3 焊接在筒体外壁上,袋盖 4 是可拆卸的,热电偶及其他部件均安装固定在袋盖上。一旦发生故障,即可利用短暂的停窑时间,在窑外将袋盖卸下,进行必要的维修。热电偶 9 穿过空心轴 10 伸入袋内,并用螺母紧固在焊接袋盖的支架上,空心轴伸入窑内一端对称的焊有两块耐热不锈钢的刀杆 14 中。另一端装有皮带轮 8,由一台 0.4～0.6 kW 三相电动机拖动,空心轴由两个滚锥轴承 11 支撑,轴承座固定在袋盖的支架上。当袋体转到下部时,袋内即装入物料,由热电偶检测。当袋体转到上部时,通过电源接点与接片接触,使小电机 5 通电,带动空心轴及焊在其端部的刀杆旋转,用机械力将袋内已测过温度之物料搅落,使袋子倒空,防止了袋子发生堵死的故障。

袋式测温器的使用效果不仅取决于其本身及清灰装置的结构,而且和选测点及安装质量的优劣都有很大关系。测点位置选择应考虑:①测点温度应有足够的代表性。②测点温度变化比较明显。③测点部位应不结窑皮或窑皮较薄。

选好测点后,即可安装。袋式测温器在窑筒体上的安装如图 9.25 所示。

热电偶采用的是 WREU 型镍铬-镍硅热电偶,套管长度为 500～750 mm。热电偶插入

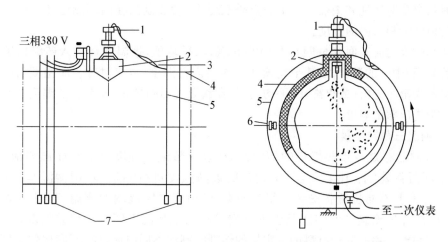

1—热电偶；2—袋体；3—补偿导线；4—窑筒体；5—集电铜环；6—支柱；7—引电刷子及支架

图 9.25　袋式测温器的安装示意图

袋内的深度以 90～150 mm 为宜。袋体一般为方形，为了减轻质量也可以做成圆形。在同一台窑上安装数个袋式测温器时，应把它们都安装在窑筒体的同一轴线上，以便于日常检修。

4. 用水量热法测量离冷却机或出立窑的熟料温度

制作一只带盖密封保温容器，容器中盛有一定量（一般不应少于 20 kg）的冷水，从冷却机出口取出一定量（一般不应少于 10 kg）具有代表性的熟料，迅速倒入容器内，加盖密封，从盖顶插入的水银温度计分别测出冷水和熟料倒入以后的热水的温度。由此，根据熟料和水的不同比热容，按下式计算离冷却机或出立窑的熟料温度。

$$t_{lsh} = \frac{m_{水}(t_{热水} - t_{冷水})c_{水}}{m_{sh}c_{sh}} + t_{热水} \tag{9.18}$$

式中　t_{lsh}——熟料温度，℃；

　　　$m_{水}$——冷水量，kg；

　　　m_{sh}——取出熟料量，kg；

　　　$t_{热水}$——料水混合以后的热水温度，℃；

　　　$t_{冷水}$——冷水的温度，℃；

　　　$c_{水}$——水的比热容，kJ/kg·℃；

　　　c_{sh}——熟料的比热容，kJ/kg·℃。

9.6.3　隧道窑内物料温度的测量

1. 用组装的测温车测量

用组装的测温车测量可获得连续的温度曲线。一般是将铂铑-铑热电偶竖装在测温窑车的不同位置和高度上，在热电偶冷端用补偿导线在车下引出与自动平衡记录仪连接。测温车进窑被推移前进，在经受预热、烧成、冷却三带温度的连续变化时，就可记录下全窑若干条连续的温度曲线，有利于分析隧道窑的温度制度。

测量每个窑车边柱和中柱上中下三点外表温度,套装制品在内部测量 2～3 个点,取它们的平均值即为料(柱)的温度。

在窑车耐火衬砖表面测量四角和中心五点,取平均值,把温度计插入砖缝内适当的深度,测量两边和中间的温度,取其平均值作为衬砖内部温度,再取衬砖表面温度与内部温度的平均值作为窑车进窑(或出窑)的平均温度,在铁架表面测量 3～5 个点的温度取平均值作为窑车铁架进出窑的温度。

2. 用测温三角锥测量

为了解制品在烧成带热焙烧的均匀性,即烧成带最高温度时的断面温差情况,必须对烧成带断面各处(上、中、下,左、中、右)的最高温度进行测定,除用测温车测量外,还可在某一窑车上不同位置各安装一组(3～4 个)相应温度范围的测温三角锥,待该窑车出窑后,根据各号测温锥弯倒情况就可判断出窑内最高温度断面的温差情况。

测温三角锥是用硅酸盐材料加一定量的熔剂配制成不同组成具有不同熔融温度的截头三角锥体,它在一定加热速度下,具有固定的软化温度,测温锥编号(锥号)由小到大,其软化温度由低到高。测温锥的软化温度与锥号对照见表 9.6。根据不同锥号的测温锥的软化情况,就可判定窑内温度。测温锥的测温范围是 600～2 000℃。

表 9.6　测温锥的软化温度与锥号对照表

标定软化温度/℃	我国采用的锥号	塞格锥号/S·K	标定软化温度/℃	我国采用的锥号	塞格锥号/S·K
600	60	022	1 040	104	03
650	65	021	1 060	106	02
670	67	021	1 080	108	01
690	69	019	1 100	110	1
710	71	018	1 100	111	
730	73	017	1 120	112	2
750	75	016	1 140	114	3
790	79	015	1 160	116	4
815	81	014	1 180	118	5
835	83	013	1 200	120	6
855	85	012	1 230	123	8
880	88	011	1 250	125	9
900	90	010	1 260	128	9
920	92	09	1 300	130	10
940	94	08	1 320	132	11
960	96	07	1 350	135	12
980	98	06	1 380	138	13
1 000	100	05	1 410	141	14
1 020	102	04	1 430	143	15

标定软化温度/℃	我国采用的锥号	塞格锥号/S·K	标定软化温度/℃	我国采用的锥号	塞格锥号/S·K
1 460	146	16	1 710	171	32
1 480	148	17	1 730	173	33
1 500	150	18	1 750	175	34
1 520	152	19	1 770	177	35
1 530	153		1 790	179	36
1 540	154	20	1 820	182	37
1 580	158	26	1 830	183	
1 610	161	27	1 850	185	38
1 630	163	28	1 880	188	39
1 650	165	29	1 920	192	40
1 670	167	30	1 960	196	41
1 690	169	31	2 000	200	42

　　在选用测温锥时,首先应根据制品的最高烧成温度,选择三个相邻的锥号组成一组,即一个锥号相应于最高烧成温度,一个高于该温度,另一个则低于该温度,把一组测温锥的下底嵌在用耐火泥制成的长方形底座上,嵌入深度为 10 mm,锥体直角棱与底座平面成80°倾斜角(见图 9.27)。待耐火泥底座干燥后即可分组平整地装在窑车不同部位的需测温处,随窑车入窑进行测量。

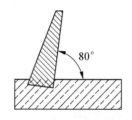

图 9.27　测温锥嵌装图

图 9.28　测温锥弯倒情况

　　等该窑车出窑后,根据每组测温锥的弯倒情况(图 9.28)就可判断窑内的温度。如图 9.28中左边一个表示窑温比测温锥的标称温度低 15~20℃,中间一个弯倒 180°,但这时它的下部仍与底座垂直,而顶端正好与底座接触,表示窑内温度正好达到测温锥的标称温度,右边一个表示窑温已高于测温锥的标称温度 15~20℃。

　　应当指出,测温锥弯倒情况受升温速度和气氛影响较大,若升温速度太快或在温度不太高的还原气氛中,测温锥到达标称温度时也不易弯倒,使测得温度偏低。若升温速度慢,高温保温时间长或受到火焰直接冲击,测温锥会提前弯倒,从而使测得的温度偏高。在分析判断窑温时应考虑到这些因素。总之,这一方法受许多因素干扰,因而测温准确性降低,但在没有条件使用测温车时,也可用来进行比较测量。

思考题

1. 热电偶的测温原理是什么？

2. 为什么要对热电偶进行冷端温度补偿？补偿方法有几种？

3. 使用热电偶应注意哪些问题？

4. 红外测温仪的测温原理是什么？

5. 什么是单色辐射、全辐射、本身辐射和有效辐射？

6. 简述光学高温计的测温原理，并与红外测温计的测温原理进行比较。

7. 什么是亮度温度？它与真实温度是什么关系？

8. 试分析使用光学高温计测量火焰温度时，可能引起的误差。应该怎样提高测量的准确性？

10 压力测试技术

10.1 压力的基本概念

压力是工业生产操作和热工测量中重要的参数,是物体单位面积上所受的力。

10.1.1 压力的表示方法

绝对压力,以绝对真空为起点计算的压力。
相对压力,以外界大气压为起点计算的压力,又称表压。

$$p_{绝} = p_{表} + p_a \tag{10.1}$$

当表压为负值时,称为负压,负压的绝对值称为真空度。
在实际测量时,还经常用到以下三个重要的概念。
静压:由于流体分子不规则运动而垂直作用于单位面积上的力 p(相对压力),在实际应用时称为静压。
动压:流体在流动时,在该速度下所具有的动能以压力单位表示,即称为动压力。因此这种压力只作用于流体的流动方向上,若测得动压力,则可求出该流体在工作状态下的流速和流量。
全压:它是静压与动压的总和。
静压、动压和全压三者之间的关系可以用图 10.1 来表示。与右侧直管相连的压力表测量出来的是静压,跟左侧弯管相连的压力表指示的是全压,即静压与动压之和。故中间的压力表所指示的是动压,即全压和静压之差。

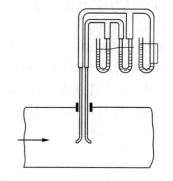

图 10.1 静压、动压和全压的测量

10.1.2 常用压力单位

表 10.1 列出了一些常用压力单位的换算关系。

表 10.1　常用压力单位的换算关系

单 位 名 称	单 位 符 号	与帕的换算关系
帕	Pa	1
巴	bar	1 bar = 10^5 Pa 或 0.1 MPa
标准大气压	atm	1 atm = 101 325 Pa = 1.013 25 bar
毫米水柱	mmH_2O	1 mmH_2O = 9.806 65 Pa
毫米汞柱	mmHg	1 mmHg = 133.322 4 Pa
工程大气压	at	1 at = 98 066.5 Pa

10.2　常用测压仪表及测试原理

用来测量压力的仪表种类很多,下面介绍几种工业生产和热工测量中常用的压力测量仪表。

10.2.1　液柱式压力计

液柱式压力计是利用液柱的重力来平衡被测压力的仪表,结构简单,使用方便,尤其在低静压下,这些优点更为突出。所以常用来测量小于 1 000 mm 汞柱的压力、负压或压力差。如 U 形管压力计、单管压力计、倾斜微压力计等。

1. U 形管压力计

测量压力在 10～500 mm 水柱时,最常用的测量仪器是一支弯成"U"形的玻璃管,如图 10.2 所示。

管中注入工作液体(水银或水、酒精等)到管的一半高度左右,当测量压力时将 U 形管的一端与气体管道相通,另一端与大气相通,这样表压可由下式求出:

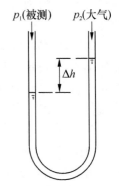

图 10.2　U 形压力计

$$p_{表} = p_{绝} - p_a = \rho \Delta h g \qquad (10.2)$$

式中　$p_{绝}$——被测压力(绝对压力),Pa;

　　　p_a——大气压力,Pa;

　　　Δh——工作液体的液面高差,m;

　　　ρ——工作液体的密度,kg/m^3。

因此,利用 U 形管压力计测量压力时,液柱的高度差乘以工作液的密度就可测得被测气体的压力。很显然,当管内工作液的密度是 1 g/cm^3 的水柱时,水柱的高差即为所测压力。

U 形管压力计通常用 6～12 mm 的玻璃管制作,使两边因毛细管作用所引起的误差互相抵消。用酒精或水等作工作液时,应读其液面凹入部分的数值;若液面的起伏较大,难于读数时,可利用一种缓冲器来平抑这种波动。因为 U 形管压力计液面不常在零点,读数时应该两边都读,然后相加。

U 形管压力计的测量精确度受读数精确度和工作液毛细管作用的影响,绝对误差可达 2 mm。

2. 单管压力计

用 U 形压力计测压时,要读两个液柱的高度,故每次测量时都要读两次,既增加了读数误差,又不方便。因此,当只测压力(表压)时,宜用单管压力计。它是在 U 形管的基础上把一侧的管子截面放大,改换成大直径的金属杯,另一侧玻璃管保留,如图 10.3 所示。

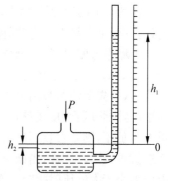

图 10.3 单管压力计

玻璃管侧边有刻度标尺,杯和玻璃管中注有工作液体至刻度的零点,被测压力 p 与杯相通,玻璃管则与大气相通。这样只需进行一次读数(h_1)便可测知被测介质的压力(表压)。如果为了精确,需要考虑 h_2 的变化,则应对读数 h_1 乘以固定的修正系数 $\frac{1+d^2}{D^2}$,当 $D = 100$ mm,$d = 5$ mm 时,修正系数用上式计算为 1.002 5,可见忽略 h_2 的影响,也是足够精确的。故:

$$p = \rho h_1 g \tag{10.3}$$

式中　h_1——单管液柱压力计中液柱上升高度,m。

3. 倾斜式微压计

当被测压力很小时(如 10 mm 以下)液柱升高很小,用上述两种压力计测量都将带来很大的误差,为了进一步提高测量精度,可采用倾斜式微压计。只是在单管压力计的基础上,将测量管倾斜放置,如图 10.4 所示。

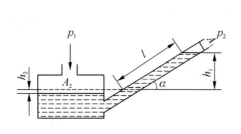

(a) 原理图

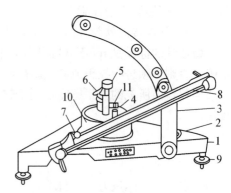

1—底板;2—水准指示器;3—弧形支架;
4—加液盖;5—零位调节旋钮;6—阀门柄;
7—游标;8—倾斜测量管;9—定位螺钉;
10—宽广容器;11—多向阀门

(b) 设备图

图 10.4 倾斜式微压计示意图

读数标尺与测量管一起被倾斜放置,其倾角 α 可以改变。

对于同样的实际液柱高度,在倾斜式微压计上可使液柱长度增加,因而灵敏度和精确度就有所提高。

根据单管液柱压力计的公式:

$$p_1 = \rho h_1 g - l \rho g \sin \alpha \tag{10.4}$$

式中 α——管的倾斜角,度;

l——斜管中液柱面斜升的距离,m;

从式(10.4)可见,α 越小,刻度放大的倍数越大,但 α 不宜过小,否则液体的弯液面延伸过长,读数不容易准确,实际操作中 α 不宜小于 15°。

为测量方便,倾斜式微压计的测量玻璃管做成活动式,如图 10.4 所示。它的斜管长度为 250 mm,其倾斜系数为 0.2、0.3、0.4、0.6、0.8,最大可测 200 mmH$_2$O 的压力。当测量压力时,首先要清楚被测管道内流体的压力情况,是正压还是负压。测量动压时,若管道内为正压,则测压管(皮托管)的全压端接在微压计的"＋"端,把静压端接微压计"－"端。若管道内为负压,则要看负压的大小,流速的快慢,否则微压计就显示不出动压,这时,只要反过来接就可以了。同样,当微压计用来测量静压时,管道内压力大于大气压时接"＋"端,管道内压力小于大气压时接"－"端。

使用倾斜式微压计测压力时,必须注意以下几点:

首先将仪器调水平(仪器上有水准仪),然后将玻璃管中的液面调整到零点(拧动调节螺丝,使容器中的液面上下移动)。

测量前必须先检查测量管内是否有气泡,否则将严重影响测量结果。在液柱下面或连接胶管里有气泡时,应将气泡赶到液面上面来,然后打开三通阀,使微压计与大气相通,或用嘴轻轻吹吸,使气泡在液柱中上下运动,至气泡消失为止。吹吸时,请勿用力过大,防止酒精进入软胶管里。

若测量时发现液柱不上升,则需检查微压计内连通小孔是否阻塞。尤其是新购买的微压计,孔内因堆满润滑油脂无法使用,此时可将转换活门轻轻取出,然后将孔擦干净。与皮托管、玻璃管连接的软胶管内,不能有酒精或水泡,连接处严密不漏气。

微压计的标尺是 mmH$_2$O 刻度,只有当仪器内所充酒精的密度与铭牌上所注的一样才正确。否则必须进行校正或者重新配制工作液,一般酒精的相对密度为 0.81。

当仪器内所充的酒精密度不同于铭牌上所标值时,必须对微压计的指示值按下式加以校正。

$$p' = p \cdot \frac{\rho_1}{\rho} \tag{10.5}$$

式中 p'——实际压力,mmH$_2$O;

p——读出的压力,mmH$_2$O;

ρ_1——所充酒精的实际密度,g/cm^3;

ρ——铭牌上所标酒精密度,g/cm^3。

4. 补偿式微压计

补偿式微压计适用于测量 250 mmH$_2$O 以下的压力,仪表精密度为 0.2～0.05 mmH$_2$O。补偿式微压计结构原理如图 10.5 所示。

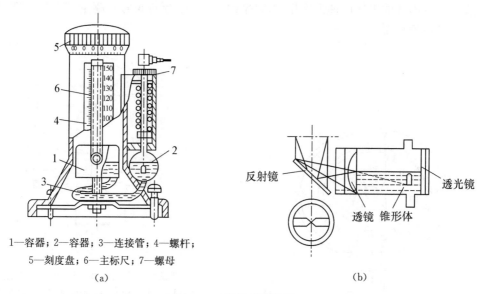

1—容器；2—容器；3—连接管；4—螺杆；
5—刻度盘；6—主标尺；7—螺母
（a）

（b）

图 10.5　补偿式微压计

在未测量前（即无压力作用时），容器 1 和容器 2 的水位相同。容器 1 上的标线和头部标尺 5 都指在零的位置。蒸馏水注入容器 2 使之反射镜呈现两个锥形像，尖端准确接触（转动螺母 7，使容器 2 上下移动少许）。

当待测压力自接头（容器 2）作用于水平面时其水位下降，而容器 1 水位上升，为平衡其压力，转动固定在螺杆 4 上的刻度盘 5，提升容器 1，直到容器 2 的水位恢复原来的位置（此位置从反射镜中看到两锥形尖端准确接触）。此时的容器 1 提升的高度，即为测得的压力值。读数时，整数在主标尺 6 上得到，小数在刻度盘 5 上得到，主标尺 6 从零到 150 mm，每分格为 2 mm，刻度盘 5 转动一周在主标尺 6 上移动两个分格，刻度尺为 200 格，所以每格为0.1 mm。

10.2.2　弹性式压力计

弹性式压力计由于测压范围宽，结构简单，使用方便，价格便宜，在工业中获得广泛应用。

1. 弹簧管式压力表

弹簧管式压力表的结构原理如图 10.6 所示。它的作用原理为：当弹性元件（弹簧管或称波尔登管）在被测介质的压力作用下，末端产生相应的弹性变形（位移），在刻度盘上指示出来。这种压力表的使用范围很广，量程范围也很大，可以测量 0~760 mmHg 的负压。

2. 膜式压力表

膜式压力表在工业上被广泛用来测量空气和烟气的压力或负压。这种压力表根据弹性元件的不同可以区分为膜片式和膜盒式两种。

膜片式的结构如图 10.7 所示。它的作用原理是基于被测介质通过接管进入膜室内，在压力的作用下，迫使膜片产生位移，再经拉杆传至指针，从而压力值在刻度盘上指示出来。由于膜片上附有不同材料的保护片（不锈钢片或纯银片），因此可以测量腐蚀性介质。

膜盒式微压计的工作原理是靠压力敏感元件金属膜盒的变形来测量压力的。还可带有灯光和电子报警装置。

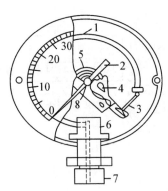

1—弹簧管；2—指针；3—拉杆；4—扇形齿轮；
5—游丝；6—支座；7—管接头；8—小齿轮

图 10.6　弹簧管式压力表

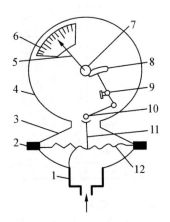

1—下法兰(表接头)；2—密封垫；3—上法兰；
4—表壳；5—指针；6—刻度盘；7—中心齿轮；
8—扇形齿轮；9—扇形齿轴；10—活球连杆；
11—推杆；12—膜片

图 10.7　膜片式压力表

10.2.3　气压计

在工程上为了精确的测量绝对压力,就必须测定大气的压力,一般采用杯形水银气压计来测量。

10.3　气流压力的测试

10.3.1　测试原理

对流体压力的测量是基于流体力学中的柏努利方程式。根据柏努利方程,未扰动处的压力 p_0、速度 u_0 与绕流物体附近的压力 p、速度 u 之间满足:

$$\frac{1}{2}\rho u_0^2 + p_0 = \frac{1}{2}\rho u^2 + p \tag{10.6}$$

式中　ρ——流体的密度,$\mathrm{kg/m^3}$；

u_0、u——分别为未扰动处和绕流附近的流速,$\mathrm{m/s}$；

p_0、p——分别为未扰动处和绕流附近的压力,Pa。

由于在任何被绕流的物体上都存在流体的速度为零的驻点,且驻点压力 p 可表示为

$$p = \frac{1}{2}\rho u_0^2 + p_0 \tag{10.7}$$

驻点压力又称为全压或总压,它是沿流线不变的。这就是测量不可压缩流体的压力和速度的基础。

通常,测量总压的探头其测压孔就开设在探头正前方的中心点上,在探头向着水流方向且其轴线平行于流体的来流方向时,这点正好是驻点,因此测压孔感受到的压力就是流场空间点的总压值。而测量静压的探头,其测量孔一般开设在探头侧面的某个位置上,这个位置受到的因探头插入而引起的流场扰动影响最小,在该点所感受到的压力就是流场空间中该点的静压值。通常使用的标准皮托管就是根据这一原理设计的。

10.3.2　测试装置

(1)风筒:测试段,安装测压计。

(2)测压管:由测压探头和传压管组成。对一维流动用普通皮托管代替,如图 10.8 所示;对二、三维流动则要选择三孔探针或五孔探针,见图 10.9。

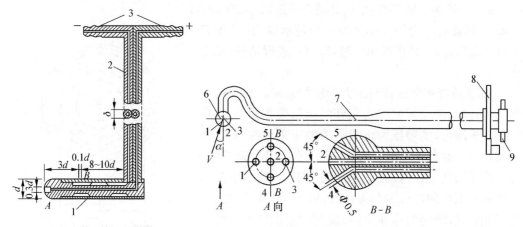

1—量柱;2—传压管;3—管接头

图 10.8　普通皮托管

1、2、3、4、5—测压孔;6—探头;7—支柄;8—方向刻度盘;9—压力接头

图 10.9　五孔球形探针结构示意图

(3)液柱式压力计:根据被测气流的大小可选择 U 形管压力计或倾斜式微压计等。测试装置如图 10.10 所示。

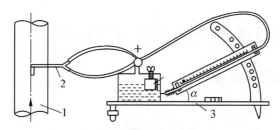

1—风筒(测试段);2—测压管(皮托管或五孔探针);3—测压管(U 形管或倾斜式微压计)

图 10.10　测试装置图

10.3.3 测试步骤

1. 正确选择测点位置。

为保证测定结果的正确性,根据流体力学理论,应将断面选在渐变流区段。对于工业管道,应保证测点断面上游的直管段长度大于 $75D$(D 为管道直径),下游的直管段长度最好大于 $3D$。

根据已选择好的测定管道断面情况确定测点数目,计算出各测点到管道中心的距离,并将每个测点到管道中心的距离换算成到管壁上测量口的距离,然后在皮托管或五孔探针上一一作好记号。其中,对圆形管道,可按下式确定各圆环中测点与管道中心的距离:

$$r_i = \frac{D}{2} \sqrt{\frac{2i-1}{2m}} \tag{10.8}$$

式中 r_i——第 i 个测点到管道中心的距离,mm;

       D——管道内径,mm;

       m——等面积圆环数,根据管道内径选取,见图 10.11。

2. 根据被测压力的大小选择压力显示仪表(U 形管压力计或微压计)。采用微压计时,应首先进行调平、调零操作。

3. 用乳胶管将测压管与压力计联结起来。当采用 U 形管压力计时,测全压时将皮托管的全压端单独与 U 形管一端相连即可,测静压时也只需将静压端单独与 U 形管一端相连。测动压时则需两端同时分别与 U 形管两端相连。当采用微压计时,若被测气流为正压,则当皮托管全压端和静压端同时分别与微压计的"＋"号接口和"－"号接口相连时,测得的为动压;只接"＋"号接口测出的为全压。要测静压时,将皮托管的静压端与微压计的"＋"号接口单独相连。如被测气流为负压,则连接方式与前述相反。

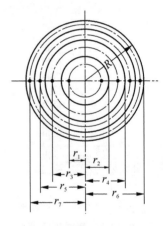

图 10.11 管道测点分布示意图

4. 将调压管插入气流中,使全压口正对气流方向,用棉纱堵塞测孔缝隙以免漏气。逐点进行测量与记录。

5. 改变风筒风门开度,重复步骤 3~4 做 2~3 个测试过程。

10.3.4 测试数据及处理

1. 测试数据

测试数据记录于表 10.2。

表 10.2 测试数据表

风门开度编号	k 值	静压读数/mmH₂O		全压、动压读数/mmH₂O						
				1	2	3	4	5	6	…
1			全压							
			动压							
2			全压							
			动压							
3			全压							
			动压							

2. 计算动压值

$$p_{i,w} = p_{i,0} - p \tag{10.9}$$

式中　$p_{i,0}$——各点全压，Pa；

　　　p——断面静压，Pa。

其下脚标 i 分别取 1，2，3，…

3. 计算断面平均动压

$$p_{cp} = \frac{1}{n}(p_{1,w} + p_{2,w} + \cdots + p_{n,w}) \tag{10.10}$$

思考题

1. 什么是绝对压力、相对压力和真空度？它们之间的关系是怎样的？

2. 液柱式测压计显示出的压力是什么压力？工程上一般为什么多采用相对压力？

3. 当被测气流为负时，怎样将测压管与倾斜式微压计连接才能测出气流的全压、静压和动压？

4. 倾斜式微压计是怎样实现对微小压力的测量的？

5. 将计算的 $p_{i,w}$ 与测定值进行对比，是否有差别？原因何在？

11　传热过程测试技术

11.1　热流量测试技术

热流量是指单位时间内单位面积的传热量。直接测量热流量的变化和热流的分布等即可掌握热工设备或热工过程的热量收支情况，又可利用测量结果校验传热公式的适用范围，还可作为设计新炉子的参考，将测得的热流当作自动控制的基本参数等等。有时还可以利用热流量测试结果间接地知道难以测得的表面温度。

热流量用热流计测定。热流计的种类很多，根据工作原理可以分为以下几类。

（1）热导式　利用导热基本定律——傅利叶定律测定吸热元件所吸收的热流。

（2）辐射式　将通过小圆孔的全部辐射用椭形反射镜聚焦到差动热电偶上，其热电势与接收能量成线性函数关系。

（3）量热式　基于将测热元件吸收的热量传给冷却水，然后计算冷却水带走的热量。

（4）热容式　通过对测热元件在加热过程中温升速度的测量来确定测热元件上所接受的热流量。

根据所测热流的种类又可将热流计分为导热热流、辐射热流、对流热流、全热流等。

热流测量就是测量流过设备某一部分（如壁面）的热量，如一平板，导热系数为 λ，厚度为 δ，面积为 A，则流过该平板的热流为：

$$Q = \frac{\lambda}{\delta} A (t_1 - t_2) \tag{11.1}$$

对于一只已制成的热流计，面积和热阻是确定的，因此只要测得两侧的内外温差，就可求出该壁面上的热流了。

导热式热流计就是利用这一原理制成的。它可直接测出每小时流过某一壁面的热流。显然这比测量温度来换算热量要准确和方便得多。

WY 型热流计就属此类，它的测头是一块平面基片（也可弯曲），其上装有热电偶（多支铜-康铜热电偶）。当一定的热流垂直流过测头时，由于两边的温差产生了热电势并加以线性放大，然后用二次仪表加以测量，于是在仪表上可直接读得热流值。

常用的热流计仅两种型式：平板型（WYP 型）和硅橡胶可挠性型（WYR 型）。既可安装在平面上，也可在曲面形状上进行测量。测量时，既可用石膏、黄油或硅胶液等加以粘贴（WYR 型可用双面胶纸粘贴），也可埋入被测物的内部进行测量。不管何种方式，都要求测头和被测物的表面有良好的接触,否则会产生较大的测量误差。

热流计的测头也可以和其他检测仪表如数字式电压表、自动电位差计等配合使用。

11.2 导热系数测试技术

11.2.1 导热系数

导热系数是反映材料的导热性能的重要参数之一。物理含义是:单位时间内,在单位长度上温度降低 1 度时,单位面积上通过的热量,单位是 W/(m·℃)。不同的材料,导热系数各不相同。对同一材料,导热系数还随温度、压力、物质结构和密度等因素而变化。各种物质的导热系数都是用实验方法测定的。

导热系数是材料导热特性的一个物性指标。精确地测定材料的导热系数,对于合理地利用能源,合理地选用保温材料有着重要意义。

同一种物质固态时导热系数最大,液态次之,气态最小。晶态时的导热系数比非晶态时的导热系数要大得多。

一般来说,密度越小,这些材料所含导热系数小的介质越多,材料的导热系数越小;但密度太小,孔隙尺寸变大,对流换热和辐射换热的作用增强,导热系数反而会增加。

气体的导热系数随温度升高而增大,这是因为气体分子运动的平均速度和比热容均随温度的升高而增大所致。

液体的导热系数随温度升高而下降,这是因为温度升高,液体的密度减少之故,但对于强缔合液体,例如水和甘油等,它们的导热系数随温度的升高而增加。

大多数固体材料的导热系数随温度的变化成直线关系,即:

$$\lambda_t = \lambda_0 \pm bt$$

或
$$\lambda_t = \lambda_0(1 \pm \beta t) \tag{11.2}$$

式中　λ_t——t℃时材料的导热系数,W/(m·℃);

　　　λ_0——0℃时材料的导热系数,W/(m·℃);

　　　t——材料的温度,℃,实际计算中,取材料两端的算术平均温度;

　　　b、β——温度系数。

常用耐火材料、建筑材料和隔热材料的导热系数和温度的关系式列于附录 9 中。某些特殊材料可查阅专门的手册。

11.2.2 圆球法测试散状物料的导热系数

1. 测试原理

待测试样装在两个同心圆球所组成的夹层中。

已知:内球半径 r_1;内球壁面温度 t_{w_1}

外球半径 r_2；外球壁面温度 t_{w_2}

根据傅利叶定律，一维稳定导热时，通过球壁的传热量为：

$$Q = \frac{(t_{w_1} - t_{w_2})}{\frac{1}{4\pi\lambda_{cp}}\left(\frac{1}{r_1} - \frac{1}{r_2}\right)} \tag{11.3}$$

式中 λ_{cp} 为待测试样在 $t_{cp} = \dfrac{t_{w_1} + t_{w_2}}{2}$ 平均温度下的导热系数。

若测知上式中的 Q、t_{w_1} 和 t_{w_2}，即可求得材料在温度 t_{cp} 下的导热系数：

$$\lambda_{cp} = \frac{Q(r_2 - r_1)}{4\pi r_1 r_2 (t_{w_1} - t_{w_2})} \tag{11.4}$$

测定在不同 t_{cp} 下 λ_{cp} 的值，就可以确定材料导热系数随温度变化的关系式 $\lambda = f(t)$。

若在 t_{cp1} 下测得 λ_{cp1}，在 t_{cp2} 下测得 λ_{cp2}，根据 λ_{cp} 与 t_{cp} 之间的线性关系可建立下列方程组：

$$\begin{cases} \lambda_{cp1} = A + Bt_{cp1} \\ \lambda_{cp2} = A + Bt_{cp2} \end{cases} \tag{11.5}$$

求解方程组（11.5）解得：

$$\begin{cases} A = \dfrac{\lambda_{cp1} t_{cp2} - \lambda_{cp2} t_{cp1}}{t_{cp2} - t_{cp1}} \\ B = \dfrac{\lambda_{cp1} - \lambda_{cp2}}{t_{cp1} - t_{cp2}} \end{cases} \tag{11.6}$$

即得导热系数（λ_{cp}）与温度（t_{cp}）的关系式：

$$\lambda_{cp} = A + Bt_{cp} \tag{11.7}$$

如在每个温度下测得导热系数，可根据作图法或最小二乘法求得系数 A 和 B。

2. 测试装置

圆球法实验设备及装置系统示于图 11.1。

实验装置由两个紫铜板制成的同心球壳组成，内球壳中装有电加热器。材料由外球上部的孔装入，电加热器由直流稳压电源供电，在内外球壁分别设置了三只热电偶，热电偶通过点切换开关与电位差计连接，以测得内、外球壁平均温度。

3. 测试步骤

（1）将被测材料置于烘干箱中干燥，然后将其均匀地填充入同心球的夹层之间。

（2）安装测试仪器，注意确保两球体中心线重合。在检查接线等无误后，接通直流稳压电源，使测试仪温度达到稳定状态。

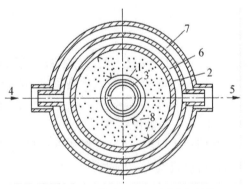

1—内球壳；2—外球壳；3—环形电加热炉；
4、5—恒温水进出口；6—恒温水套；7—保温水套；
8—热电偶

图 11.1 双水套球测试装置

（3）开始测试前，应调整仪表的零点，检查无误后方可进行测量。

（4）每隔 5～10 min 测定一组温度，当温度变化不超过 1℃时，说明仪器已达热稳定状态，即可正式测量并记录数据，连续测量三次。

（5）用玻璃温度计测量热电偶的冷端温度 t_0。

（6）记录直流稳压电源的电压和电流。

（7）调节直流稳压电源的输出电压，选择 3～4 点，作相应测量，以便绘制导热系数随温度变化的曲线。

（8）关闭电源结束实验。

4. 测试数据及数据处理

（1）测试原始数据

所测原始数据见表 11.1。

冷端温度 $t_0＝$ _____℃

内球半径 $r_1＝$ _____ m   外球半径 $r_2＝$ _____ m

电源 $I＝$ _____ A   电压 $U＝$ _____ V

表 11.1　测试数据记录

测 定 项 目		第 1 次	第 2 次	第 3 次	$E(t_0, 0)$ /mV	每组平均温度/℃	内外壁平均温度/℃
内球热电偶热电势 $E(t, t_0)$/mV	1						
	2						
	3						
外球热电偶热电势 $E(t, t_0)$/mV	4						
	5						
	6						

（2）材料导热系数的计算

① 各测点温度计算

根据冷端温度 t_0，可查得冷端热电势 $E(t_0, 0)$，测定数据中各测点的热电势为 $E(t, t_0)$，即可由下式求得 $E(t, 0)$：

$$E(t, 0) = E(t, t_0) + E(t_0, 0) \tag{11.8}$$

再由 $E(t, 0)$ 值可查得测点温度 t_{w1}、t_{w2}。

② 内、外球壁面平均温度计算

先把每组测量数据转换成温度，然后按下式计算平均温度：

$$t_{w1} = \frac{t_{w1}^1 + t_{w1}^2 + t_{w1}^3}{3}$$

$$t_{w2} = \frac{t_{w2}^1 + t_{w2}^2 + t_{w2}^3}{3} \tag{11.9}$$

最后，由三组温度得出内、外球壁面的平均温度。

在第一组给定热量情况下的平均温度再按下式计算:

$$t_{cp1} = \frac{t_{w1} + t_{w2}}{2} \tag{11.10}$$

(3) 电加热发热量的计算

$$\boldsymbol{Q}_1 = IU \tag{11.11}$$

(4) 材料导热系数的计算

$$\lambda_{cp1} = \frac{Q(r_2 - r_1)}{4\pi r_1 r_2 (t_{w1} - t_{w2})} \tag{11.12}$$

得 $$\lambda_{cp1} = A + B t_{cp1} \tag{11.13}$$

同理,电源输出热量改变后,可得:Q_1,Q_2,Q_3,…,t_{cp1},t_{cp2},t_{cp3},…及 λ_{cp1},λ_{cp2},λ_{cp3},…。利用上述数据计算出 A、B 或画出 λ_{cp}-t_{cp} 曲线。

11.2.3　平板导热系数的测定

1. 试验原理

使用 DRP-4W 型导热系数测定仪测定平板的导热系数应用的是一维稳定导热的原理。

试样装在仪器的主加热板和冷板之间,当加热一定时间后,热面的温度 t_1 和冷面的温度 t_2 不再随时间发生变化,其主加热器的热量不能沿护加热板方向传入和传出,而只能沿试样的厚度方向传出,形成一维稳定导热。如果加热板左右两侧均放入待测试样,且试样材料、厚度都相等,则热面和冷面两侧温度均相等,如图 11.2 所示。

由傅利叶定律知:

$$q = -\lambda \frac{\mathrm{d}t}{\mathrm{d}x} \tag{11.14}$$

积分得:

$$q = \frac{\lambda}{\delta}(t_1 - t_2) \tag{11.15}$$

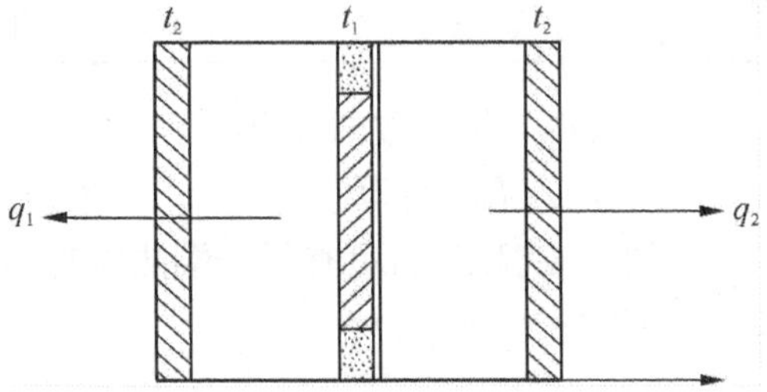

考虑加热板面积,主加热器右侧导出的热量为:

图 11.2　一维稳定导热原理

$$Q_1 = \frac{\lambda}{\delta} A(t_1 - t_2) \tag{11.16}$$

式中　Q_1——主加热器右侧导出的热量,W;

A——主加热器右侧的面积,m^2,本仪器中 $A = 0.0225\ m^2$;

λ——待测试样的导热系数,W/(m·℃);

δ——待测试样的厚度,m。

同理,主加热器左侧导出的热量为:

$$Q_2 = \frac{\lambda}{\delta}A(t_1 - t_2) \tag{11.17}$$

主加热器发出的总热量为：

$$Q = kUI = Q_1 + Q_2 \tag{11.18}$$

则
$$\lambda = \frac{kUI\delta}{2(t_1 - t_2)A} \tag{11.19}$$

式中　　U——主加热器电压，V；

　　　　I——主加热器电流，A；

　　　　k——主加热器效率系数，$k=1$。

2. 测试仪器

DRP-4W 型导热系数测定仪由两部分组成：炉体部分、控制部分。

（1）炉体部分

炉体部分包括：150 mm×150 mm 的圆形主加热板，环形护加热板；带循环水槽的冷板。主加热器和护加热器的加热带，保温用的陶瓷棉，测温用的热电偶。恒温水浴用于控制冷板恒温，转子流量计用以监视两个冷板流量的一致性。

（2）控制部分

控制部分包括：电源部分、放大器、A/D 转换器、单片机、D/A 转换器、主控制器、护温控制器、冷板温控器、键盘、显示器、打印机。

① 主温控器

单片机根据实际温度与设定的温度值之差，用对折算法输出相应数字量到 D/A 中，以控制主温控器中数字稳压电源给出响应电压值，最终达到设定温度值。

② 护温控器

经过放大及 A/D 采样，由单片机用模糊算法给出一数字量，控制护温控器中固体继电器，使护加热板的温度不断跟踪主加热板的温度。经过一段升温过程，主、护加热器的温度不再随时间发生变化时，就是原理所述的稳定导热。

③ 冷板温控器

单片机根据实际冷温与设定值之差，用模糊算法给出数字量，控制冷板温控器中固体继电器，使水浴中水温不断改变（即冷板温度不断改变），最终达到设定值。上述三种实际温度值（即主加热板、护加热板、冷板的实际温度值），均由单片机控制继电器切换放大器的工作，再由单片机控制 A/D 采样后得到。

控制部分原理框图如图 11.3 所示。

3. 测试步骤

（1）打开炉盖，擦净冷热板面，将测试件装入炉体上、下两面（炉体可旋转），盖上炉盖，扣好锁扣，将炉盖上的手柄适当拧紧。

（2）将炉体与主控部分用专用电缆连好。接通 220 V 电源，开启电源开关，此时数字显示器为"000000"，仪器进入输入状态。

（3）分别输入要求被测试件达到的冷温、热温、被测试件厚度及当前日期、时间。

（4）数据输入完毕，按下"启动"键，仪器进入测试状态。

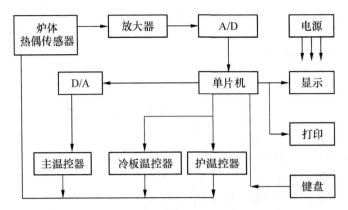

图 11.3　RP‑4W 型导热系数测定仪原理框图

（5）分别调节两个转子流量计的旋钮，使两流量计值大于 70 且一致。

（6）在测试状态下，按下键盘的各功能键，显示器显示相应的内容。

（7）整个测试过程完成后，自动停机并进入输出状态。

（8）进入输出状态后，数字显示器显示导热系数 λ，单位为 W/(m·℃)，打印结果。

4. 试验结果及计算

按测试原理计算待测试样的导热系数。

11.3　对流换热系数测试技术

11.3.1　对流换热及对流换热系数

当固体表面与流过该表面的流体之间存在温度差时，固体表面与流体之间产生的热量交换现象称为对流换热。对流换热过程是硅酸盐工业热工设备中最主要的换热过程之一。由于对流换热一方面依靠流体分子之间的导热作用，同时还受到流体宏观运动的控制，因而影响对流换热的因素很多，主要有五个方面，即流动的动力，流动的速度，流体的热物理性质，壁面的形状、大小和位置及流体在流动中有无相变等。从而使得对流换热过程成为所有换热过程中最复杂的一种，亦使得实验研究成为研究对流换热过程的一个极为重要的手段和解决实际问题的基本途径。

对流换热可分为无相变流体对流换热和有相变（凝结和沸腾）流体对流换热，无相变流体对流换热又可按流动原因分为强制对流换热和自然对流换热。

牛顿在分析研究的基础上提出，对流换热的热流与流体和固体壁面之间的温度差成正比，即：

$$q = \alpha(t_w - t_f) \tag{11.20}$$

或

$$Q = \alpha(t_w - t_f)A \tag{11.21}$$

式中　t_f——流体的温度，℃；

t_w——固体壁面温度,℃;

A——换热面积,m^2;

α——对流换热系数,$W/(m^2 \cdot ℃)$。

对流换热系数是代表对流换热能力大小的参数,它的值等于单位时间内流体和壁面间温度相差1℃时,每单位面积所传递的热量。

影响对流换热的因素,也是影响对流换热系数 α 的主要因素,可用定性的函数形式表示为:

$$\alpha = f(\omega, l, \lambda, \rho, c_p, \mu, \varphi) \tag{11.22}$$

式中 φ——壁面的几何形状因素,包括其形状、位置等;

l——描述壁面大小的几何尺寸。

11.3.2 对流换热系数的求解方法

确定对流换热系数的函数关系式有两条途径:理论解法、实验解法。理论解法是在所建立的边界层对流换热微分方程组的基础上,通过数学分析法、积分近似解法、数值解法和比拟解法求得对流换热系数的表达式或数值。分析解法至今只能解决一些简单的对流换热问题,大部分对流换热问题还无法解决。数值法是一种很有前途的计算方法,但目前只能作预测计算。实验解法通过对流换热微分方程组无量纲化或进行相似转换得出有关的相似准则,在相似原理的指导下建立实验台和整理实验数据,求得各相似准则间的函数关系,再将函数关系推广到与实验现象相似的现象中去。这是一种在理论指导下的实验研究方法。实验法是研究对流换热最早的一种方法,目前仍是研究对流换热的一种主要的和可靠的方法,由此得到的实验关系式仍是传热计算,尤其是工程上传热计算普遍使用的计算式。

11.3.3 自然对流换热系数的测定

自然对流换热是指流体由于各部分温度不均匀而引起的流动,由此引起的对流换热。各种热工设备和管道的热表面向周围空气的对流散热就是典型的自然对流换热。

1. 测试原理

本节内容研究的是受热体(圆管)在大空间中的自然对流换热现象。

由于在一般情况下实验管是以自然对流和热辐射两种方式向外界散热的,自然对流换热量用牛顿冷却定律计算,即:

$$Q_c = \alpha(t_w - t_f)A \tag{11.23}$$

辐射换热量用下式计算:

$$Q_r = \varepsilon c_0 \left[\left(\frac{T_w}{100}\right)^4 - \left(\frac{T_f}{100}\right)^4 \right]A \tag{11.24}$$

故对流换热量 Q_c 应为加热器总加热量 Q 与辐射换热 Q_r 之差,即:

$$Q_c = Q - Q_r$$

$$= IU - \varepsilon c_0 \left[\left(\frac{T_w}{100} \right)^4 - \left(\frac{T_f}{100} \right)^4 \right] A \tag{11.25}$$

式中 Q_c、Q_r——分别为圆管以对流和辐射方式与空气交换的热量,W;

Q——圆管单位时间的放热量,W;

ε——实验管表面辐射率,可从相关手册中根据实验管外表面平均温度 t_w 查得;

c_0——黑体辐射系数,$c_0 = 5.67$ W/(m² · K⁴);

I——电流,A;

U——电压,V。

其他符号同上。

在实验中待整个管子达到热稳定状况后,通过测定在不同加热功率下的各点表面温度,根据牛顿冷却定律,可得到平均局部换热系数。

根据传热学和相似原理理论,当一个受热表面在流体中发生自然对流换热时,包含自然对流换热系数的准数关系式可整理为:

$$Nu = c(GrPr)^n \tag{11.26}$$

式中 Nu——努谢尔特准数,$Nu = \dfrac{al}{\lambda}$;

Gr——葛拉晓夫准数,$Gr = \dfrac{gl^3}{\nu^2} \cdot \beta \Delta t$;

Pr——普朗特准数,$Pr = \dfrac{\nu}{a}$;

a——流体的导温系数,m²/h;

l——物体的特性尺寸,本实验中为管径 d,m;

α——流体(空气)的对流换热系数,W/(m² · ℃);

λ——流体的导热系数,W/(m · ℃);

ν——流体的运动黏度,m²/s;

β——流体的体积膨胀系数,$\beta = 1/T_m$,1/K;

T_m——定性温度,实验中取 $T_m = \dfrac{t_w + t_f}{2} + 273$,℃;

t_w——圆管壁面温度,℃;

t_f——流体温度,℃;

Δt——过余温度,$\Delta t = t_w - t_f$,℃;

c,n——待定实验常数,需根据实验数据用最小二乘法进行确定。

2. 测试装置

测量系统如图 11.4 所示。其中放热管为表面镀铬的紫铜管(或钢管),管内装有电加热器,两端绝热。电加热器与实验管电绝缘。电加热系统由稳压电源、调压器、电流表和电压表组成。测量时,表面温度采用表面温度计测量,空气温度用水银温度计测量。

3. 测试步骤

(1) 正确连接线路并通电加热,使实验管达到稳定导热状态(视放热管尺寸不同,当电

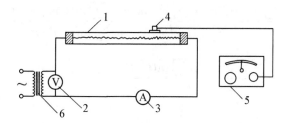

1—放热管；2—电压表；3—电流表；4—表面温度计探头；5—表面温度计；6—稳压调压器

图 11.4　自然对流换热系数测定实验装置图

流为 0.8～1.5 A 时需 1～2 h)。

（2）测定环境空气温度 t_f。

（3）测定管径 d 及管长 l 并计算放热面积 A。

（4）沿实验放热管长度方向选取上、下、前、后均匀分布的四个测点，并测定其壁面温度 t_w 及电流 I、电压 U 值。

（5）每间隔 5～10 min 重测上述四个测点的壁温 t_w，当读数变化小于 2℃ 时即可认为达到稳态，记下数据。

（6）重复（2）～（5）步骤测定其他三根放热管的壁面温度 t_w。

（7）关闭电源结束实验，仪器还原。

4. 测试数据及数据处理

（1）原始数据：见表 11.2。

表 11.2　实验数据记录表

放热管				壁面测点温度				平均壁温 /℃	室温 /℃	加热电源	
放热管编号	管长 /m	管径 /m	放热面积 A /m²	1	2	3	4			电流 /A	电压 /V
1											
2											
3											
4											

（2）计算平均换热系数。

（3）流体物性参数 λ、ν 和 Pr 及放热管辐射率 ε 的获取。

根据定性温度 $t_m = \dfrac{1}{2}(t_w + t_f)$ 由附录 7 查取空气的 λ、ν 和 Pr，根据放热管管材及管壁温度 t_w 由附录 10 查取 ε。

（4）根据实验 α 值、温度测量值及管外径 d 分别计算 Nu、Pr 和 Gr 值，并将有关数据列于表 11.3。

（5）在双对数坐标上标出各实验点，绘制 Nu-$(GrPr)$ 关系曲线。

（6）按最小二乘法计算常数 c，n。

在正常情况下所得 Nu-$(GrPr)$ 实验曲线应为一条直线。则：

$$n = \frac{\sum \ln(GrPr) \cdot \sum \ln Nu - m \sum \ln(GrPr) \cdot \ln Nu}{\left[\sum \ln(GrPr)\right]^2 - m \sum \ln(GrPr)^2} \tag{11.27}$$

$$\ln c = \frac{\sum \ln Nu - n \sum \ln(GrPr)}{m} \tag{11.28}$$

式中 m——测点数。

表 11.3　数据处理记录

放热管编号	热量/W			平均换热系数 /(W·m⁻²·℃⁻¹)	t_m /℃	Δt /℃	λ /(W·m⁻²·℃⁻¹)	ν /m²·s⁻¹	β 1/k	Pr	Gr	Nu
	电加热热量	辐射换热量	对流换热量									
1												
2												
3												
4												

11.3.4　强制对流平均换热系数的测定

流体因受外力如风机、泵的作用而产生的流动称为受迫流动,由此而导致的对流换热称为受迫对流换热或强制对流换热。从严格意义上讲,在强制对流换热中不能排除自然对流换热的成分,但由于强制对流换热较自然对流换热强烈得多,因而在工程实际问题中常以强制对流平均换热系数作为设备换热效率的重要指标,所以测定强制对流换热系数有着实际的工程意义。这里研究空气横掠单管时强制对流平均换热系数。

1. 测试原理

根据流体力学理论,当流体横掠单根圆管流动时,不仅流动边界层会有层流和湍流之分,而且流动会出现分离现象,并在分离点之后可能出现回流,其流动状态同雷诺数 Re 的大小密切相关。雷诺数 Re 越大($Re > 10^5$),流体流动越复杂,在后半周由于流动边界层与管壁产生分离,将出现复杂的涡流。流体横掠单管时产生的这种复杂的圆柱绕流现象将使得在圆管周向上的各点具有不同的局部换热系数,但工程上往往关注管壁与流体间的总换热效果,这时只需知道沿周向的平均换热系数。

当采用空气作为实验介质时,在稳定热流条件下,根据牛顿冷却定律有:

$$\alpha = \frac{Q}{(t_w - t_f)A} \tag{11.29}$$

式中各符号同上。

从相似理论可知:在几何相似和热稳定状态下,强制对流换热的规律可用准数方程式表达:

$$Nu = f(Re, Pr) \tag{11.30}$$

对于空气介质,在温度变化不大的情况下,Pr 可视为常数,则准数关系式可转化为:

$$Nu = f(Re) \tag{11.31}$$

常把实验结果整理成幂函数的形式：

$$Nu = cRe^n \tag{11.32}$$

式中　Nu——努谢尔特准数，$Nu = \dfrac{al}{\lambda}$；

Re——雷诺准数，$Re = \dfrac{\omega d}{\nu}$；

c, n——待定实验常数，需根据实验数据用最小二乘法进行确定。

2. 测试装置

测试装置如图 11.5 所示。

(1) 箱式风洞：由风箱、风机、风门及测试段组成。保证实验中的流动进入湍流工况。

(2) 电源：用硅整流器提供低电压高电流直流电，直接对测试段进行加热。

(3) 试件：四支外径不同、内部绝热、外覆不锈钢薄片的放热管，内壁焊有热电偶。

(4) 流速测量仪表：皮托管、倾斜式微压计。

(5) 温度测试仪表：热电偶冷端(铜-康铜)、分压箱、电位差计、水银温度计。

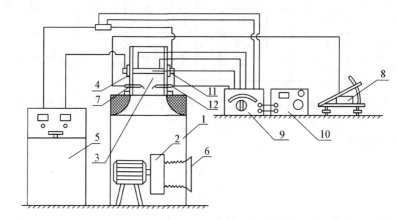

1—风箱；2—风机；3—测试段；4—试件；5—硅整流器；6—风门；7—皮托管；8—倾斜微压计；

9—分压箱；10—电位差计；11—管内热电偶；12—冷端热电偶

图 11.5　强制对流换热平均换热系数测试装置图

3. 测试步骤

(1) 在试验段上安装皮托管，使其开口正迎来流方向，并用胶管与微压计接通。微压计调平、调零。

(2) 接电源于测试段极片，将测定电源电压的导线接于分压箱相应接线柱上。

(3) 将试件插入测试段，冷端热电偶装在与皮托管相对应的位置，用导线实现热电偶冷-热端的串联，以测出温差$(t_w - t_f)$的热电势 $E(t_w, t_f)$。将导线接在分压箱相应接线柱上，电位差计调零。

(4) 关闭风门开启风机，打开风门至 2 或 3 挡，然后通电，调节电流至参考值。热稳定(2~3min)后测定并记录气流动压读数 Δh(Pa)；电压 U_1、电压 U_2、温差热电势 $E(t_w, t_f)$以及气流温度 t_f。

(5) 调节风门,改变流速,重复步骤(4),共测 4 组数据。

(6) 断开电源,片刻后关闭风机,更换放热管,重复步骤(3),(4),(5)。

4. 测试结果及处理

(1) 测试原始数据列于表 11.4 中。

表 11.4 测 试 数 据 表

测试项目		单位	第一组				第二组				第三组				第四组			
放热管尺寸	外径 d	m																
	长度 l	m																
	面积 A	m²																
工况编号			1	2	3	4	1	2	3	4	1	2	3	4	1	2	3	4
气流动压 Δh		Pa																
工作电流	参考值	A																
	实测值	A																
工作电压 U		V																
气流温度 t_f		℃																
温差热电势 E		mV																
壁温热电势 E		mV																

(2) 计算流速、发热量、放热管壁温、温差及平均换热系数,并将计算结果列于表 11.4 中。

① 气流平均速度

$$\omega = \sqrt{\frac{2}{\rho}} \cdot \Delta h \qquad (11.33)$$

式中 ρ ——空气在温度为 t_f 的密度,kg/m³。

② 试件发热量

$$Q = IU \qquad (11.34)$$

其中

$$I = U_2$$
$$U = T \times U_1$$

式中 I ——测试段电流,A;

U ——测试段电压降,V;

U_1 ——测试段电压经分压箱后的电压降,mV;

U_2 ——测试段电流通过标准电阻后的电压降,mV;

T ——分压箱电压倍率。

③ 放热管壁温

壁温热电势

$$E(t_w, 0) = E(t_w, t_f) + E(t_f, 0) \tag{11.35}$$

利用附录 5 中热电偶分度表查出 t_w，再计算过余温度 $(t_w - t_f)$。

④ 计算平均换热系数

用式(11.29)计算。

(3) 用最小二乘法计算 c、n 值，得出准数公式。

计算结果列入表 11.5 中。

参考式(11.27)、(11.28)进行计算。

表 11.5　测试数据处理结果

组　别		第一组				第二组				第三组				第四组			
物理量	单位																
壁温	℃																
过余温度	℃																
气流密度	kg/m³	1	2	3	4	1	2	3	4	1	2	3	4	1	2	3	4
流速	m/s																
定性温度	℃																
导热系数	W/m·℃																
换热系数	W/m²·℃																
运动黏度	m²/s																
发热量	W																
雷诺准数																	
努谢尔特准数																	

11.4　物体表面辐射率测试技术

11.4.1　热辐射及辐射率测试方法

热辐射是以电磁波的形式进行热能传递和交换的一种基本的传热方式。它与对流换热和导热的明显区别在于它是一种非接触式的传热方式。

黑体是辐射能力最大的理想物体表面。通常实际物体表面的光谱辐射力不仅比同温度下黑体表面的光谱辐射力小，而且与波长的关系也没有一定的规律性。

在描述实际物体表面的辐射力时，通常以黑体表面作为基准。引入辐射率的概念，也称为黑度。它是实际物体的辐射力 E 与同温度下黑体的辐射力 E_0 之比。数学表达式为

$$\varepsilon = \frac{E}{E_0} = \frac{\int_0^\infty E_\lambda d\lambda}{\int_0^\infty E_{0\lambda} d\lambda} = \frac{\int_0^\infty E_\lambda d\lambda}{C_0(T/100)^4} \tag{11.36}$$

相应的还有光谱发射率和定向发射率,前者表示实际物体表面光谱辐射力与同温度黑体表面的光谱辐射力之比;后者表示实际物体在空间指定方向上的定向辐射强度与相同温度黑体表面在同一方位的定向辐射强度之比。

因而在研究辐射换热的特性时,参与辐射的各种材料表面的辐射率就成为描述热辐射的一个十分重要的特性参数。

如前所述,辐射率是表征物体辐射特性的一个重要参数,它取决于材料的种类、性质、表面状况和表面温度,以及辐射体系的几何参数和光学性质,如射线波长和方向等。

辐射率的测试方法很多,根据不同的测试原理,把测试辐射率的方法分成三类:卡计法、反射率法(反射计法)和辐射计法。

1. 卡计法

卡计法按热流状态又可分为稳态卡计法和非稳态卡计法。该法的基本原理是把待测试样放入一个四周恒温(室温或负温)且内壁涂黑的真空腔内,给试样加热后,或者在稳定态条件下测定试样的热平衡温度和输入功率,或者在非稳定条件下测定试样的降温曲线。再根据能量守恒定律写出热平衡方程式,求出试样的半球全热辐射率。卡计法的主要优点是,测试准确度高、装置简单、操作方便、测试的温度范围宽(从负温度到 2 000℃以上);主要缺点是:测试周期较长(指稳态法)、试样制备及安装较麻烦。

2. 反射率法

反射率法根据所用不同类型的反射计技术,又可分为热腔反射计、积分球反射计、椭球反射计、抛物面反射计等。该方法的基本原理是把已知强度的能量投射到不透明的待测试样表面,测定由表面反射的能量,根据热力学第一定律和克希霍夫定律 ($\varepsilon_\lambda = 1 - \sigma_\lambda$) 求出单色辐射率,进而再求出法向全辐射率 ε。该方法的主要优点是:能测出单色辐射率和定向辐射率,试样较易制备和安装,测试周期短;缺点是误差来源较多,而且很难对误差进行全面的精确的计算。

3. 辐射计法

辐射计法是建立在以被测物体的辐射和绝对黑体或其他黑度已知物体的辐射相比较的基础上的一种比较法。其基本原理为:在相同的条件下,比较一个辐射吸收面对被测试样和已知辐射率的标准试样热辐射能的大小,从而求出被测试样的辐射率。物体中温法向辐射辐射率的测定装置就是这种方法的一个实际应用。

11.4.2 固体中温法向辐射辐射率的测定

1. 测试原理

由 n 个物体组成的辐射换热系统中,某个物体的净辐射热量等于该物体表面从其他物体表面吸收的热量减去该物体的本身辐射热量。以三个物体表面组成的封闭系统为例。如图 11.6 所示,物体 1 为热源,物体 2 为黑体,物体 3 是待测辐射率的物体(受体)。把三个表面的温度分别记为 T_1、T_2、T_3,并假定它们在表面上是均匀分布的,且有 $T_1 > T_3 > T_2$。

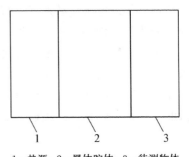

1—热源;2—黑体腔体;3—待测物体

图 11.6 物体法向辐射率测试装置原图

若在实验前对表面 2 和 3 进行处理,使之近似于黑体表面,并考虑到表面 3 远远小于表面 1,忽略表面 1 的有效辐射热流中表面 3 所给予的部分,则可得到净辐射热流:

$$Q_{\text{net},3} = A_3(E_{b1}F_1\phi_{1,3} + E_{b2}F_2\phi_{2,3}) - \varepsilon_3 E_{b3}F_3 \tag{11.37}$$

式中　E_{b1}、E_{b2}、E_{b3}——与物体 1、2、3 温度相同的黑体辐射力;

　　　ε_3、A_3——被测表面 3 的辐射率和反射率;

　　　$\phi_{1,3}$、$\phi_{2,3}$——辐射角系数;

　　　F_1、F_2、F_3——物体 1、2、3 的辐射面积。

因为:$F_1 = F_3$,$\varepsilon_3 = A_3$,$\phi_{32} = \phi_{12}$,

又根据角系数的相对性,即:

$$F_2\phi_{2,3} = F_3\phi_{3,2}$$

式(11.37)可改写为:

$$q_3 = \frac{Q_3}{F_3} = \varepsilon_3(E_{b1}\phi_{1,3} + E_{b2}\phi_{12}) - \varepsilon_3 E_{b3}$$
$$= \varepsilon_3(E_{b1}\phi_{13} + E_{b2}\phi_{12} - E_{b3}) \tag{11.38}$$

另一方面,在热稳定状态下,吸收面 3 吸收的净辐射热流应等于它向温度为 T_2 的环境中散失的热量,即:

$$q_3 = \alpha(T_3 - T_0) \tag{11.39}$$

式中　α——吸收面 3 对环境的对流换热系数;

　　　T_0——环境温度。

由式(11.38)、(11.39)可得:

$$\varepsilon_3 = \frac{\alpha(T_3 - T_0)}{E_{b1}\phi_{13} + E_{b2}\phi_{12} - E_{b3}} \tag{11.40}$$

当 $T_1 = T_2$ 时,$E_{b1} = E_{b2}$,并考虑到物体 1、2、3 构成封闭体系,则:

$$\phi_{13} + \phi_{12} = 1$$

则式(11.40)可写成

$$\varepsilon_3 = \frac{\alpha(T_3 - T_0)}{E_{b1} - E_{b3}} = \frac{\alpha(T_3 - T_0)}{C_0(T_1^4 - T_3^4)} \tag{11.41}$$

式中　C_0——常数,其值为 $5.7 \times 10^{-8} \text{W/(m}^{-2} \cdot \text{K}^4)$。

对不同的待测物体 a、b 有:

$$\varepsilon_a = \frac{\alpha_a(T_{3a} - T_0)}{\sigma(T_{1a}^4 - T_{3a}^4)} \qquad\qquad \varepsilon_b = \frac{\alpha_b(T_{3b} - T_0)}{\sigma(T_{1b}^4 - T_{3b}^4)}$$

设 $\alpha_a = \alpha_b$,则:

$$\frac{\varepsilon_a}{\varepsilon_b} = \frac{(T_{3b} - T_0)(T_{1b}^4 - T_{3b}^4)}{(T_{3a} - T_0)(T_{1a}^4 - T_{3a}^4)} \tag{11.42}$$

设物体 b 为相对黑体,则 $\varepsilon_b = 1$,

待测物体的黑度为：

$$\varepsilon_测 = \frac{\Delta T_测 (T_{1黑}^4 - T_{3黑}^4)}{\Delta T_黑 (T_{1测}^4 - T_{3黑}^4)} \tag{11.43}$$

2. 测试装置

固体中温法向辐射辐射率测量装置如图 11.7 所示。其中热源腔体中有一个测温热电偶，传导腔体有三个热电偶，受体中有一个热电偶。实验中，它们可以通过琴键开关进行切换。

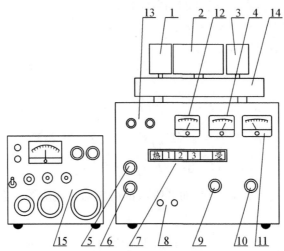

1—热源腔体；2—传导体(黑体腔体)；3—受体腔体；4—热源电加热器电压表；5—电加热器电源开启按钮；
6—电加热器电源关闭按钮；7—测温琴键开关；8—测温接线柱(接电位差计)；9—热源调温旋钮；
10—传导体调温旋钮；11—传导体电加热器电压表；12—电流表；13—信号灯；14—导轨；15—电位差计

图 11.7　固体中温法向辐射辐射率测量系统

3. 测试步骤

(1) 将热源腔体 1 和受体腔体对正靠近黑体腔体 2，但不要接触(保持 1 mm 左右的距离)。

(2) 用导线将中温法向辐射仪上的测量接线柱 8 与电位差计上的"未知"接线柱按"＋"、"－"号连接好。

(3) 按电位差计的使用方法对电位差计进行调零、校准，并选好灵敏度和量程。

(4) 接通电源，按下中温法向辐射仪上的电加热电源开启按钮(绿色)5，此时信号灯亮，表示热源、传导体(黑体腔体)的加热正常。用热源调温旋钮 9 调节到热源电加热器电压表 4 的指示值在 70～80 V；再用传导体的调温旋钮 10 调节到传导体电加热器电压表 11 的指示值在 110～130 V。待温度基本稳定后(一般约需加热 30 min)，用电位差计进行监测(按下测温琴键开关 7 逐点检测)。试验要求热源和传导体的温度应尽可能接近。如果不够接近，可调节调温旋钮 9 和 11，使其逐渐接近。

(5) 在热源和传导体的温度基本接近后，即可进行测量。每隔 10 min 逐次按琴键开关 7 上的按钮，对热源 1、传导体 2 和待测物体(受体)3 的热电势进行巡回测量，并将各次读数记录下来。

(6) 当实验进行到各点的温度前后差值小于 3℃时，即认为整个辐射体系处于稳定状态。这时可以结束实验。

（7）按下红色旋钮 3,停止加热,并关闭电位差计,仪器归位。

4. 测试数据及处理

（1）原始数据:

环境温度 $t_0=$＿＿＿＿℃　　　　　　　受体(标体)黑度 $\varepsilon_S=$＿＿＿＿

（2）数据处理

① 温度计算:见表 11.6、表 11.7。

表 11.6　热电偶实验数据记录表

测 试 号	热源腔体	传 导 腔 体			受 体 腔 体（未知）
		1	2	3	
1					
2					
3					
4					
5					
6					
7					
8					
9					
平均					

测 试 号	热源腔体	传 导 腔 体			受 体 腔 体（标样）
		1	2	3	
1					
2					
3					
4					
5					
6					
7					
8					
9					
平均					

热源腔体温度:　　　　　$T_1 = t_1 + t_0 + 273$　(K)

$T_{1,s} = t_{1,s} + t_0 + 273$　(K)

受体腔体温度:　　　　　$T_3 = t_3 + t_0 + 273$　(K)

$T_{3,s} = t_{3,s} + t_0 + 273$　(K)

受体与环境温差:　　　　$\Delta T = T_3 - t_0$　(K)

$\Delta T_{3,s} = t_{3,s} - t_0$

（2）计算未知受体辐射率 ε

$$\varepsilon = \varepsilon_s \cdot \frac{\Delta T_3 (T_{1,s}^4 - T_{3,s}^4)}{\Delta T_{3,s} (T_1^4 - T_3^4)}$$

表 11.7　热电偶电势转换为温度[①]

测试号	热源腔体 t_1	传导腔体			受体腔体（未知）t_3
		1	2	3	
1					
2					
3					
4					
5					
6					
7					
8					
平均					
测试号	热源腔体 $t_{1,s}$	传导腔体			受体腔体（未知）$t_{3,s}$
		1	2	3	
1					
2					
3					
4					
5					
6					
7					
8					
平均					

① 未做冷端补偿。

思考题

1. 简述金属、非金属、气体材料导热性能差异大的原因。

2. 为什么实验必须在热稳定情况下进行？两种实验仪器是如何实现一维稳定态导热的？

3. DRP - 4W 型导热系数测定仪在测定粉体的导热系数时应注意哪些事项？

4. 努谢尔特准数的物理意义是什么？

5. 对流换热系数是否是物性参数，为什么？

6. 定性温度有几种选取方法？是否直接选 t_w 或 t_f 作定性温度？

7. 测试辐射率的原理是什么？

8. 热辐射与其他形式的电磁辐射有何区别？

12 硅酸盐工业窑炉热平衡测量

12.1 硅酸盐工业窑炉热平衡测量的目的和意义

　　硅酸盐工业窑炉是硅酸盐工厂的"心脏",产品产量的高低、质量的好坏主要取决于这一设备是否正常工作。同时,窑炉在生产过程中需要消耗大量的热量,硅酸盐工厂能耗的高低也取决于窑炉及其与之密切配合的整个热工、工艺系统运行的正常与否。因此,对窑炉开展热平衡测量工作是企业实行科学管理的重要环节。

　　通过对窑炉系统的热平衡测量可达到下列目的。

　　(1) 对热工过程的工艺技术指标、操作参数和窑炉的热效率进行全面的检查和衡量,准确掌握窑炉内热能分布、热能利用和热工状况,并找出窑炉系统的薄弱环节,为改进热工、工艺过程,确定最佳操作方案,调节操作参数提供科学依据,使产品的技术经济指标提高到一个新的水平。

　　(2) 评价采用新工艺、新技术的实际效果,为新工艺、新技术实际应用后的改进和新型窑炉系统的设计提供依据。

　　(3) 根据综合分析测定结果,比较同类窑型的技术经济指标,了解存在的差距,制定改进措施,也为生产过程自动化监测控制提供依据。

　　(4) 为全面、系统掌握窑炉及其配套设备的生产、使用状况而建立的技术档案提供可靠技术资料,也对工厂的改造、发展等提供必要的参考数据等。

　　因此,对窑炉进行热平衡测量,是企业一项必不可少的工作。作为从事硅酸盐材料生产和管理的工程技术人员,应当熟悉并掌握热平衡测量技术。

12.2 硅酸盐工业窑炉热平衡测量的要求

　　硅酸盐工业窑炉热平衡测量要求,应按国家标准进行,在国家标准允许范围内根据各工厂的实际情况选用测量仪器、测量方法和计算方法。

　　根据各工厂生产工艺特点和具体情况,一般在下列情况下可确定对窑炉的相关热工环节进行综合或单项热平衡测定:

　　(1) 新窑投产后技术经济指标达不到设计要求;

(2) 窑炉系统采用新技术、新工艺、新设备及新材料前后;

(3) 窑炉长期工作不正常,热工制度不稳定;

(4) 窑炉长期工作正常,高产、优质、低消耗成效突出。

12.3 硅酸盐窑炉热平衡测量的主要内容

根据不同窑型和烧成工艺特点,在确定的热平衡范围内对下列热工参数或其他必须确定的工艺参数进行测定和计算。

12.3.1 有关流体参数的测定

1. 窑外环境大气参数

窑外环境大气参数主要包括:大气压力,环境风速、风向,空气湿度、温度等。

2. 窑系统内气体参数

窑系统内气体参数主要包括:入窑(包括各处漏入)空气量及其湿度、温度;窑内(包括窑炉系统相关设备)废气流速、废气量、废气温度、压力、湿含量、废气成分和废气中含尘量等;排出窑系统外的废气量、废气温度、湿含量、废气成分和废气中含尘量等。

3. 窑系统用水参数

窑炉冷却用水量、水温、水分蒸发量,以及相关设备冷却循环用水量等。

12.3.2 有关物料和燃料参数的测量

(1) 入窑物料:物料量、水分、温度、成分和细度及相关物理性能等。

(2) 窑内物料:窑内各部位物料的温度、成分等。

(3) 出窑物料:出窑物料量、物料温度、化学成分,回收物料量、化学成分和飞灰量等。

(4) 入窑燃料:入窑燃料的化学成分(工业分析)、温度、水分、发热量、质量(流量)及煤灰化学成分等。

12.3.3 其他参数的测定

其他参数主要包括:窑系统设备的表面积、表面温度;必要时还需测定窑内燃料燃烧形成的火焰温度和测定周期内窑炉生产系统的电能消耗等。

12.3.4 计算及分析

完成参数测定后,还需根据所测参数进行以下内容的计算工作:窑系统物料平衡和热平衡计算,窑系统综合能耗、窑的热效率计算;冷却设备的热平衡与热效率计算等。

然后汇总所有测量资料、生产技术资料等,进行窑系统的热工综合分析,在一定范围内对窑系统的生产情况、热工状态给出确切的评价,并针对存在的问题提出技术改进措施和建议。

12.4　硅酸盐工业窑炉热平衡测量的步骤

硅酸盐工业窑炉的种类很多,在热平衡测量中,测定项目和测点位置对不同的窑是不一样的。但是热平衡测量方案的制定过程、测量仪表、测量方法和计算方法是类似的。

12.4.1　选择热平衡的对象

根据节能工作的要求和企业具体情况,选择热平衡的对象,首先应选节能潜力大、能耗多的设备作为热平衡对象。

12.4.2　明确热平衡体系

热平衡体系即热平衡所要研究的范围,可用热平衡图来表示,并逐项标出收入、支出、损耗和重复利用的能量,不发生漏计、重计和错计。

12.4.3　进行热平衡测试

根据热平衡的目的,制定测试方案,选择测点、安装仪表,进行预测和测试,注意测试的工况一定要具有代表性,测试要在稳定工况下进行,并且持续一定的时间,如水泥窑的热平衡测量一般要求持续时间不少于 6～8 h。

12.4.4　数据整理

对各测点所测得的数据进行单项计算,并进行物料平衡和热平衡计算,编制物料平衡、热平衡表。一般能量平衡计算时的基准和规定为:

(1) 基准温度。原则上以环境温度(如外界空气温度)为基准。

(2) 燃料发热量。原则上以燃料收到基低位发热量为基准。

(3) 燃烧用空气。原则上采用空气组成按体积分数,O_2 占 21%,N_2 占 79%;按质量分数,O_2 占 23.2%,N_2 占 76.8%。

(4) 标准燃料。为了便于对各种燃料消耗量进行统一计算和比较,将各种燃料按规定数值进行折算,1 kg 标准煤低位发热量为 29 270 kJ/kg,1 kg 标准油或 1 m^3 标准气的低位发热量为 41 820 kJ/kg。

（5）热平衡表：热平衡内容和结果按项列入热平衡表12.1。

表 12.1　热 平 衡 表

序号	收 入 热 量			支 出 热 量		
	项目	数值 /(kJ/kg)	占收入热量百分数/%	项目	数值 /(kJ/kg)	占支出热量百分数/%
	合计			合计		

12.4.5　计算各项技术经济指标

技术经济指标包括产量、热耗、煤耗、料耗、窑的单位面积和单位容积产量等。

12.4.6　综合指标

根据热平衡计算结果，对各项技术经济指标进行对比分析，研究能量损失的原因，找出提高产量、降低消耗的措施和技术改造方案。

12.5　热平衡测量的组织

硅酸盐工业窑炉热平衡测量是一项比较复杂、细致且科学性较强的工作，需要很多人协同工作。因此，为了保证热平衡测量能够顺利地进行，并取得较准确的数据，得出科学的结论，必须有组织、有计划、有准备地进行。

12.5.1　热工测量的计划

全面的热工测量计划书应包括如下内容：

（1）测量的目的。

（2）测量设备的情况调查。它包括设备规格和性能，平时运转情况和主要技术参数的大致范围。

（3）热平衡系统的选定和需要计算的技术经济指标等。

热平衡系统的选定，首先要符合测定的目的，所要测定的设备应包括在所选的系统之内，其次应使选定系统界面处的各测量项目易于测得和测准，并且使与测量目的无关的且不易于测准的项目尽量划在系统之外，根据需要和便于测定及计算，也可将所测定的范围划分为几个系统进行测定。

(4) 测量的项目、取样点选定和各测量项目的具体测量方法。

热平衡系统确定以后,根据工艺流程、热平衡收支项目和需要考核的技术经济指标等确定测量项目,选定测点,测点具体开孔位置要根据现场实际情况,并应使测量参数有代表性,又要测量方便。对流量和含尘量等测量还要注意避免涡流等。

(5) 测量所需要的仪器、规格和数量。

(6) 测量总负责人,各测量项目的负责人,数据汇总和热工计算负责人。

(7) 测量前必须完成的准备工作。

(8) 其他。

12.5.2 热工测量的准备工作

为了保证测量的顺利进行并获得可靠的测定结果,必须在测定前做好充分准备,准备工作包括以下几个方面。

1. 思想准备

参加测量的人员应明确测量的目的意义,树立全局观点,加强组织性和纪律性,服从统一指挥,必须认识到每个单项测量数据的正确与否对整个测量都有影响,各个测点无论简单或复杂都是整个测量的重要组成部分,若一个数据发生差错,会直接影响整个系统数据的处理。因此,参加测试的每一个人员务必严肃、认真地进行测试工作。

2. 组织准备

建立测量的指挥领导小组,明确总负责人,统一指挥安排有关事宜,使测量工作能有计划、有步骤地进行。

按测量项目和测定点进行人员分工,分工要具体,每个人对所负责项目的测量目的、方法和要求应有充分了解。

3. 物质准备

测量前,对工厂的生产流程、技术现状和主要经济技术指标等要有一定程度的了解,以便于对比。

测量仪器要齐全,测试人员必须熟悉仪器性能并能熟练地进行操作,测量前应逐一进行检查,对某些仪表,如热电偶、皮托管、风速计和流量计等要进行校验,对一些物料量的计量设备要预先进行标定。

各取样孔、测量孔均需预先按要求位置、尺寸开好,已有的孔要进行清理,某些测点还要搭好操作平台或放置仪器的架子等。

测量前要做好空白记录表格,项目要齐全,以免临时遗漏。

测量前,设备要有相当一段时间处于正常运转状态下。

4. 预测

各项准备工作就绪后就可以进行预测,某些难度较大的项目要先单独预测,最后在统一指挥下再进行全面预测。熟悉测量内容,进一步检查仪器灵敏度,练习相互协调配合,并检查有无漏项,经过两、三次预测,如果一切均正常就可正式测量。正式测量时应连续进行,并应尽量保持操作制度稳定。

12.5.3 热工测量数据的汇总工作

测量按计划结束、数据收齐后,需要加以汇总:

(1) 根据测量的原理和方法,逐项检查数据是否完全,单位是否正确。

(2) 检查是否有测量情况异常、无代表性的数据,如有,必须争取及早补做。

(3) 根据分析有明显矛盾、不合理的数据,要研究决定重做测量。

(4) 对同一测点进行多次测量,然后求其平均值。

(5) 数据取舍,还应参考非测量时间内所积累的数据。

(6) 最后须列出清晰的数据汇总表,供热工计算用。

12.5.4 热工计算的程序

根据数据汇总表,进行物料平衡热平衡计算:

(1) 画出物料平衡热平衡图,列出收支项目。

(2) 确定热工计算基准。

(3) 逐项计算收入和支出的物料量和热量。

(4) 通过热平衡计算热耗量与实际值对照。

(5) 列出热平衡表,计算各项热工技术指标。

(6) 在热工计算的基础上,结合具体情况,从热工过程、热量分配及主要经济技术指标等方面进行综合分析,并提出改进生产的具体措施。

12.5.5 热工测量报告的内容

完整的热工测量报告应包括以下几方面的内容:

(1) 测量的任务、内容及要求。

(2) 测点布置图及所用仪器仪表、计量装置等。

(3) 数据汇总表　系统设备概况和热工测量数据汇总表。

(4) 热工计算　包括单项计算及系统物料平衡、热平衡计算等。

(5) 综合分析意见　对窑炉系统生产状态的评价和分析、改进意见。

12.6 硅酸盐工业窑炉热平衡测量方案

12.6.1 燃油(气)玻璃池窑热平衡测量方案

(1) 热平衡体系　燃油(气)玻璃池窑热平衡体系包括熔化部、冷却部、成型部、小炉、蓄热室(换热器)及部分烟道,以窑体的外表面和物料进、出窑体的界面作为体系与外界的分界面,其热平衡方框图见图 12.1,图 12.1 中的符号含义见热平衡表 12.4。

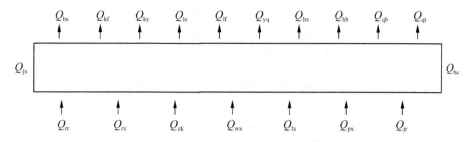

图 12.1 燃油(气)玻璃池窑热平衡框图

(2) 热平衡测量方案(项目、方法),见表 12.2。

表 12.2 玻璃池窑热平衡测量方案

测量项目	测量参数	测定方法
1 燃料	成 分	重油成分(C、H、O、N、S、A、W)由燃料供应部门提供,密度和水分含量可在进窑端的管路上取样,由厂化验室测定,密度的测定方法按国标进行; 气体燃料成分(CO、H₂、CH₄、CₙHₘ、O₂、H₂、CO₂)在进窑端取样后用奥氏气体分析仪测定,气体燃料中的水分、焦油含量按有关方法测定,取三次平均值
	低位发热量	燃料的低位发热量可用专门的热量计测定,也可根据燃料成分计算
	温 度	重油、冷煤气在进入体系的入口处用温度计测量,热煤气用热电偶或热电阻温度计测量
	流 量	重油用量用容积式流量计测量,并根据油温、密度换算成质量流量;煤气流量用 S 型皮托管测量,至少测三次,取平均值或用煤气流量表计量
2 助燃空气	温 度	用水银温度计在助燃空气入体系的界面处测量
	流 量	用皮托管或热球风速仪在助燃空气入体系的界面处测量
3 冷却风	温 度	吹向窑体前的温度用水银温度计在风管喷出口内侧测量,取几点的平均温度; 吹向窑体后返风的温度用带遮蔽罩的水银温度计测量,取几点的平均温度
	流 量	在总风管上用皮托管或热球风速仪测量
4 配合料	温 度	用水银温度计在投料机出口测量料层温度
	用 量	统计每班上料次数,折算为每天投料量,取测定期间平均值
	含水率	投料机出口取样分析
	碎玻璃含量	从配料单上粉料与碎玻璃比计算或碎玻璃称量记录
	成 分	各种粉料的化学成分由厂化验室提供
5 玻璃液	温 度	在出体系处用热电偶测量,至少测三点,取平均温度,或用红外辐射仪测量
	产 量	根据实测的玻璃液出料量得出,当根据料量计算有困难时,也可根据投料量计算

测定项目	测量参数		测 定 方 法
6	烟气	温度	出体系温度	对蓄热式窑,在烟气出体系界面处分上、中、下三点,分别用抽气热电偶或热电偶连续测量一个换向周期,先求得各点在一个换向周期内烟气的平均温度,然后再求三个平均温度的平均值; 对换热式窑,在出换热器后烟气出体系的界面处,分不同部位,测三点的温度,求平均值
			计算流量温度	对蓄热式窑,测定方法同上,只是求平均值时,取的是测流量时间内通过烟气的平均温度; 对换热式窑,与出体系烟气温度相同
		流量静压		在烟道内烟气出体系界面处用皮托管与微压计测量,至少测三次,取平均值; 在测量困难时,可用计算方法(按烟气成分计算)
		成分		用球胆或取样瓶在烟道内取样,用奥氏气体分析仪测量
		含水率		在烟道内烟气出体系界面处,取样分析
7	表面散热量	表面温度		根据窑的结构、各部位所处的环境,将窑的外表面分成大炉碹顶、胸墙、池壁、池底、流液洞、小炉碹顶、小炉侧墙、小炉底、蓄热室顶、蓄热室墙、换热器表面、烟道等不同表面区域,然后根据区域面积的大小和表面温度的差异,再在每个区域内分别确定几个或几十个测点,用表面温度计或红外辐射仪测量各测点表面温度
		表面散热量		根据表面温度计算各个测点的表面散热量,或用热流计直接测表面散热量
		表面积		根据设计图纸计算或实测
8	孔口辐射散热量	辐射温度		孔口内温度用红外辐射高温计或光学高温计测量
		孔口面积		用直尺测量或查图纸计算
9	孔口溢流气体	温度		用热电偶测量
		流量		用微压计测量孔口内外静压差后计算
10	冷却水	温度		进出口温度用水银温度计或热电阻温度计测量
		流量		用盛器、秒表、尺测量,然后计算质量流量,或水表计量
11	雾化介质(压缩空气)	温度		用水银温度计或热电阻温度计测量
		流量		流量用带有温度、压力补偿的孔板或其他等同效果的流量计测量,无法测量时可取设计值5%
12	余热汽包	进水温度		用水银温度计测量
		进水量		用水表、涡轮流量计或贮水罐液面变化计量
		蒸气压力		压力表测量
		蒸气含湿量		炉水、蒸气取样分析

测定项目	测量参数	测　定　方　法
13　环境温度	温　度	对各个不同的表面区域,分别取区域附近的最低空气温度作为该区域的环境温度,用带遮蔽罩的水银温度计测量
14　大气压	压　力	用大气压力表测量,或采用当地气象部门周期测量的数据

（3）物料平衡与热平衡。

① 物料平衡表,见表 12.3。

表 12.3　燃油（气）玻璃池窑物料平衡表

收入物料量/kg·h⁻¹			支出物料/kg·h⁻¹		
1	燃料量 m_{rr}		1	烟　气 m_{yq}	
2	助燃空气 m_{zk}		2	玻璃液 m_{bc}	
3	配合料 m_{px}		3	溢流气体量 m_{yi}	
4	雾化介质 m_{wk}		4	其他 m_{qt}	
5	漏入空气 m_{lk}				
合计	收入物料总量 m_{sr}		合计	支出物料总量 m_{zcr}	

② 热平衡表,见表 12.4。

表 12.4　燃油（气）玻璃池窑热平衡表

收入热量/kJ·h⁻¹				支出热量/kJ·h⁻¹			
序号	项　目	数值	百分比/%	序号	项　目	数值	百分比/%
1	燃料燃烧热 Q_{rr}			1	玻璃液带出热 Q_{bc}		
2	燃料显热 Q_{rx}			2	池窑表面散热 Q_{bs}		
3	助燃空气显热 Q_{zk}			3	孔口辐射散热 Q_{kf}		
4	雾化介质显热 Q_{wx}			4	孔口溢流气体显热 Q_{ky}		
5	漏入空气显热 Q_{lx}			5	冷却水带出热 Q_{ls}		
6	配合料显热 Q_{px}			6	冷却风带出热 Q_{lf}		
7	焦油燃烧热 Q_{jr}			7	烟气显热 Q_{yq}		
8	焦油显热 Q_{jx}			8	换向热损失 Q_{hx}		
				9	燃料化学不完全燃烧损失 Q_{qb}		
				10	汽包耗热 Q_{qb}		
				11	其他热损失 Q_{qt}		
合计	收入总热量 Q_{sr}			合计	支出总热量 Q_{zc}		

12.6.2　陶瓷工业隧道窑热平衡测量方案

1. 热平衡体系

陶瓷工业隧道窑热平衡体系的划分：窑体以外表面为界，窑底部（包括车下坑道在内）以地平面为界，界线以外部分（如干燥器等）均不在体系之内，其热平衡方框图如图 12.2 所示。

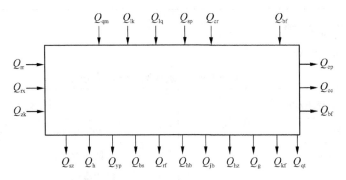

图 12.2　陶瓷工业隧道窑热平衡框图

图 12.2 中的符号含义见热平衡表 12.7。

2. 热平衡测定方案（项目、方法）

热平衡测定方案见表 12.5。

表 12.5　陶瓷隧道窑热平衡测试方案

测定项目	参　数	测定时间	测点选择	测定方法
	1. 燃料入窑的温度 t_r，℃	对油、气全周期记录；对煤 2~4 h 测一次	燃油或燃气应在入窑前管路上测定；燃煤应在各火箱前的各煤堆进行测定	使用电阻温度计和玻璃温度计测量，取平均值
温　度	2. 周围空气温度 t_k，℃		于空气流通处且不受窑温影响的地方	使用电阻温度计和玻璃温度计测量，取平均值
	3. 助燃空气入窑的温度 t_{zk}，℃			
	4. 漏入空气的温度 t_{lk}，℃			
	5. 雾化空气入窑的温度 t_{wk}，℃	每隔 2~4 h 测一次	雾化风管道测动压截面的中心取点	
	6. 气幕入窑的温度 t_{qm}，℃		气幕管道测动压截面的中心取点	
	7. 冷却空气入窑的温度 t_{lq}，℃		冷风管道测动压截面的中心取点	
	8. 离窑烟气的温度 t_{yq}，℃		烟气管道测动压截面的中心取点	
	9. 抽出热风的温度 t_{rf}，℃		抽热风管道测动压截面的中心取点	

测定项目	参 数	测定时间	测点选择	测定方法
温 度	10. 湿坯体入窑的温度 t_{sp}，℃		窑车最上层和中部的边角处取样	使用热电阻温度计、表面温度计或点温计测量，取平均值
	11. 产品出窑的温度 t_{cp}，℃		窑车前、后、左、右及中部取钵内制品	
	12. 窑车金属入窑的温度 t_j，℃	每隔 2～4 h 测一次，出窑时迅速测定	窑车金属部分测前后及轮三点	
	13. 窑车金属出窑的温度 t_{jc}，℃			
	14. 窑车耐火衬砖入窑的温度 t_{nr}，℃	每隔 2～4 h 测一次，出窑时迅速测定	窑车砖表面取四角四个点以及四周各面中心四个点	使用热电阻温度计、表面温度计或点温计测量，取平均值
	15. 窑车耐火衬砖出窑的温度 t_{nc}，℃			
	16. 匣钵入窑的温度 t_{br}，℃		窑车前、后、左、右及中部柱体，取钵内、外的平均温度	
	17. 匣钵出窑的温度 t_{bc}，℃		窑车前、后、左、右及中部柱体取点	
	18. 辅助材料入窑的温度 t_{fr}，℃			
	19. 辅助材料出窑的温度 t_{fc}，℃			同上
	20. 产品最高烧成温度 t_{sc}，℃	全周期	选三个代表性窑车做测温车，在每个车的同一断面上按上、中、下、左、中、右九点放入匣钵内 9 个测温锥组	使用标准 SK 三角测温锥，选择合适锥号，每组 3 个，按标准插入泥座，测取平均值
	21. 灰渣的平均温度 t_{hz}，℃	于灰渣离窑前测定	在运灰渣的车上测定	使用镍铬-镍硅热电偶和电子电位差计测取平均值
	22. 窑顶表面平均温度 t_{di}，℃	测试开始时进行	先用点温计或表面温度计沿窑长方向找出表面温度改变相近区定为一个测区，在测区内，窑墙选定上、中、下若干测点；窑顶选择左、中、右若干测点	使用表面温度计或点温计测量，取其平均温度作为各个测区的温度
	23. 窑墙表面平均温度 t_{qi}，℃			

测定项目	参　　数		测定时间	测点选择	测定方法
温度	24. 炉膛内的温度 t_{ti}，℃		每隔2～4 h测一次	炉口及各个孔洞处	使用铂铑-铂热电偶和电子电位差计测定
	25. 入炉水的温度 t_s，℃		每隔2～4 h测一次	在余热锅炉入炉前和出炉后的管道上进行测定	使用玻璃温度计或点温计
	26. 出炉蒸气的温度 t_q，℃				
热流	1. 窑顶表面平均热流密度 q_d，W/m²		测试开始时进行	用点温计找出表面温度改变相近区为一个测区,将窑墙测点的表面积灰清除,粘贴热流计测头;窑顶可采用预埋的方式安装热流计测头	使用热流计测得各点的热流密度,然后取其平均值为各个测区的平均热流密度
	2. 窑墙表面平均热流密度 q_q，W/m²				
气流	冷却空气	测点处管道截面积 F_{lq}，m²	测试前	风管直管部位($>$ 3D)处选面	钢卷尺测量后计算
		动压 p_{lq}，Pa	每隔4 h测一次	在所测截面处按等面积圆环法确定测点数	皮托管和补偿式微压计或倾斜式压力计
		流速 ω_{lq}，m/s			热球风速仪测量
	气流	测点处管道截面积 F_{qm}，m²	测试前	风管直管部位($>$ 3D)处选面	钢卷尺测量后计算
		动压 p_{qm}，Pa	每隔4 h测一次	在所测截面处按等面积圆环法确定测点数	皮托管和补偿式微压计或倾斜式压力计
		流速 ω_{qm}，m/s			热球风速仪测量
	雾化空气	测点处管道截面积 F_{wk}，m²	测试前	风管直管部位($>$ 3D)处选面	钢卷尺测量后计算
		动压 p_{wk}，Pa	每隔4 h测一次	在所测截面处按等面积圆环法确定测点数	皮托管和补偿式微压计或倾斜式压力计
		流速 ω_{wk}，m/s			热球风速仪测量
	热风	测点处管道截面积 F_{rf}，m²	测试前	风管直管部位($>$ 3D)处选面	钢卷尺测量后计算
		动压 p_{rf}，Pa	每隔4 h测一次	在所测截面处按等面积圆环法确定测点数	皮托管和补偿式微压计或倾斜式压力计
		流速 ω_{rf}，m/s			高速风速计测量

测定项目	参　　数		测定时间	测点选择	测定方法
气　流	烟气	测点处管道截面积 F_{yq}，m^2	测试前	风管直管部位($>$ 3D)处选面	钢卷尺测量后计算
		动压 p_{yq}，Pa	每隔4 h测一次	在所测截面处按等面积圆环法确定测点数	皮托管和补偿式微压计或倾斜式压力计
		流速 ω_{yq}，m/s			高速风速计测量
质　量	1. 燃料的消耗量 m_r，kg/kg 产品		全周期	油、气燃料应在入窑前管路上测定；煤应在各火箱前的各煤堆进行测定	油用椭圆齿轮流量计测，燃气用流量表测；煤于炉前称量，由全周期换算得到
	2. 窑车金属的质量 m_j，kg/kg 产品		测试前	选用代表性窑车	用校正过的磅秤实际称量金属件及衬砖的质量，由全周期换算得到
	3. 窑车耐火衬砖的质量 m_n，kg/kg 产品				
	4. 匣钵的质量 m_b，kg/kg 产品			匣钵入窑处	记录各个窑车的匣钵数、单重及其类型后计算
	5. 辅助材料的质量 m_f，kg/kg 产品				实际称量各个窑车上的装入量
	6. 灰渣的质量 m_{hz}，kg/kg 产品		全周期	在各火箱的灰坑	用校正过的磅秤直接称出灰渣的排出量，由全周期换算得到；或根据燃料的消耗量、煤中灰分的百分含量及灰渣中的含碳率计算得到
	7. 余热锅炉水的蒸发量 m_s，kg/kg 产品		全周期	进水总管	测试全周期用量取平均值，一般用转子流量计测
气体分析	1. 燃烧产物组成，%		每隔2～4 h测一次	预热带和烧成带交界处的窑道内以及在各燃烧室分别取样	气体取样后用奥氏气体分析仪分析，取平均值
	2. 烟气组成，%			汇总烟道断面中部取样	

测定项目	参　数	测定时间	测点选择	测　定　方　法
其他	1. 燃料的低位发热量 Q_{net}，kJ/kg 燃料或 kJ/m³ 燃料	在测定周期内择时进行取样	对油、气燃料应在入窑前管路中利用旁通管路取样；对煤应在火箱附近的煤堆取样	燃料的低位发热量可用专门的热量计测定，也可以根据燃料的组成计算；气体燃料用奥氏气体分析仪作煤气全分析后计算；煤做元素分析或工业分析后计算
	2. 湿坯体入窑的平均含水率 W_{sp}，%	每隔 4 h 测一次	窑车中层边角处取样	取测温之坯体置于已知恒重的称量瓶中，用感量为 0.001 g 的天平称量，求出湿坯的质量 m_1，再在烘箱中于 105℃烘干至恒重，称得干坯质量 m_2，即可算出含水率
	3. 坯体的化学组成，%			取做完含水率的样品进行化学分析
	4. 煤中灰分的百分含量，%		火箱前煤堆取样	按国家标准测量
	5. 燃料的含水率，%	每隔 4 h 测一次	火箱前煤堆取样	按国家标准测量
	6. 灰渣中的含碳率，%		在离窑前的灰渣中取样	
	7. 余热锅炉的工作压力 p_g，Pa	全周期	进水总管	一般用工业单圈弹簧管压力表取全周期的平均值

3. 物料平衡与热平衡

① 物料平衡见表 12.6。

表 12.6　陶瓷工业隧道窑物料平衡表

序号	收　入　物　料		支　出　物　料	
	项　目	kg/kg 产品	项　目	kg/kg 产品
1	湿坯体入窑质量 m_{sp}		坯体中自由水质量 m_{zs}	
2			干坯入窑质量 m_{gp}	
3			坯体烧失减量 m_{sf}	
4			坯体中结构水质量 m_{fs}	

② 热量平衡见表 12.7。

表 12.7 陶瓷工业隧道窑热平衡表

序号	热收入 Q_{sr}			热支出 Q_{zc}		
	项 目	kJ/kg 产品	%	项 目	kJ/kg 产品	%
1	燃料燃烧的化学热 Q_{rr}			产品带出的显热 Q_{cp}		
2	燃料带入的显热 Q_{rx}			坯体水分蒸发和加热水蒸气耗热 Q_{sz}		
3	助燃空气带入的显热 Q_{zk}			坯体焙烧过程物理化学反应耗热 Q_h		
4	气幕带入的显热 Q_{qm}			窑车带出的显热 Q_{cc}		
5	预热带漏入空气带入的显热 Q_{lk}			匣钵及辅助材料带出的显热 Q_{bf}^c		
6	冷却空气带入的显热 Q_{lq}			烟气带走的显热 Q_{yp}		
7	湿坯体带入的显热 Q_{sp}			窑体表面散热损失 Q_{bs}		
8	窑车带入的显热 Q_{cr}			抽热风带走的显热 Q_{rf}		
9	匣钵及辅助材料带入的显热 Q_{bf}			化学不完全燃烧热损失 Q_{hb}		
10				机械不完全燃烧热损失 Q_{jb}		
11				灰渣带走的显热 Q_{hz}		
12				余热锅炉水蒸发吸热 Q_g		
13				炉口及其孔洞的辐射热损失 Q_{kf}		
14				其他热损失 Q_{qt}		
15	合计			合计		

12.6.3 水泥回转窑热平衡测量方案

1. 热平衡体系

水泥回转窑热平衡体系的划分,是从冷却机熟料出口到预热器废气出口(即包括冷却机、回转窑、分解炉和预热器系统),并考虑了窑灰回窑和燃料制备与窑按闭路循环操作的情况。以系统的外表面和物料进、出系统的界面作为体系与外界的分界面,其热平衡方框图见图 12.3 所示。

图 12.3 中符号含义见水泥回转窑热平衡表 12.10。

2. 热平衡测量方案(项目、方法)

热平衡测量方案见表 12.8。

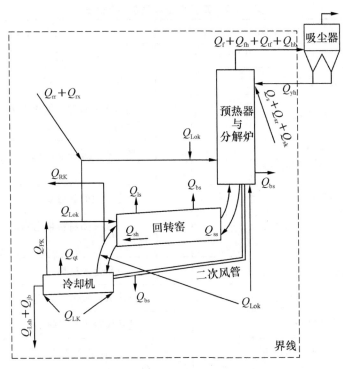

图 12.3 水泥回转窑热平衡框图

表 12.8 水泥回转窑热平衡测量方案

序 号	测点位置	测量项目	测量仪表及用具
1	熟料输送机	熟料产量、化学全分析、物理强度	磅秤、取样桶等
2	冷却机出口	熟料温度	红外测温仪（200℃）或半导体点温计
3	冷却机烟囱	排出废气量、温度、静压、含尘量	防堵皮托管、微压计、200℃温度计、含尘测定仪
4	冷却机鼓风管道（高、中压风）	进风量、静压、风温	皮托管、微压计、100℃温度计
5	窑和冷却机漏风点	漏风量、风温、面积	风速仪、100℃温度计、卷尺
6	窑和冷却机表面	表面温度、环境温度、风速、风向、表面积	表面温度计、100℃温度计、风速仪、卷尺
7	二次风抽风管（从冷却机抽出）	送分解炉二次风量、温度、静压	防堵皮托管、微压计、抽气热电偶、电位差计

序　号	测点位置	测量项目	测量仪表及用具
8	窑喷煤管	风温、风压、风量	压力表、100℃温度计、皮托管、微压计、U形压力计
10	分解炉二次风进口	风温、静压	抽气热电偶、电位差计、取压管、微压计
11	冷却水（窑头和窑身冷却水）	冷却水量、水温	水表、100℃温度计
12	回转窑尾	出窑废气温度、静压、废气成分、物料温度和分解率	镍铬-镍硅热电偶、电位差计、取压管、微压计、取样器、奥氏气体分析仪
13	排风机出口	废气量、温度、静压、湿含量、废气成分、含尘量、飞灰成分	200℃温度计、防堵皮托管、微压计、干湿球温度计、抽气泵、奥氏气体分析仪、含尘测定仪
14	Ⅰ级预热器出口	废气量、废气温度、废气成分、湿含量、含尘量、飞灰成分、静压	防堵皮托管、微压计、600℃温度计、奥氏气体分析仪、干湿球温度计、含尘测定仪
15	Ⅰ级预热器进口	气体温度、静压	电阻温度计、取压管、微压计
16	分解炉出口	气体温度、静压、物料分解率	电阻温度计、取压管、微压计、取样器
17	分解炉喷煤管	气体温度、流量、压力、煤粉流量和温度	100℃温度计、皮托管、微压计、U形压力计
18	生料提升泵进风口	风量、风温、静压	皮托管、微压计、100℃温度计
19	振动筛出口	生料量、生料温度、生料化学成分	磅秤、100℃温度计、取样器
20	电收尘器卸料口	收尘量、灰温、化学成分	磅秤、200℃温度计、取样器
21	预热器和分解炉表面	表面温度、环境温度、环境风速、风向、表面积	表面温度计、100℃温度计、风速仪

3. 物料平衡与热平衡

物料平衡范围是从冷却机熟料出口到预热器废气出口（即包括冷却机、回转窑、分解炉和预热器系统），并考虑了窑灰回窑和燃料制备与窑按闭路循环操作的情况，因此，各种窑型均可参照计算。物料平衡范围示意图见图 12.4。

① 物料平衡见表 12.9。

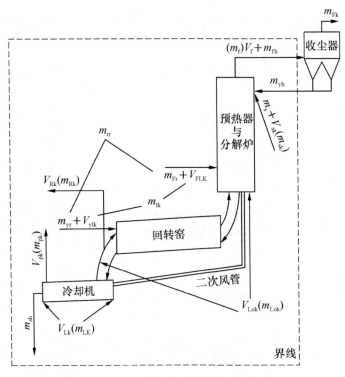

图 12.4 物料平衡范围示意图

表 12.9 水泥回转窑物料平衡表

序号	收 入 物 料			支 出 物 料		
	项 目	kg/kg	%	项 目	kg/kg	%
1	燃料消耗量 m_{rr}			出冷却机熟料量 m_{sh}		
2	生料消耗量 m_s			预热器出口废气量 m_f		
3	入窑回灰量 m_{yh}			预热器出口飞灰量 m_{fh}		
4	一次空气量 m_{lk}			冷却机烟筒排出空气量 m_{pk}		
5	入冷却机空气量 m_{Lk}			煤磨从系统抽出热空气量 m_{Rk}		
6	生料带入空气量 m_{sk}			其他支出量 m_{qt}		
7	系统漏入空气量 m_{Lok}					
8	合计 m_{sr}			合计 m_{zc}		

② 热量平衡见表 12.10。

表 12.10 水泥回转窑热平衡表

序号	收入热量			支出热量		
	项目	kJ/kg	%	项目	kJ/kg	%
1	燃料燃烧热 Q_{rr}			熟料形成热 Q_{sh}		
2	燃料显热 Q_{rx}			蒸发生料中水分耗热 Q_{ss}		
3	生料中可燃物质燃烧热 Q_{sr}			出冷却机熟料显热 Q_{Lsh}		
4	生料显热 Q_s			预热器出口废气显热 Q_f		
5	入窑回灰显热 Q_{yh}			预热器出口飞灰显热 Q_{fh}		
6	一次空气显热 Q_{lk}			飞灰脱水及碳酸盐分解耗热 Q_{tf}		
7	入冷却机冷空气显热 Q_{Lk}			冷却机排出空气显热 Q_{Rk}		
8	生料带入空气显热 Q_{sk}			煤磨抽系统热空气显热 Q_{pk}		
9	系统漏入空气显热 Q_{Lok}			化学不完全燃烧热损失 Q_{hb}		
10				机械不完全燃烧热损失 Q_{jb}		
11				系统表面散热 Q_{bs}		
12				冷却水带出热 Q_{Ls}		
13				其他支出热 Q_{qt}		
14	合计 Q_{sr}			合计 Q_{zc}		

思考题

请设计一烘干机系统的热平衡测量方案。

附　　录

附录 1　实验报告的格式和要求

一、实验报告的格式

1. 实验名称

实验名称应当明确地表示你所做实验的基本意图,要让阅读报告的人一目了然。

2. 实验目的与要求

(1) 实验目的　实验目的是对实验意图的进一步说明,即阐述该实验在科研或生产中的意义与作用。对于设计性实验,应指出该项实验的预期设计目标或预期的结果。

(2) 实验要求　这是实验教材根据实验教学需要,对学生提出的基本要求,可以不写。

3. 实验原理

实验原理是实验方法的理论根据或实验设计的指导思想。

实验原理包括两个部分:一是材料性质对周围环境条件(例如电场、磁场、温度、压力等条件)的反应,这是能够进行实验的基础,如果没有反应,实验就无法进行,也没有实验的必要;二是仪器对该反应的接受与指示的原理,这是实验的保证,仪器不能接受和指示出反应的信号,实验就无法进行,就得更换仪器的类型或型号。当然,这两部分原理在教材中已有介绍,没有必要抄书,要用自己的语言进行简要说明。

4. 实验器材

实验所需的主要仪器、设备、工具、试剂等,也就是实验的基本条件。

5. 实验步骤

实验步骤表明操作顺序,一般包括试样制备、仪器准备、测试操作三大部分,要求用文字简要地说明。视具体情况也可以用简图、表格、反应式等表示,不必千篇一律。

6. 数据记录与处理

(1) 实验现象记录　包括测试环境有无变化,仪器运转是否正常,试样在处理或调试中有无变化,实验中有无异常或特殊的现象发生等。

(2) 原始数据记录　做实验时,应将测得的原始数据按有效数据的处理方法进行取舍,再按一定的格式整理出来,填写在自己预习时所设计的表格(或教材的表格)中。

(3) 结果计算　首先,应对测量数据做分析,按测试结果处理程序,先分析有无过失误差、系统误差和随机误差,并进行相应的处理。然后计算每个试样的调试结果,再计算该批试样的测试结果,作出误差估计等。

（4）实验结果　有的实验结果需用图形或表格的形式表示,列出图表。

7. 结果分析

一般实验结果分析包括如下几项。

（1）实验现象是否符合或偏离预定的设想,测量结果是否说明问题。

（2）影响实验现象的发生或影响测试结果的因素。

（3）改进测试方法或测试仪器的意见或建议。

8. 实验结论

实验报告中应当明确写出实验结论。测定物理量的实验,必须写出测量的数值。

验证型的实验,必须写出实验结果与理论推断结果是否相符。

研究型的实验,要明确指出所研究的几个量之间的关系。

思考题是在实验完成的基础上进一步提出一些开发学生视野的问题,有时帮助你分析实验中出现的问题,所以写实验报告时不能忽视思考题。

（1）简要叙述实验结果,点明实验结论。

（2）列出测试结果,注明调试条件。

二、编写要求

（1）字迹清楚、端正、文字通顺,叙述简明扼要。

（2）数据齐全,图表后应附有计算举例,原始记录数据应写在报告上,引用数据应注明出处。

（3）实验结论应写明确,有分析、有对比,用图示法、列表法、经验公式均可。另外,应注意实验条件,实验误差的分析,对存在的问题应进行讨论,并对实验设备、测试方法提出革新设想或改进意见。

（4）报告采用学校统一规定的报告纸编写,附图应粘贴好。写明班级、学号、姓名。

（5）实验数据可以小组共同整理、分析、讨论,但报告必须各人自己编写,凡抄袭者,不记成绩。

（6）实验报告必须在实验后一周之内写好交给指导教师。

附录2　法定计量单位制的单位

表附 2.1　国际单位制基本单位

量	单位名称	单位符号	备　注
长度	米	m	米等于氪-86 原子的 2 pe 和 5 ds 能级之间跃迁所对应的辐射,在真空中的 1 650 763.73 个波长的长度
质量	千克(公斤)	kg	千克是质量单位,等于国际千克原器的质量

量	单位名称	单位符号	备　　注
时间	秒	s	秒是铯-133原子基态的两个超精细能级之间跃迁所对应的辐射的9 192 631 770个周期的持续时间
电流	安[培]	A	安培是一恒定电流,在处于真空中相距1米的两无限长平行直导线内,通以相等量恒定电流,当每根导线上所受作用力是$2×10^{-7}$牛顿时,各导线上电流为1安培
热力学温度	开[尔文]	K	热力学温度单位开尔文是水三相点热力学温度的1/273.16
物质的量	摩[尔]	mol	① 摩尔是一系统的物质的量,该系统中所包含的基本单元数与0.012千克碳-12的原子数目相等 ② 在使用摩尔时,基本单元应予指明,可以是原子、分子、离子、电子及其他粒子,或是这些粒子的特定组合
发光强度	坎[德拉]	cd	坎德拉是一光源在给定方向上的发光强度,该光源发出频率为$540×10^{12}$赫兹的单色辐射,且在此方向上的辐射强度为$\frac{1}{683}$瓦特每球面度

表附2.2　国际单位制辅助单位

量	单位名称	单位符号	备　　注
平面角	弧度	rad	弧度是一圆内两条半径之间的平面角,这两条半径在圆周上截取的弧长与半径相等
立体角	球面度	sr	球面度是一立体角,其顶点位于球心,而它在球面上所截取的面积等于以球半径为边长的正方形面积

表附2.3　国际单位制具有专门名称的导出单位

量	单位名称	单位符号	用其他单位表示的表示式
频率	赫[兹]	Hz	
力	牛[顿]	N	
压强,(压力),应力	帕[斯卡]	Pa	N/m^2
能,功,热量	焦[耳]	J	$N·m$
功率,辐[射]通量	瓦[特]	W	J/s
电量,电荷	库[仑]	C	
电位(电势),电压,电动势	伏[特]	V	W/A
电容	法[拉]	F	C/V
电阻	欧[姆]	Ω	V/A
电导	西[门子]	S	A/V
磁通[量]	韦[伯]	Wb	$V·s$
磁感应[强度],磁通密度	特[斯拉]	T	Wb/m^2

量	单位名称	单位符号	用其他单位表示的表示式
电感	亨［利］	H	Wb/A
摄氏温度	摄氏度	℃	
光通［量］	流［明］	lm	
［光］照度	勒［克斯］	lx	lm/m²
［放射性］活度,(放射性强度)	贝可［勒尔］	Bq	

表附 2.4　可与国际单位制单位并用的我国法定计量单位(GB　3100—93)

量	单位名称	单位符号	备　注
时间	分 ［小时］ 天,(日)	min h d	1 min＝60 s 1 h＝60 min＝3 600 s 1 d＝24 h＝86 400 s
平面角	［角］秒 ［角］分 度	(″) (′) (°)	$1''=(\pi/648\,000)\,rad(\pi$ 为圆周率) $1'=60''=(\pi/10\,800)\,rad$ $1°=60'=(\pi/180)\,rad$
旋转速度	转每分	r/min	$1\ r/min=(1/60)s^{-1}$
质量	吨	t	$1\ t=10^{3}\ kg$
体积	升	L,(l)	$1\ L=1\ dm^{3}=10^{-3}\ m^{3}$
参	电子伏	eV	$1\ eV\approx1.602\,189\,2\times10^{-19}\ J$
级差	分贝	dB	

附录 3　常用计量单位换算表

表附 3.1　长 度 单 位

埃(Å)	米(m)	英寸(in)	英尺(ft)	码(yd)	密耳(mil)	英里(mi)
1×10^{10}	1	39.37	3.281	1.094	3.937×10^{4}	6.214×10^{-4}
	2.54×10^{-2}	1	1/12	1/36	1 000	
	3.048×10^{-1}	12	1	1/3		
	9.144×10^{-1}	36	3	1		
	2.540×10^{-5}	0.001			1	
	1 609	63 360	5 280	1 760		1
1	1×10^{-10}					

表附 3.2 面 积 单 位

千米(km²)	英亩(Acer)	英里(mi²)	公亩(a)	公顷(hm²)	亩
1	247.1	3.861×10^{-1}	1×10^4	100	1.5×10^3
4.047×10^{-3}	1	1.562×10^{-3}	40.47	4.047×10^{-1}	6.073
2.590	640	1	25 900	259.0	3.885×10^5
1×10^{-4}	2.471×10^{-2}	3.681×10^{-5}	1	0.01	0.15
0.01	2.471	3.681×10^{-3}	100	1	15
6.667×10^{-4}	0.164 667	2.574×10^{-1}	6.667	6.667×10^{-2}	1

表附 3.3 质 量 单 位

千克(kg)	盎司(oz)	磅(lb)	吨(t)
1	25.27	2.205	0.001
2.835×10^{-2}	1	1/16	2.835×10^{-5}
4.536×10^{-1}	16	1	4.536×10^{-4}
1 000	35 274	2 205	1

表附 3.4 体 积 单 位

立方米 (m³)	升 (L, dm³)	立方厘米 (cm³, mL)	立方英尺 (ft³)	立方英寸 (in³)	英加仑 (UK gal)	美加仑 (U.S gal)	美油桶 (U.S bbl)
1	10^3	10^6	35.314 7	$6.102\,37\times10^4$	$2.199\,69\times10^2$	$2.641\,72\times10^3$	6.289 94
10^{-3}	1	10	$3.531\,47\times10^{-2}$	61.023 7	$2.199\,69\times10^{-1}$	$2.641\,72\times10^{-1}$	$6.289\,94\times10^{-3}$
10^{-6}	10^{-3}	1	$3.531\,47\times10^{-5}$	$6.102\,37\times10^{-2}$	$2.199\,69\times10^{-4}$	$2.641\,72\times10^{-4}$	$6.289\,94\times10^{-6}$
$2.831\,68\times10^{-2}$	28.316 8	$2.831\,68\times10^4$	1	1 728	6.228 83	7.480 52	$1.781\,09\times10^{-1}$
$1.638\,71\times10^{-5}$	$1.638\,71\times10^{-2}$	16.387 1	$5.787\,04\times10^{-4}$	1	$3.604\,66\times10^{-3}$	$4.329\,01\times10^{-3}$	$1.030\,7\times10^{-4}$
$4.546\,09\times10^{-3}$	4.546 09	$4.546\,09\times10^3$	$1.605\,44\times10^{-1}$	$2.774\,2\times10^2$	1	1.200 95	$2.859\,42\times10^{-2}$
$3.785\,41\times10^{-3}$	3.785 41	$3.785\,41\times10^3$	$1.336\,81\times10^{-1}$	2.31×10^2	$8.326\,74\times10^{-1}$	1	$2.380\,97\times10^{-2}$
$1.589\,84\times10^{-1}$	$1.589\,84\times10^2$	$1.589\,84\times10^5$	5.614 47	$9.701\,794\times10^3$	34.971 56	41.999 13	1

表附 3.5 密 度 单 位

千克/立方米(kg/m³)	克/立方厘米或吨/每立方米 (g/cm³、g/mL 或 t/m³)	磅/立方英寸(lb/in³)	磅/立方英尺(lb/ft³)
1	0.001	$3.612\,73\times10^{-5}$	$6.242\,80\times10^{-2}$
1 000	1	0.036 127 3	62.428 0
27 679.9	27.679 9	1	1 728
16.018 5	0.016 018 5	$5.787\,04\times10^{-4}$	1

表附3.6　力　单　位

牛顿(N)	千克力(kgf)	磅力(lbf)	达因(dyn)
1	0.102	0.225	10^5
9.81	1	2.21	9.8×10^5
4.45	0.453 6	1	4.45×10^5
10^{-5}	1.02×10^{-6}	2.25×10^{-6}	1

表附3.7　压　力　单　位

牛顿/米² (帕斯卡) (N/m²(Pa))	公斤力/米² (kgf/m²)	公斤力/厘米² (kgf/cm²)	巴 (bar)	标准大气压 (atm)	毫米水柱4℃ (mmH₂O)	毫米水银柱0℃ (mmHg)	磅/英寸² (lb/in², psi)
1	0.101 972	$10.197 2 \times 10^{-6}$	1×10^{-5}	$0.986 923 \times 10^{-5}$	0.101 972	$7.500 62 \times 10^{-3}$	145.038×10^{-6}
9.806 65	1	1×10^{-4}	$9.806 65 \times 10^{-5}$	$9.678 41 \times 10^{-5}$	1×10^{-8}	0.073 555 9	0.001 422 33
$98.066 5 \times 10^3$	1×10^4	1	0.980 665	0.967 841	10×10^3	735.559	14.223 3
1×10^5	10 197.2	1.019 72	1	0.986 923	$10.197 2 \times 10^3$	750.061	14.503 8
$1.013 25 \times 10^5$	10 332.3	1.033 23	1.013 25	1	$10.332 3 \times 10^3$	760	14.695 9
0.101 972	1×10^{-8}	1×10^{-4}	$9.806 65 \times 10^{-5}$	$9.678 41 \times 10^{-5}$	1	$73.555 9 \times 10^{-3}$	$1.422 33 \times 10^{-3}$
133.322	13.595 1	0.001 359 51	0.001 333 22	0.001 315 79	13.595 1	1	0.019 336 8
$6.894 76 \times 10^3$	703.072	0.070 307 2	0.068 947 6	0.068 046 2	703.072	51.715 1	1

表附3.8　功率单位换算表

瓦 (W)	公制马力 (PS)	英制马力 (Hp)	千克力·米/秒 (kg·m/s)	英尺·磅力/秒 (ft·lbf/s)	千卡/秒 (kcal/s)	英热单位/秒 (BTU/s)
1	0.001 36	0.001 34	0.102	0.737 5	0.000 238 9	0.000 947 8
735.5	1	0.985	75	542.4	0.175	0.697 2
745.7	1.014	1	76.04	550	0.178 1	0.707
9.807	0.013 3	0.013 15	1	7.232	0.002 34	0.009 3
1.356	0.001 84	0.001 82	0.138	1	0.000 324	0.001 29
4 187	5.7	5.61	427	3 088	1	3.968
1 055	1.435	1.415	107.6	778.1	0.252	1

表附3.9　动力黏度单位换算表

泊 (P)	厘泊 (cP)	帕·秒 (Pa·s)	磅/英尺·秒 (Ib/ft·s)	公斤·秒/米² (kg·s/m²)	磅·秒/英尺² (Ib·s/ft²)
1	100	0.1	6.72×10^{-2}	1.02×10^{-2}	1.45×10^{-5}
100	1	0.001	6.72×10^{-4}	1.02×10^{-4}	1.45×10^{-7}
10	1 000	1	0.61	0.102	1.45×10^{-4}
14.88	14.9×10^3	1.49	1	0.15	2.16×10^{-4}
98.07	9.81×10^3	9.81	6.59	1	1.42×10^{-3}
6.9×10^4	6.9×10^6	6.9×10^3	4.63×10^3	703.1	1

附录4　水的密度和黏度

表附4.1　水的密度(×10³ kg/m³)

温度/℃	0	1	2	3	4	5	6	7	8	9
0	0.999 87	0.999 93	0.999 97	0.999 99	1.000 00	0.999 99	0.999 97	0.999 93	0.999 88	0.999 81
10	0.999 73	0.999 63	0.999 52	0.999 40	0.999 27	0.999 13	0.998 87	0.998 80	0.998 62	0.998 45
20	0.998 23	0.998 02	0.997 80	0.997 57	0.997 33	0.997 07	0.996 81	0.996 54	0.996 26	0.995 97
30	0.995 68	0.995 37	0.995 05	0.994 73	0.994 40	0.994 06	0.993 71	0.993 36	0.992 99	0.992 63

表附4.2　水的黏度/g·cm⁻¹·s⁻¹

温度/℃	0	1	2	3	4	5	6	7	8	9
0	0.017 9	0.017 3	0.016 7	0.016 2	0.015 7	0.015 2	0.014 7	0.014 3	0.013 9	0.013 5
10	0.013 0	0.012 7	0.012 4	0.012 1	0.011 8	0.011 5	0.011 2	0.010 9	0.010 6	0.010 3
20	0.010 1	0.009 8	0.009 6	0.009 4	0.009 2	0.008 9	0.008 7	0.008 6	0.008 4	0.008 2
30	0.008 0	0.007 8	0.007 7	0.007 5	0.007 4	0.007 2	0.007 1	0.006 9	0.006 8	0.006 7

附录5　常用热电偶分度表

(一)　铂铑(10)-铂热电偶分度表

分度号：S　　　　　　　　　　　　　　　　　　　　　　(参考端温度为0℃)

温度/℃	0	1	2	3	4	5	6	7	8	9
	热　电　动　势　/mV									
−50	−0.236									
−40	−0.194	−0.199	−0.203	−0.207	−0.211	−0.215	−0.220	−0.224	−0.228	−0.232
−30	−0.150	−0.155	−0.159	−0.164	−0.168	−0.173	−0.177	−0.181	−0.186	−0.190
−20	−0.103	−0.108	−0.112	−0.117	−0.122	−0.127	−0.132	−0.136	−0.141	−0.145
−10	−0.053	−0.058	−0.063	−0.068	−0.073	−0.078	−0.083	−0.088	−0.093	−0.098
0	−0.000	−0.005	−0.011	−0.016	−0.021	−0.027	−0.032	−0.037	−0.042	−0.048
0	0.000	0.005	0.011	0.016	0.022	0.027	0.033	0.038	0.044	0.050
10	0.055	0.061	0.067	0.072	0.078	0.084	0.090	0.095	0.101	0.107
20	0.113	0.119	0.125	0.131	0.137	0.142	0.148	0.154	0.161	0.167
30	0.173	0.179	0.185	0.191	0.197	0.203	0.210	0.216	0.222	0.228
40	0.235	0.241	0.247	0.254	0.260	0.266	0.273	0.279	0.286	0.292

温度 /℃	0	1	2	3	4	5	6	7	8	9
	热 电 动 势 /mV									
50	0.299	0.305	0.312	0.318	0.325	0.331	0.338	0.345	0.351	0.358
60	0.365	0.371	0.378	0.385	0.391	0.398	0.405	0.412	0.419	0.425
70	0.432	0.439	0.446	0.453	0.460	0.467	0.474	0.481	0.488	0.495
80	0.502	0.509	0.516	0.523	0.530	0.537	0.544	0.551	0.558	0.566
90	0.573	0.580	0.587	0.594	0.602	0.609	0.616	0.623	0.631	0.638
100	0.645	0.653	0.660	0.667	0.675	0.682	0.690	0.697	0.704	0.712
110	0.719	0.727	0.734	0.742	0.749	0.757	0.764	0.772	0.780	0.787
120	0.795	0.802	0.810	0.818	0.825	0.833	0.841	0.848	0.856	0.864
130	0.872	0.879	0.887	0.895	0.903	0.910	0.918	0.926	0.934	0.942
140	0.950	0.957	0.965	0.973	0.981	0.989	0.997	1.005	1.013	1.021
150	1.029	1.037	1.045	1.053	1.061	1.069	1.077	1.085	1.093	1.101
160	1.109	1.117	1.125	1.133	1.141	1.149	1.158	1.166	1.174	1.182
170	1.190	1.198	1.207	1.215	1.223	1.231	1.240	1.248	1.256	1.264
180	1.273	1.281	1.289	1.297	1.306	1.314	1.322	1.331	1.339	1.347
190	1.356	1.364	1.373	1.381	1.389	1.398	1.406	1.415	1.423	1.432
200	1.440	1.448	1.457	1.465	1.474	1.482	1.491	1.499	1.508	1.516
210	1.525	1.534	1.542	1.551	1.559	1.568	1.576	1.585	1.594	1.602
220	1.611	1.620	1.628	1.637	1.645	1.654	1.663	1.671	1.680	1.689
230	1.698	1.706	1.715	1.724	1.732	1.741	1.750	1.759	1.767	1.776
240	1.785	1.794	1.802	1.811	1.820	1.829	1.838	1.846	1.855	1.864
250	1.873	1.882	1.891	1.899	1.908	1.917	1.926	1.935	1.944	1.953
260	1.962	1.971	1.979	1.988	1.997	2.006	2.015	2.024	2.033	2.042
270	2.051	2.060	2.069	2.078	2.087	2.096	2.105	2.114	2.123	2.132
280	2.141	2.150	2.159	2.168	2.177	2.186	2.195	2.204	2.213	2.222
290	2.232	2.241	2.250	2.259	2.268	2.277	2.286	2.295	2.304	2.314

温度 /℃	0	1	2	3	4	5	6	7	8	9
	热　电　动　势　/mV									
300	2.323	2.332	2.341	2.350	2.359	2.368	2.378	2.387	2.396	2.405
310	2.414	2.424	2.433	2.442	2.451	2.460	2.470	2.479	2.488	2.497
320	2.506	2.516	2.525	2.534	2.543	2.553	2.562	2.571	2.581	2.590
330	2.599	2.608	2.618	2.627	2.636	2.646	2.655	2.664	2.674	2.683
340	2.692	2.702	2.711	2.720	2.730	2.739	2.748	2.758	2.767	2.776
350	2.786	2.795	2.805	2.814	2.823	2.833	2.842	2.852	2.861	2.870
360	2.880	2.889	2.899	2.908	2.917	2.927	2.936	2.946	2.955	2.965
370	2.974	2.984	2.993	3.003	3.012	3.022	3.031	3.041	3.050	3.059
380	3.069	3.078	3.088	3.097	3.107	3.117	3.126	3.136	3.145	3.155
390	3.164	3.174	3.183	3.193	3.202	3.212	3.221	3.231	3.241	3.250
400	3.260	3.269	3.279	3.288	3.298	3.308	3.317	3.327	3.336	3.346
410	3.356	3.365	3.375	3.384	3.394	3.404	3.413	3.423	3.433	3.442
420	3.452	3.462	3.471	3.481	3.491	3.500	3.510	3.520	3.529	3.539
430	3.549	3.558	3.568	3.578	3.587	3.597	3.607	3.616	3.626	3.636
440	3.645	3.655	3.665	3.675	3.684	3.694	3.704	3.714	3.723	3.733
450	3.743	3.752	3.762	3.772	3.782	3.791	3.801	3.811	3.821	3.831
460	3.840	3.850	3.860	3.870	3.879	3.889	3.899	3.909	3.919	3.928
470	3.938	3.948	3.958	3.968	3.977	3.987	3.997	4.007	4.017	4.027
480	4.036	4.046	4.056	4.066	4.076	4.086	4.095	4.105	4.115	4.125
490	4.135	4.145	4.155	4.164	4.174	4.184	4.194	4.204	4.214	4.224
500	4.234	4.243	4.253	4.263	4.273	4.283	4.293	4.303	4.313	4.323
510	4.333	4.343	4.352	4.362	4.372	4.382	4.392	4.402	4.412	4.422
520	4.432	4.442	4.452	4.462	4.472	4.482	4.492	4.502	4.512	4.522
530	4.532	4.542	4.552	4.562	4.572	4.582	4.592	4.602	4.612	4.622
540	4.632	4.642	4.652	4.662	4.672	4.682	4.692	4.702	4.712	4.722
550	4.732	4.742	4.752	4.762	4.772	4.782	4.792	4.802	4.812	4.822
560	4.832	4.842	4.852	4.862	4.873	4.883	4.893	4.903	4.913	4.923
570	4.933	4.943	4.953	4.963	4.973	4.984	4.994	5.004	5.014	5.024
580	5.034	5.044	5.054	5.065	5.075	5.085	5.095	5.105	5.115	5.125
590	5.136	5.146	5.156	5.166	5.176	5.186	5.197	5.207	5.217	5.227

温度 /℃	0	1	2	3	4	5	6	7	8	9
	热　电　动　势　/mV									
600	5.237	5.247	5.258	5.268	5.278	5.288	5.298	5.309	5.319	5.329
610	5.339	5.350	5.360	5.370	5.380	5.391	5.401	5.411	5.421	5.431
620	5.442	5.452	5.462	5.473	5.483	5.493	5.503	5.514	5.524	5.534
630	5.544	5.555	5.565	5.575	5.586	5.596	5.606	5.617	5.627	5.637
640	5.648	5.658	5.668	5.679	5.689	5.700	5.710	5.720	5.731	5.741
650	5.751	5.762	5.772	5.782	5.793	5.803	5.814	5.824	5.834	5.845
660	5.855	5.866	5.876	5.887	5.897	5.907	5.918	5.928	5.939	5.949
670	5.960	5.970	5.980	5.991	6.001	6.012	6.022	6.033	6.043	6.054
680	6.064	6.075	6.085	6.096	6.106	6.117	6.127	6.138	6.148	6.159
690	6.169	6.180	6.190	6.201	6.211	6.222	6.232	6.243	6.253	6.264
700	6.274	6.285	6.295	6.306	6.316	6.327	6.338	6.348	6.359	6.369
710	6.380	6.390	6.401	6.412	6.422	6.433	6.443	6.454	6.464	6.475
720	6.486	6.496	6.507	6.518	6.528	6.539	6.549	6.560	6.571	6.581
730	6.592	6.603	6.613	6.624	6.635	6.645	6.656	6.667	6.677	6.688
740	6.699	6.709	6.720	6.731	6.741	6.752	6.763	6.773	6.784	6.795
750	6.805	6.816	6.827	6.838	6.848	6.859	6.870	6.880	6.891	6.902
760	6.913	6.923	6.934	6.945	6.956	6.966	6.977	6.988	6.999	7.000
770	7.020	7.031	7.042	7.053	7.063	7.074	7.085	7.096	7.107	7.117
780	7.128	7.139	7.150	7.161	7.171	7.182	7.193	7.204	7.215	7.225
790	7.236	7.247	7.258	7.269	7.280	7.291	7.301	7.312	7.323	7.334
800	7.345	7.356	7.367	7.377	7.388	7.399	7.410	7.421	7.432	7.443
810	7.454	7.465	7.476	7.486	7.497	7.508	7.519	7.530	7.541	7.552
820	7.563	7.574	7.585	7.596	7.607	7.618	7.629	7.640	7.651	7.661
830	7.672	7.683	7.694	7.705	7.716	7.727	7.738	7.749	7.760	7.771
840	7.782	7.793	7.804	7.815	7.826	7.837	7.848	7.859	7.870	7.881
850	7.892	7.904	7.915	7.926	7.937	7.948	7.959	7.970	7.981	7.992
860	8.003	8.014	8.025	8.036	8.047	8.058	8.069	8.081	8.092	8.103
870	8.114	8.125	8.136	8.147	8.158	8.169	8.180	8.192	8.203	8.214
880	8.225	8.236	8.247	8.258	8.270	8.281	8.292	8.303	8.314	8.325
890	8.336	8.348	8.359	8.370	8.381	8.392	8.404	8.415	8.426	8.437

温度/℃	0	1	2	3	4	5	6	7	8	9
	热　电　动　势　/mV									
900	8.448	8.460	8.471	8.482	8.493	8.504	8.516	8.527	8.538	8.549
910	8.560	8.572	8.583	8.594	8.605	8.617	8.628	8.639	8.650	8.662
920	8.673	8.684	8.695	8.707	8.718	8.729	8.741	8.752	8.763	8.774
930	8.786	8.797	8.808	8.820	8.831	8.842	8.854	8.865	8.876	8.888
940	8.899	8.910	8.922	8.933	8.944	8.956	8.967	8.978	8.900	9.001
950	9.012	9.024	9.035	9.047	9.058	9.069	9.081	9.092	9.103	9.115
960	9.126	9.138	9.149	9.160	9.172	9.183	9.195	9.206	9.217	9.229
970	9.240	9.252	9.263	9.275	9.282	9.298	9.309	9.320	9.332	9.343
980	9.355	9.366	9.378	9.389	9.401	9.412	9.424	9.435	9.447	9.458
990	9.470	9.481	9.493	9.504	9.516	9.527	9.539	9.550	9.562	9.573
1 000	9.585	9.596	9.608	9.619	9.631	9.642	9.654	9.665	9.677	9.689
1 010	9.700	9.712	9.723	9.735	9.746	9.758	9.770	9.781	9.793	9.804
1 020	9.816	9.828	9.839	9.851	9.862	9.874	9.886	9.897	9.909	9.920
1 030	9.932	9.944	9.955	9.967	9.979	9.990	10.002	10.013	10.025	10.037
1 040	10.048	10.060	10.072	10.083	10.095	10.107	10.118	10.130	10.142	10.154
1 050	10.165	10.177	10.189	10.200	10.212	10.224	10.235	10.247	10.256	10.271
1 060	10.282	10.294	10.306	10.318	10.329	10.341	10.353	10.364	10.376	10.388
1 070	10.400	10.411	10.423	10.435	10.447	10.459	10.470	10.482	10.494	10.506
1 080	10.517	10.529	10.541	10.553	10.565	10.576	10.588	10.600	10.612	10.624
1 090	10.635	10.647	10.659	10.671	10.683	10.694	10.706	10.718	10.730	10.742
1 100	10.754	10.765	10.777	10.789	10.801	10.813	10.825	10.836	10.848	10.860
1 110	10.872	10.884	10.896	10.908	10.919	10.931	10.943	10.955	10.967	10.979
1 120	10.991	11.003	11.014	11.026	11.038	11.050	11.062	11.074	11.086	11.098
1 130	11.110	11.121	11.133	11.145	11.157	11.169	11.181	11.193	11.205	11.217
1 140	11.229	11.241	11.252	11.264	11.276	11.288	11.300	11.312	11.324	11.336
1 150	11.348	11.360	11.372	11.384	11.396	11.408	11.420	11.432	11.443	11.455
1 160	11.467	11.479	11.491	11.503	11.515	11.527	11.539	11.551	11.563	11.575
1 170	11.587	11.599	11.611	11.623	11.635	11.647	11.659	11.671	11.683	11.695
1 180	11.707	11.719	11.731	11.743	11.755	11.767	11.779	11.791	11.803	11.815
1 190	11.827	11.839	11.851	11.863	11.875	11.887	11.899	11.911	11.923	11.935
1 200	11.947	11.959	11.971	11.983	11.995	12.007	12.019	12.031	12.043	12.055
1 210	12.067	12.079	12.091	12.103	12.116	12.128	12.140	12.152	12.164	12.176

温度 /℃	0	1	2	3	4	5	6	7	8	9
	热　电　动　势　/mV									
1 220	12.188	12.200	12.212	12.224	12.236	12.248	12.260	12.272	12.284	12.296
1 230	12.308	12.320	12.332	12.345	12.357	12.369	12.381	12.393	12.405	12.417
1 240	12.429	12.441	12.453	12.465	12.477	12.489	12.501	12.514	12.526	12.538
1 250	12.550	12.562	12.574	12.586	12.598	12.610	12.622	12.634	12.647	12.659
1 260	12.671	12.683	12.695	12.707	12.719	12.731	12.743	12.755	12.767	12.780
1 270	12.792	12.804	12.816	12.828	12.840	12.852	12.864	12.876	12.888	12.901
1 280	12.913	12.925	12.937	12.949	12.961	12.973	12.985	12.997	13.010	13.022
1 290	13.034	13.046	13.058	13.070	13.082	13.094	13.107	13.119	13.131	13.143
1 300	13.155	13.167	13.179	13.191	13.203	13.216	13.228	13.240	13.252	13.264
1 310	13.276	13.288	13.300	13.313	13.325	13.337	13.349	13.361	13.373	13.385
1 320	13.397	13.410	13.422	13.434	13.446	13.458	13.470	13.482	13.495	13.507
1 330	13.519	13.531	13.543	13.555	13.567	13.579	13.592	13.604	13.616	13.628
1 340	13.640	13.652	13.664	13.677	13.689	13.701	13.713	13.725	13.737	13.749
1 350	13.761	13.774	13.786	13.798	13.810	13.822	13.834	13.846	13.859	13.871
1 360	13.883	13.895	13.907	13.919	13.931	13.942	13.956	13.968	13.980	13.992
1 370	14.004	14.016	14.028	14.040	14.053	14.065	14.077	14.089	14.101	14.113
1 380	14.125	14.138	14.150	14.162	14.174	14.186	14.198	14.210	14.222	14.235
1 390	14.247	14.259	14.271	14.283	14.295	14.307	14.319	14.332	14.344	14.356
1 400	14.368	14.380	14.392	14.404	14.416	14.429	14.441	14.453	14.465	14.477
1 410	14.489	14.501	14.513	14.526	14.538	14.550	14.562	14.574	14.586	14.598
1 420	14.610	14.622	14.635	14.647	14.659	14.671	14.683	14.695	14.707	14.719
1 430	14.731	14.744	14.756	14.768	14.780	14.792	14.804	14.816	14.828	14.840
1 440	14.852	14.865	14.877	14.889	14.901	14.913	14.925	14.937	14.949	14.961
1 450	14.973	14.985	14.998	15.010	15.022	15.034	15.046	15.058	15.070	15.082
1 460	15.094	15.106	15.118	15.130	15.143	15.155	15.167	15.179	15.191	15.203
1 470	15.215	15.227	15.239	15.251	15.263	15.275	15.287	15.299	15.311	15.324
1 480	15.336	15.348	15.360	15.372	15.384	15.396	15.408	15.420	15.432	15.444
1 490	15.456	15.468	15.480	15.492	15.504	15.516	15.528	15.540	15.552	15.564
1 500	15.576	15.589	15.601	15.613	15.625	15.637	15.649	15.661	15.673	15.685
1 510	15.697	15.709	15.721	15.733	15.745	15.757	15.769	15.781	15.793	15.805

温度 /℃	0	1	2	3	4	5	6	7	8	9
	热 电 动 势 /mV									
1 520	15.817	15.829	15.841	15.853	15.865	15.877	15.889	15.901	15.913	15.925
1 530	15.937	15.949	15.961	15.973	15.985	15.997	16.009	16.021	16.033	16.045
1 540	16.057	16.069	16.080	16.092	16.104	16.116	16.128	16.140	16.152	16.164
1 550	16.176	16.188	16.200	16.212	16.224	16.236	16.248	16.260	16.272	16.284
1 560	16.296	16.308	16.319	16.331	16.343	16.355	16.367	16.379	16.391	16.403
1 570	16.415	16.427	16.439	16.451	16.462	16.474	16.486	16.498	16.510	16.522
1 580	16.534	16.546	16.558	16.569	16.581	16.593	16.605	16.617	16.629	16.641
1 590	16.653	16.664	16.676	16.688	16.700	16.712	16.724	16.736	16.747	16.759
1 600	16.771	16.783	16.795	16.807	16.819	16.830	16.842	16.854	16.866	16.878
1 610	16.890	16.901	16.913	16.925	16.937	16.949	16.960	16.972	16.984	16.996
1 620	17.008	17.019	17.031	17.043	17.055	17.067	17.078	17.090	17.102	17.114
1 630	17.125	17.137	17.149	17.161	17.173	17.184	17.196	17.208	17.220	17.231
1 640	17.243	17.255	17.267	17.278	17.290	17.302	17.313	17.325	17.337	17.349
1 650	17.360	17.372	17.384	17.396	17.407	17.419	17.431	17.442	17.454	17.466
1 660	17.477	17.489	17.501	17.512	17.524	17.536	17.548	17.559	17.571	17.583
1 670	17.594	17.606	17.617	17.629	17.641	17.652	17.664	17.672	17.687	17.699
1 680	17.711	17.722	17.734	17.745	17.757	17.769	17.780	17.792	17.803	17.815
1 690	17.826	17.838	17.850	17.861	17.873	17.884	17.896	17.907	17.919	17.930
1 700	17.942	17.953	17.965	17.976	17.988	17.999	18.010	18.022	18.033	18.045
1 710	18.056	18.068	18.079	18.090	18.102	18.113	18.121	18.136	18.147	18.158
1 720	18.170	18.181	18.192	18.204	18.215	18.226	18.237	18.249	18.260	18.271
1 730	18.282	18.293	18.305	18.316	18.327	18.338	18.349	18.360	18.372	18.383
1 740	18.394	18.405	18.416	18.427	18.438	18.449	18.460	18.471	18.482	18.493
1 750	18.504	18.515	18.520	18.536	18.547	18.558	18.569	18.580	18.591	18.602
1 760	18.612	18.623	18.634	18.645	18.655	18.666	18.677	18.687	18.698	18.709

（二）　铂铑(30)-铂铑(6)热电偶分度表

分度号:B

温度/℃	0	1	2	3	4	5	6	7	8	9
	热　电　动　势　/mV									
0	−0.000	−0.000	−0.000	−0.001	−0.001	−0.001	−0.001	−0.001	−0.002	−0.002
10	−0.002	−0.002	−0.002	−0.002	−0.002	−0.002	−0.002	−0.002	−0.003	−0.003
20	−0.003	−0.003	−0.003	−0.003	−0.003	−0.002	−0.002	−0.002	−0.002	−0.002
30	−0.002	−0.002	−0.002	−0.002	−0.002	−0.001	−0.001	−0.001	−0.001	−0.001
40	−0.000	−0.000	−0.000	0.000	0.000	0.001	0.001	0.001	0.002	0.002
50	0.002	0.003	0.003	0.003	0.004	0.004	0.004	0.005	0.005	0.006
60	0.006	0.007	0.007	0.008	0.008	0.009	0.009	0.010	0.010	0.011
70	0.011	0.012	0.012	0.013	0.014	0.014	0.015	0.015	0.016	0.017
80	0.017	0.018	0.019	0.020	0.020	0.021	0.022	0.022	0.023	0.024
90	0.025	0.026	0.026	0.027	0.028	0.029	0.030	0.031	0.031	0.032
100	0.033	0.034	0.035	0.036	0.037	0.038	0.039	0.040	0.041	0.042
110	0.043	0.044	0.045	0.046	0.047	0.048	0.049	0.050	0.051	0.052
120	0.053	0.055	0.056	0.057	0.058	0.059	0.060	0.062	0.063	0.064
130	0.065	0.066	0.068	0.069	0.070	0.071	0.073	0.074	0.075	0.077
140	0.078	0.079	0.081	0.082	0.083	0.085	0.086	0.088	0.089	0.091
150	0.092	0.093	0.095	0.096	0.098	0.099	0.101	0.102	0.104	0.106
160	0.107	0.109	0.110	0.112	0.113	0.115	0.117	0.118	0.120	0.122
170	0.123	0.125	0.127	0.128	0.130	0.132	0.133	0.133	0.137	0.139
180	0.140	0.142	0.144	0.146	0.148	0.149	0.151	0.153	0.155	0.157
190	0.159	0.161	0.163	0.164	0.166	0.168	0.170	0.172	0.174	0.176
200	0.178	0.180	0.182	0.184	0.186	0.188	0.190	0.192	0.194	0.197
210	0.199	0.201	0.203	0.205	0.207	0.209	0.211	0.214	0.216	0.218
220	0.220	0.222	0.225	0.227	0.229	0.231	0.234	0.236	0.238	0.240
230	0.243	0.245	0.247	0.250	0.252	0.254	0.257	0.259	0.262	0.261
240	0.266	0.269	0.271	0.274	0.276	0.279	0.281	0.284	0.286	0.289
250	0.291	0.294	0.296	0.299	0.301	0.304	0.307	0.309	0.312	0.314
260	0.317	0.320	0.322	0.325	0.328	0.330	0.333	0.336	0.338	0.341

温度 /℃	0	1	2	3	4	5	6	7	8	9
	热　电　动　势　/mV									
270	0.344	0.347	0.349	0.352	0.355	0.358	0.360	0.363	0.366	0.369
280	0.372	0.375	0.377	0.380	0.383	0.386	0.389	0.392	0.395	0.398
290	0.401	0.404	0.406	0.409	0.412	0.415	0.418	0.421	0.424	0.427
300	0.431	0.434	0.437	0.440	0.443	0.446	0.449	0.452	0.455	0.458
310	0.462	0.465	0.468	0.471	0.474	0.477	0.481	0.484	0.487	0.489
320	0.494	0.497	0.500	0.503	0.507	0.510	0.513	0.517	0.520	0.523
330	0.527	0.530	0.533	0.537	0.540	0.544	0.547	0.550	0.554	0.557
340	0.561	0.564	0.568	0.571	0.575	0.578	0.582	0.585	0.589	0.592
350	0.596	0.599	0.603	0.606	0.610	0.614	0.617	0.621	0.625	0.629
360	0.632	0.636	0.639	0.643	0.647	0.650	0.654	0.658	0.661	0.665
370	0.669	0.673	0.677	0.680	0.684	0.688	0.692	0.696	0.699	0.703
380	0.707	0.711	0.715	0.719	0.723	0.727	0.730	0.734	0.738	0.742
390	0.746	0.750	0.754	0.758	0.762	0.766	0.770	0.774	0.778	0.782
400	0.786	0.790	0.794	0.799	0.803	0.807	0.811	0.815	0.819	0.823
410	0.827	0.832	0.836	0.840	0.844	0.848	0.853	0.857	0.861	0.865
420	0.870	0.874	0.878	0.882	0.887	0.891	0.895	0.900	0.904	0.908
430	0.913	0.917	0.921	0.926	0.930	0.935	0.939	0.943	0.948	0.952
440	0.957	0.961	0.966	0.970	0.975	0.979	0.984	0.988	0.993	0.997
450	1.002	1.006	1.011	1.015	1.020	1.025	1.029	1.034	1.039	1.043
460	1.048	1.052	1.057	1.062	1.066	1.071	1.076	1.081	1.085	1.090
470	1.095	1.100	1.104	1.109	1.114	1.119	1.123	1.128	1.133	1.138
480	1.143	1.148	1.152	1.157	1.162	1.167	1.172	1.177	1.182	1.187
490	1.192	1.197	1.202	1.206	1.211	1.216	1.221	1.226	1.231	1.236
500	1.241	1.246	1.252	1.257	1.262	1.267	1.272	1.277	1.282	1.287
510	1.292	1.297	1.303	1.308	1.313	1.318	1.323	1.328	1.334	1.339
520	1.344	1.349	1.354	1.360	1.365	1.370	1.375	1.381	1.386	1.391
530	1.397	1.402	1.407	1.413	1.418	1.423	1.429	1.434	1.439	1.445
540	1.450	1.456	1.461	1.467	1.472	1.477	1.483	1.488	1.494	1.499
550	1.505	1.510	1.516	1.521	1.527	1.532	1.538	1.544	1.549	1.555

温度 /℃	0	1	2	3	4	5	6	7	8	9
	热　电　动　势　/mV									
560	1.560	1.566	1.571	1.577	1.583	1.588	1.594	1.600	1.605	1.611
570	1.617	1.622	1.628	1.634	1.639	1.645	1.651	1.657	1.662	1.668
580	1.674	1.680	1.685	1.691	1.697	1.703	1.709	1.715	1.720	1.726
590	1.732	1.738	1.741	1.750	1.756	1.762	1.767	1.773	1.779	1.785
600	1.791	1.797	1.803	1.809	1.815	1.821	1.827	1.833	1.839	1.845
610	1.851	1.857	1.863	1.869	1.875	1.882	1.888	1.894	1.900	1.906
620	1.912	1.918	1.924	1.931	1.937	1.943	1.949	1.955	1.961	1.968
630	1.974	1.980	1.986	1.993	1.999	2.005	2.011	2.018	2.024	2.030
640	2.036	2.043	2.049	2.055	2.062	2.068	2.074	2.081	2.087	2.094
650	2.100	2.106	2.113	2.119	2.126	2.132	2.139	2.145	2.151	2.158
660	2.164	2.171	2.177	2.184	2.190	2.197	2.203	2.210	2.216	2.223
670	2.230	2.236	2.243	2.249	2.256	2.263	2.269	2.276	2.282	2.289
680	2.296	2.302	2.309	2.316	2.322	2.329	2.336	2.343	2.349	2.356
690	2.363	2.369	2.376	2.383	2.390	2.396	2.403	2.410	2.417	2.424
700	2.430	2.437	2.444	2.451	2.458	2.465	2.472	2.478	2.485	2.492
710	2.499	2.506	2.513	2.520	2.527	2.534	2.541	2.548	2.555	2.562
720	2.569	2.576	2.583	2.590	2.597	2.604	2.611	2.618	2.625	2.632
730	2.639	2.646	2.653	2.660	2.667	2.674	2.682	2.689	2.696	2.703
740	2.710	2.717	2.724	2.732	2.739	2.746	2.753	2.760	2.768	2.775
750	2.782	2.789	2.797	2.804	2.811	2.818	2.826	2.833	2.840	2.848
760	2.855	2.862	2.869	2.877	2.884	2.892	2.899	2.906	2.914	2.921
770	2.928	2.936	2.943	2.951	2.958	2.966	2.973	2.980	2.988	2.995
780	3.003	3.010	3.018	3.025	3.033	3.040	3.048	3.055	3.063	3.070
790	3.078	3.086	3.093	3.101	3.108	3.115	3.123	3.130	3.138	3.145
800	3.154	3.162	3.169	3.177	3.185	3.192	3.200	3.208	3.215	3.223
810	3.231	3.239	3.246	3.254	3.262	3.269	3.277	3.285	3.293	3.301
820	3.308	3.316	3.324	3.332	3.340	3.347	3.355	3.363	3.371	3.379
830	3.387	3.395	3.402	3.410	3.418	3.426	3.434	3.442	3.450	3.458
840	3.466	3.474	3.482	3.490	3.498	3.506	3.514	3.522	3.530	3.538

温度/℃	0	1	2	3	4	5	6	7	8	9
	热 电 动 势 /mV									
850	3.546	3.554	3.562	3.570	3.578	3.586	3.594	3.602	3.610	3.618
860	3.626	3.634	3.643	3.651	3.659	3.667	3.675	3.683	3.691	3.700
870	3.708	3.716	3.724	3.732	3.741	3.749	3.757	3.765	3.713	3.782
880	3.790	3.798	3.806	3.815	3.823	3.831	3.840	3.848	3.856	3.865
890	3.873	3.881	3.890	3.898	3.906	3.915	3.923	3.931	3.940	3.948
900	3.957	3.965	3.973	3.982	3.990	4.999	4.007	4.016	4.024	4.032
910	4.041	4.049	4.058	4.066	4.075	4.083	4.092	4.100	4.109	4.117
920	4.126	4.135	4.143	4.152	4.160	4.169	4.177	4.186	4.195	4.203
930	4.212	4.220	4.229	4.238	4.246	4.255	4.264	4.272	4.281	4.290
940	4.298	4.307	4.316	4.325	4.333	4.342	4.351	4.359	4.368	4.377
950	4.386	4.394	4.403	4.412	4.421	4.430	4.438	4.447	4.456	4.465
960	4.471	4.483	4.491	4.500	4.509	4.518	4.527	4.536	4.545	4.553
970	4.562	4.571	4.580	4.589	4.598	4.607	4.616	4.625	4.634	4.643
980	4.652	4.661	4.670	4.679	4.688	4.697	4.706	4.715	4.724	4.733
990	4.742	4.751	4.760	4.769	4.778	4.787	4.796	4.805	4.814	4.824
1 000	4.833	4.842	4.851	4.860	4.869	4.878	4.887	4.897	4.906	4.915
1 010	4.924	4.933	4.942	4.958	4.961	4.970	4.979	4.989	4.906	5.007
1 020	5.016	5.025	5.035	5.044	5.053	5.063	5.072	5.081	5.090	5.100
1 030	5.109	5.118	5.128	5.137	5.146	5.156	5.165	5.174	5.184	5.193
1 040	5.202	5.212	5.221	5.234	5.240	5.249	5.259	5.268	5.278	5.287
1 050	5.297	5.306	5.316	5.325	5.334	5.344	5.353	5.363	5.372	5.382
1 060	5.391	5.401	5.410	5.420	5.429	5.439	5.449	5.458	5.468	5.477
1 070	5.487	5.496	5.506	5.516	5.525	5.535	5.544	5.554	5.564	5.573
1 080	5.583	5.593	5.602	5.612	5.621	5.631	5.641	5.651	5.660	5.670
1 090	5.680	5.689	5.699	5.709	5.718	5.728	5.738	5.748	5.757	5.767
1 100	5.777	5.787	5.796	5.806	5.816	5.826	5.836	5.845	5.855	5.865
1 110	5.875	5.885	5.895	5.904	5.914	5.924	5.934	5.944	5.954	5.964
1 120	5.973	5.983	5.993	6.003	6.013	6.023	6.033	6.043	6.053	6.063
1 130	6.073	6.083	6.093	6.102	6.112	6.122	6.132	6.142	6.152	6.162
1 140	6.172	6.182	6.192	6.202	6.212	6.223	6.233	6.243	6.253	6.263

温度 /℃	0	1	2	3	4	5	6	7	8	9
	热　电　动　势　/mV									
1 150	6. 273	6. 283	6. 293	6. 303	6. 313	6. 323	6. 333	6. 343	6. 353	6. 364
1 160	6. 374	6. 384	6. 394	6. 404	6. 414	6. 424	6. 435	6. 445	6. 455	6. 465
1 170	6. 475	6. 485	6. 496	6. 506	6. 516	6. 526	6. 536	6. 547	6. 557	6. 567
1 180	6. 577	6. 588	6. 598	6. 608	6. 618	6. 629	6. 639	6. 649	6. 659	6. 670
1 190	6. 680	6. 690	6. 701	6. 711	6. 721	6. 732	6. 742	6. 752	6. 763	6. 773
1 200	6. 783	6. 794	6. 804	6. 814	6. 825	6. 835	6. 846	6. 856	6. 866	6. 877
1 210	6. 887	6. 898	6. 908	6. 918	6. 929	6. 939	6. 950	6. 960	6. 971	6. 981
1 220	6. 991	7. 002	7. 012	7. 023	7. 033	7. 044	7. 054	7. 065	7. 075	7. 086
1 230	7. 096	7. 107	7. 117	7. 128	7. 138	7. 149	7. 159	7. 170	7. 181	7. 191
1 240	7. 202	7. 212	7. 223	7. 233	7. 244	7. 255	7. 265	7. 276	7. 286	7. 297
1 250	7. 308	7. 318	7. 329	7. 339	7. 350	7. 361	7. 371	7. 382	7. 393	7. 403
1 260	7. 414	7. 425	7. 435	7. 446	7. 457	7. 467	7. 478	7. 489	7. 500	7. 510
1 270	7. 521	7. 532	7. 542	7. 553	7. 564	7. 575	7. 585	7. 596	7. 607	7. 618
1 280	7. 628	7. 639	7. 650	7. 661	7. 671	7. 682	7. 693	7. 704	7. 715	7. 725
1 290	7. 736	7. 747	7. 758	7. 769	7. 780	7. 790	7. 801	7. 812	7. 823	7. 834
1 300	7. 845	7. 855	7. 866	7. 877	7. 888	7. 899	7. 910	7. 921	7. 932	7. 943
1 310	7. 953	7. 964	7. 975	7. 986	7. 997	8. 008	8. 019	8. 030	8. 041	8. 052
1 320	8. 063	8. 074	8. 085	8. 096	8. 107	8. 118	8. 128	8. 139	8. 150	8. 161
1 330	8. 172	8. 183	8. 194	8. 205	8. 216	8. 227	8. 238	8. 249	8. 261	8. 272
1 340	8. 283	8. 294	8. 305	8. 316	8. 327	8. 338	8. 349	8. 360	8. 371	8. 382
1 350	8. 393	8. 404	8. 415	8. 426	8. 437	8. 449	8. 460	8. 471	8. 482	8. 493
1 360	8. 504	8. 515	8. 526	8. 538	8. 549	8. 560	8. 571	8. 582	8. 593	8. 604
1 370	8. 616	8. 627	8. 638	8. 649	8. 660	8. 671	8. 683	8. 694	8. 705	8. 716
1 380	8. 727	8. 738	8. 750	8. 761	8. 772	8. 783	8. 795	8. 806	8. 817	8. 828
1 390	8. 839	8. 851	8. 862	8. 873	8. 884	8. 896	8. 907	8. 918	8. 929	8. 941
1 400	8. 952	8. 963	8. 974	8. 988	8. 997	9. 008	9. 020	9. 031	9. 042	9. 053
1 410	9. 065	9. 076	9. 087	9. 099	9. 110	9. 121	9. 133	9. 144	9. 155	9. 167
1 420	9. 178	9. 189	9. 201	9. 212	9. 223	9. 235	9. 246	9. 257	9. 269	9. 280
1 430	9. 291	9. 303	9. 314	9. 326	9. 337	9. 348	9. 360	9. 371	9. 382	9. 394
1 440	9. 405	9. 417	9. 428	9. 439	9. 451	9. 462	9. 474	9. 485	9. 497	9. 508

温度 /℃	0	1	2	3	4	5	6	7	8	9
	热　电　动　势　/mV									
1 450	9. 519	9. 531	9. 542	9. 554	9. 565	9. 577	9. 588	9. 599	9. 611	9. 622
1 460	9. 634	9. 645	9. 657	9. 668	9. 680	9. 691	9. 703	9. 714	9. 726	9. 737
1 470	9. 748	9. 760	9. 771	9. 783	9. 794	9. 806	9. 817	9. 829	9. 840	9. 852
1 480	9. 863	9. 875	9. 886	9. 898	9. 909	9. 921	9. 933	9. 944	9. 956	9. 967
1 490	9. 979	9. 990	10. 000	10. 013	10. 025	10. 036	10. 048	10. 059	10. 071	10. 082
1 500	10. 094	10. 106	10. 117	10. 129	10. 140	10. 152	10. 163	10. 175	10. 187	10. 198
1 510	10. 210	10. 221	10. 233	10. 244	10. 256	10. 268	10. 279	10. 291	10. 302	10. 314
1 520	10. 325	10. 337	10. 349	10. 360	10. 372	10. 383	10. 395	10. 407	10. 418	10. 430
1 530	10. 441	10. 453	10. 465	10. 476	10. 488	10. 500	10. 511	10. 523	10. 534	10. 546
1 540	10. 558	10. 569	10. 581	10. 593	10. 604	10. 616	10. 627	10. 639	10. 651	10. 662
1 550	10. 674	10. 686	10. 697	10. 709	10. 721	10. 732	10. 744	10. 756	10. 767	10. 779
1 560	10. 790	10. 802	10. 814	10. 825	10. 837	10. 849	10. 860	10. 872	10. 884	10. 895
1 570	10. 907	10. 919	10. 930	10. 942	10. 954	10. 965	10. 977	10. 989	11. 000	11. 012
1 580	11. 024	11. 035	11. 047	11. 059	11. 070	11. 082	11. 094	11. 105	11. 117	11. 129
1 590	11. 141	11. 152	11. 164	11. 176	11. 187	11. 199	11. 211	11. 222	11. 234	11. 246
1 600	11. 257	11. 269	11. 281	11. 292	11. 304	11. 316	11. 328	11. 339	11. 351	11. 363
1 610	11. 374	11. 386	11. 398	11. 409	11. 421	11. 433	11. 444	11. 456	11. 468	11. 480
1 620	11. 491	11. 503	11. 515	11. 526	11. 538	11. 550	11. 561	11. 573	11. 585	11. 597
1 630	11. 608	11. 620	11. 632	11. 643	11. 655	11. 667	11. 678	11. 690	11. 702	11. 714
1 640	11. 725	11. 737	11. 749	11. 760	11. 772	11. 784	11. 795	11. 807	11. 819	11. 830
1 650	11. 842	11. 854	11. 866	11. 877	11. 889	11. 901	11. 912	11. 924	11. 936	11. 947
1 660	11. 959	11. 971	11. 983	11. 994	12. 006	12. 018	12. 029	12. 041	12. 053	12. 064
1 670	12. 076	12. 088	12. 099	12. 111	12. 123	12. 134	12. 146	12. 158	12. 170	12. 181
1 680	12. 193	12. 205	12. 216	12. 228	12. 240	12. 251	12. 263	12. 275	12. 286	12. 298
1 690	12. 310	12. 321	12. 333	12. 315	12. 356	12. 368	12. 380	12. 391	12. 403	12. 415
1 700	12. 426	12. 438	12. 450	12. 461	12. 473	12. 485	12. 496	12. 508	12. 520	12. 531
1 710	12. 543	12. 555	12. 566	12. 578	12. 590	12. 601	12. 613	12. 624	12. 636	12. 648
1 720	12. 659	12. 671	12. 683	12. 694	12. 706	12. 718	12. 729	12. 741	12. 752	12. 764
1 730	12. 776	12. 787	12. 790	12. 811	12. 822	12. 834	12. 845	12. 857	12. 869	12. 880
1 740	12. 892	12. 903	12. 915	12. 927	12. 938	12. 950	12. 961	12. 973	12. 985	12. 996

温度 /℃	0	1	2	3	4	5	6	7	8	9
	热　电　动　势　/mV									
1 750	13.008	13.019	13.031	13.043	13.054	13.066	13.077	13.089	13.100	13.112
1 760	13.124	13.135	13.147	13.156	13.170	13.181	13.193	13.204	13.216	13.228
1 770	13.239	13.251	13.262	13.274	13.285	13.297	13.308	13.320	13.331	13.343
1 780	13.354	13.366	13.378	13.389	13.401	13.412	13.424	13.435	13.447	13.458
1 790	13.470	13.481	13.493	13.504	13.516	13.527	13.539	13.550	13.562	13.573
1 800	13.585	13.596	13.607	13.619	13.630	13.642	13.653	13.665	13.676	13.688
1 810	13.699	13.711	13.722	13.733	13.745	13.756	13.768	13.779	13.791	13.802
1 820	13.814									

（三）　镍铬-镍硅（镍铬、镍铝）热电偶分度表

分度号：K　　　　　　　　　　　　　　　　　　　　　　　　（参考端温度为0℃）

温度 /℃	0	1	2	3	4	5	6	7	8	9
	热　电　动　势　/mV									
−270	−6.458									
−260	−6.441	−6.644	−6.446	−6.448	−6.450	−6.452	−6.453	−6.455	−6.456	−6.457
−250	−6.404	−6.408	−6.413	−6.417	−6.421	−6.425	−6.429	−6.432	−6.435	−6.438
−240	−6.344	−6.351	−6.358	−6.364	−6.371	−6.377	−6.382	−6.388	−6.394	−6.399
−230	−6.262	−6.271	−6.280	−6.289	−6.297	−6.306	−6.314	−6.322	−6.329	−6.237
−220	−6.158	−6.170	−6.181	−6.192	−6.202	−6.213	−6.223	−6.233	−6.243	−6.253
−210	−6.035	−6.048	−6.061	−6.074	−6.087	−6.099	−6.111	−6.123	−6.135	−6.147
−200	−5.891	−5.907	−5.922	−5.936	−5.951	−5.965	−5.980	−5.994	−6.007	−6.021
−190	−5.730	−5.747	−5.763	−5.780	−5.796	−5.813	−5.829	−5.845	−5.860	−5.876
−180	−5.550	−5.569	−5.587	−5.606	−5.624	−5.642	−5.660	−5.678	−5.695	−5.712
−170	−5.351	−5.374	−5.394	−5.414	−5.434	−5.454	−5.474	−5.493	−5.512	−5.531
−160	−5.141	−5.163	−5.185	−5.207	−5.238	−5.249	−5.271	−5.292	−5.313	−5.333
−150	−4.912	−4.936	−4.959	−4.983	−5.006	−5.029	−5.051	−5.074	−5.097	−5.119
−140	−4.669	−4.694	−4.719	−4.743	−4.768	−4.792	−4.817	−4.841	−4.865	−4.889
−130	−4.410	−4.437	−4.463	−4.489	−4.515	−4.541	−4.567	−4.593	−4.618	−4.644
−120	−4.138	−4.166	−4.193	−4.221	−4.248	−4.276	−4.303	−4.330	−4.357	−4.384
−110	−3.852	−3.881	−3.910	−3.939	−3.968	−3.997	−4.025	−4.053	−4.082	−4.110

温度 /℃	0	1	2	3	4	5	6	7	8	9
	热 电 动 势 /mV									
−100	−3.553	−3.584	−3.614	−3.644	−3.674	−3.704	−3.734	−3.764	−3.793	−3.823
−90	−3.242	−3.274	−3.305	−3.337	−3.368	−3.399	−3.430	−3.461	−3.492	−3.523
−80	−2.920	−2.953	−2.985	−3.018	−3.050	−3.082	−3.115	−3.147	−3.179	−3.211
−70	−2.586	−2.620	−2.654	−2.687	−2.721	−2.754	−2.788	−2.821	−2.854	−2.887
−60	−2.243	−2.277	−2.312	−2.347	−2.381	−2.416	−2.450	−2.484	−2.518	−2.552
−50	−1.889	−1.925	−1.961	−1.996	−2.032	−2.067	−2.102	−2.137	−2.173	−2.203
−40	−1.527	−1.563	−1.600	−1.636	−1.673	−1.709	−1.745	−1.781	−1.817	−1.853
−30	−1.156	−1.193	−1.231	−1.268	−1.305	−1.342	−1.379	−1.416	−1.453	−1.490
−20	−0.717	−0.816	−0.854	−0.892	−0.930	−0.968	−1.005	−1.043	−1.081	−1.118
−10	−0.392	−0.431	−0.469	−0.508	−0.547	−0.585	−0.624	−0.662	−0.701	−0.739
0	−0.000	−0.039	−0.079	−0.143	−0.157	−0.197	−0.236	−0.275	−0.314	−0.353
0	0.000	0.039	0.079	0.119	0.158	0.198	0.238	0.277	0.317	0.357
10	0.397	0.437	0.477	0.517	0.557	0.597	0.637	0.677	0.718	0.758
20	0.798	0.838	0.879	0.919	0.960	1.000	1.041	1.081	1.122	1.162
30	1.203	1.244	1.285	1.325	1.366	1.407	1.448	1.489	1.529	1.570
40	1.611	1.652	1.693	1.734	1.776	1.817	1.858	1.899	1.949	1.981
50	2.022	2.064	2.105	2.146	2.188	2.229	2.270	2.312	2.353	2.394
60	2.436	2.477	2.519	2.560	2.601	2.643	2.684	2.726	2.767	2.809
70	2.850	2.892	2.933	2.975	3.016	3.058	2.100	2.141	3.133	3.224
80	3.266	3.307	3.349	3.390	3.432	3.473	3.515	3.556	3.598	3.639
90	3.681	3.722	3.764	3.805	3.847	3.888	3.939	3.971	4.012	4.054
100	4.095	4.137	4.178	4.219	4.261	4.302	4.343	4.384	4.426	4.467
110	4.508	4.549	4.590	4.632	4.673	4.714	4.755	4.796	4.837	4.878
120	4.919	4.960	5.001	5.042	5.083	5.124	5.164	5.205	5.246	5.287
130	5.327	5.368	5.409	5.450	5.490	5.531	5.571	5.612	5.652	5.693
140	5.733	5.774	5.814	5.855	5.895	5.936	5.976	6.016	6.057	6.097
150	6.137	6.177	6.218	6.258	6.298	6.338	6.378	6.419	6.459	6.499
160	6.539	6.579	6.619	6.659	6.699	6.739	6.779	6.819	6.859	6.899
170	6.939	6.979	7.019	7.059	7.099	7.139	7.179	7.219	7.259	7.299

温度 /℃	0	1	2	3	4	5	6	7	8	9
	热　电　动　势　/mV									
180	7.338	7.378	7.418	7.458	7.498	7.538	7.578	7.618	7.658	7.697
190	7.737	7.777	7.817	7.857	7.897	7.937	7.977	8.017	8.057	8.097
200	8.137	8.177	8.216	8.256	8.296	8.336	8.376	8.416	8.456	8.497
210	8.537	8.577	8.617	8.657	8.697	8.737	8.777	8.817	8.857	8.898
220	8.938	8.978	9.018	9.058	9.099	9.139	9.179	9.220	9.260	9.300
230	9.341	9.381	9.421	9.462	9.502	9.543	9.583	9.624	9.664	9.705
240	9.745	9.786	9.826	9.867	9.907	9.948	9.989	10.029	10.070	10.111
250	10.151	10.192	10.233	10.274	10.315	10.355	10.396	10.437	10.478	10.519
260	10.560	10.600	10.641	10.682	10.723	10.764	10.805	10.846	10.887	10.928
270	10.969	11.010	11.051	11.093	11.134	11.175	11.216	11.257	11.298	11.339
280	11.381	11.422	11.463	11.504	11.546	11.587	11.628	11.669	11.711	11.752
290	11.793	11.835	11.876	11.918	11.959	12.000	12.042	12.083	12.125	12.166
300	12.207	12.249	12.290	12.332	12.373	12.415	12.456	12.498	12.539	12.581
310	12.623	12.664	12.706	12.747	12.789	12.831	12.872	12.914	12.955	12.997
320	13.039	13.080	13.122	13.164	13.205	13.247	13.289	13.331	13.372	13.414
330	13.456	13.497	13.539	13.581	13.623	13.665	13.706	13.748	13.790	13.832
340	13.874	13.915	13.957	13.999	14.011	14.033	14.125	14.167	14.208	14.250
350	14.292	14.334	14.376	14.418	14.460	14.502	14.544	14.586	14.628	14.670
360	14.712	14.754	14.796	14.838	14.880	14.922	14.964	15.006	15.048	15.090
370	15.132	15.174	15.216	15.258	15.300	15.342	15.384	15.426	15.468	15.510
380	15.552	15.594	15.636	15.679	15.721	15.763	15.805	15.847	15.889	15.931
390	15.974	16.016	16.058	16.106	16.142	16.184	16.227	16.269	16.311	16.353
400	16.395	16.438	16.480	16.522	16.564	16.607	16.549	16.691	16.733	16.776
410	16.818	16.860	16.902	16.945	16.987	17.029	17.072	17.114	17.156	17.199
420	17.241	17.283	17.326	17.368	17.410	17.453	17.495	17.537	17.580	17.622
430	17.664	17.707	17.749	17.792	17.834	17.876	17.919	17.961	18.004	18.046
440	18.088	18.131	18.173	18.216	18.258	18.301	18.343	18.385	18.428	18.470
450	18.513	18.555	18.598	18.640	18.683	18.725	18.768	18.810	18.853	18.895
460	18.938	18.980	19.023	19.065	19.108	19.150	19.193	19.235	19.278	19.320

温度 /℃	0	1	2	3	4	5	6	7	8	9
	热　电　动　势　/mV									
470	19.363	19.405	19.448	19.490	19.533	19.576	19.618	19.661	19.703	19.746
480	19.788	19.831	19.873	19.916	19.959	20.001	20.044	20.086	20.129	20.172
490	20.214	20.257	20.299	20.342	20.385	20.427	20.470	20.512	20.555	20.598
500	20.640	20.683	20.725	20.768	20.811	20.853	20.896	20.938	20.981	21.024
510	21.060	21.109	21.152	21.194	21.237	21.280	21.322	21.365	21.407	21.450
520	21.493	21.535	21.578	21.621	21.663	21.706	21.749	21.791	21.834	21.876
530	21.919	21.962	22.004	22.047	22.090	22.132	22.175	22.218	22.200	22.303
540	22.346	22.388	22.431	22.473	22.516	22.559	22.601	22.644	22.687	22.729
550	22.772	22.815	22.857	22.900	22.942	22.985	23.028	23.070	23.113	23.156
560	23.198	23.241	23.284	23.326	23.369	23.411	23.454	23.497	23.539	23.582
570	23.624	23.667	23.710	23.752	23.795	23.837	23.880	23.923	23.965	24.008
580	24.050	24.093	24.136	24.178	24.221	24.263	24.306	24.348	24.391	24.434
590	24.476	24.519	24.561	24.604	24.646	24.639	24.731	24.774	24.817	24.859
600	24.902	24.944	24.987	25.029	25.072	25.114	25.157	25.199	25.242	25.284
610	25.327	25.369	25.412	25.454	25.497	25.539	25.582	25.624	25.666	25.709
620	25.751	25.794	25.836	25.870	25.921	25.964	26.006	26.048	26.091	26.133
630	26.176	26.218	26.260	26.303	26.345	26.387	26.430	26.472	26.515	26.577
640	26.599	26.642	26.684	26.726	26.769	26.811	26.853	26.896	26.938	26.980
650	27.022	27.065	27.107	27.149	27.192	27.234	27.276	27.318	27.361	27.403
660	27.445	27.487	27.529	27.572	27.614	27.656	27.698	27.740	27.783	27.825
670	27.867	27.909	27.951	27.993	28.035	28.078	28.120	28.162	28.204	28.246
680	28.288	28.330	28.372	28.414	28.456	28.498	28.540	28.583	28.625	28.667
690	28.709	28.751	28.793	28.835	28.877	28.919	28.961	29.002	29.044	29.086
700	29.128	29.170	29.212	29.254	29.296	29.338	29.380	29.422	29.461	29.505
710	29.547	29.589	29.631	29.673	29.715	29.756	29.798	29.840	29.882	29.921
720	29.965	30.007	30.049	30.091	30.132	30.174	30.216	30.257	30.299	30.341
730	30.383	30.424	30.466	30.508	30.549	30.591	30.632	30.674	30.716	30.757
740	30.790	30.840	30.882	30.924	30.965	31.007	31.048	31.090	31.131	31.173
750	31.214	31.256	31.297	31.339	31.380	31.422	31.463	31.504	31.546	31.587

温度/℃	0	1	2	3	4	5	6	7	8	9
	热　电　动　势　/mV									
760	31.629	31.670	31.712	31.753	31.794	31.836	31.877	31.918	31.960	32.001
770	32.042	32.084	32.125	32.166	32.207	32.249	32.290	32.331	32.372	32.414
780	32.455	32.496	32.537	32.578	32.619	32.661	32.702	32.743	32.784	32.825
790	32.866	32.907	32.948	32.990	33.031	33.072	33.113	33.154	33.195	33.236
800	33.277	33.318	33.359	33.400	33.441	33.482	33.523	33.564	33.604	33.645
810	33.686	33.727	33.768	33.809	33.850	33.391	33.931	33.972	34.013	34.051
820	34.095	34.136	34.176	34.217	34.258	34.299	34.339	34.380	34.421	34.461
830	34.502	34.543	34.583	34.624	34.665	34.705	34.746	34.787	34.827	34.868
840	34.909	34.949	34.990	35.030	35.071	35.111	35.152	35.192	35.233	35.273
850	35.314	35.354	35.395	35.435	35.476	35.516	35.557	35.597	35.637	35.678
860	35.718	35.758	35.799	35.839	35.880	35.925	35.960	36.000	36.041	36.081
870	36.121	36.162	36.202	36.242	36.282	36.323	36.363	36.403	36.443	36.483
880	36.524	36.564	36.604	36.644	36.684	36.724	36.764	36.804	36.844	36.885
890	36.925	36.965	37.005	37.045	37.085	37.125	37.165	37.205	37.245	37.285
900	37.325	37.365	37.405	37.445	37.484	37.524	37.564	37.604	37.644	37.684
910	37.724	37.764	37.803	37.843	37.883	37.923	37.962	38.002	38.012	38.082
920	38.122	38.162	38.201	38.211	38.283	38.320	38.366	38.400	38.439	38.479
930	38.519	38.558	38.598	38.638	38.677	38.717	38.756	38.796	38.836	38.875
940	38.915	38.951	38.994	39.033	39.073	39.112	39.152	39.191	39.231	39.270
950	39.310	39.349	39.388	39.428	39.467	39.507	39.546	39.585	39.625	39.664
960	39.703	39.743	39.782	39.821	39.861	39.900	39.939	39.979	40.018	40.057
970	40.066	40.136	40.175	40.214	40.253	40.292	40.332	40.371	40.410	40.449
980	40.488	40.527	40.566	40.605	40.645	40.684	40.723	40.762	40.801	40.840
990	40.879	40.918	40.957	40.996	41.035	41.074	41.113	41.152	41.191	41.230
1 000	41.269	41.308	41.347	41.385	41.424	41.463	41.502	41.541	41.580	41.619
1 010	41.657	41.696	41.735	41.774	41.813	41.851	41.890	41.929	41.968	42.006
1 020	42.045	42.084	42.123	42.161	42.200	42.239	42.277	42.316	42.355	42.393
1 030	42.432	42.470	42.509	42.548	42.586	42.625	42.663	42.702	42.740	42.779
1 040	42.817	42.856	42.894	42.933	42.974	43.019	43.048	43.087	43.125	43.164

温度 /℃	0	1	2	3	4	5	6	7	8	9
	热　电　动　势　/mV									
1 050	43.202	43.240	43.279	43.317	43.356	43.394	43.432	43.471	43.509	43.547
1 060	43.585	43.624	43.662	43.700	43.739	43.777	43.815	43.853	43.891	43.930
1 070	43.968	44.006	44.044	44.082	44.121	44.159	44.197	44.253	44.273	44.311
1 080	44.349	44.387	44.425	44.468	44.501	44.539	44.577	44.615	44.653	44.691
1 090	44.729	44.767	44.805	44.843	44.881	44.919	44.957	44.995	45.033	45.070
1 100	45.108	45.146	45.184	45.222	45.260	45.297	45.335	45.373	45.411	45.443
1 110	45.486	45.524	45.561	45.599	45.637	45.675	45.712	45.750	45.787	45.825
1 120	45.863	45.900	45.938	45.975	46.013	46.051	46.088	46.126	46.163	46.201
1 130	46.238	46.275	46.313	46.350	46.388	46.425	46.463	46.500	46.537	46.575
1 140	46.612	46.649	46.687	46.724	46.761	46.799	46.836	46.873	46.916	46.948
1 150	46.985	48.022	47.059	47.096	47.134	47.171	47.208	47.245	47.282	47.318
1 160	47.356	47.393	47.430	47.468	47.505	47.542	47.579	47.616	47.653	47.689
1 170	47.726	47.763	47.800	47.837	47.874	47.911	47.948	47.985	48.021	48.058
1 180	48.095	48.132	48.169	48.205	48.212	48.279	48.316	48.352	48.389	48.426
1 190	48.462	48.499	48.536	48.572	48.609	48.645	48.682	48.718	48.755	48.792
1 200	48.828	48.865	48.904	48.937	48.974	49.010	49.047	49.083	49.120	49.156
1 210	49.192	49.229	49.265	49.301	49.338	49.374	49.410	49.446	49.483	49.519
1 220	49.555	49.591	49.627	49.663	49.700	49.736	49.772	49.808	49.844	49.880
1 230	49.916	49.952	49.988	50.024	50.060	50.096	50.132	50.168	50.204	50.240
1 240	50.276	50.311	50.347	50.383	50.419	50.455	50.494	50.526	50.562	50.598
1 250	50.633	50.669	50.705	50.741	50.776	50.812	50.847	50.883	50.919	50.954
1 260	50.990	51.025	51.061	51.096	51.132	51.167	51.203	51.238	51.274	51.309
1 270	51.344	51.380	51.415	51.450	51.486	51.521	51.556	51.592	51.627	51.662
1 280	51.697	51.733	51.768	51.803	51.838	51.873	51.908	51.943	51.979	52.014
1 290	52.049	52.084	52.119	52.154	52.189	52.224	52.259	52.294	52.329	52.364
1 300	52.398	52.453	52.468	52.503	52.538	52.573	52.608	52.642	52.677	52.712
1 310	52.747	52.781	52.816	52.851	52.836	52.920	52.955	52.989	53.024	53.059
1 320	53.093	53.128	53.162	53.197	53.232	53.266	53.301	53.335	53.370	53.404
1 330	53.439	53.473	53.503	53.542	53.576	53.611	53.645	53.679	53.714	53.748
1 340	53.782	53.817	53.851	53.885	53.920	53.954	53.988	54.022	54.057	54.091

温度 /℃	0	1	2	3	4	5	6	7	8	9
	热 电 动 势 /mV									
1 350	54.125	54.159	54.193	54.228	54.262	54.296	54.330	54.364	54.398	54.432
1 360	54.466	54.501	54.535	54.569	54.603	54.637	54.671	54.705	54.739	54.773
1 370	54.807	54.841	54.875							

（四）　镍铬-康铜热电偶分度表

分度号：E

（参考端温度为0℃）

温度 /℃	0	1	2	3	4	5	6	7	8	9
	热 电 动 势 /mV									
−270	−9.835									
−260	−9.797	−9.802	−9.808	−9.813	−9.817	−9.821	−9.825	−9.828	−9.831	−9.833
−250	−9.719	−9.728	−9.737	−9.746	−9.754	−9.762	−9.770	−9.777	−9.784	−9.791
−240	−9.604	−9.617	−9.630	−9.642	−9.654	−9.666	−9.677	−9.688	−9.699	−9.709
−230	−9.455	−9.472	−9.488	−9.503	−9.519	−9.534	−9.549	−9.563	−9.577	−9.591
−220	−9.274	−9.293	−9.313	−9.332	−9.350	−9.368	−9.386	−9.404	−9.421	−9.438
−210	−9.063	−9.085	−9.107	−9.129	−9.151	−9.172	−9.193	−9.214	−9.234	−9.254
−200	−8.824	−8.850	−8.874	−8.899	−8.923	−8.947	−8.971	−8.994	−9.017	−9.040
−190	−8.561	−8.588	−8.615	−8.642	−8.669	−8.696	−8.722	−8.748	−8.774	−8.799
−180	−8.273	−8.303	−8.333	−8.362	−8.391	−8.420	−8.449	−8.477	−8.505	−8.533
−170	−7.963	−7.995	−8.027	−8.058	−8.090	−8.121	−8.152	−8.183	−8.213	−8.243
−160	−7.631	−7.665	−7.699	−7.733	−7.767	−7.800	−7.833	−7.866	−7.898	−7.931
−150	−7.279	−7.315	−7.351	−7.387	−7.422	−7.458	−7.493	−7.528	−7.562	−7.597
−140	−6.907	−6.945	−6.983	−7.020	−7.058	−7.095	−7.132	−7.169	−7.206	−7.243
−130	−6.516	−6.556	−6.596	−6.635	−6.675	−6.714	−6.753	−6.792	−6.830	−6.869
−120	−6.107	−6.149	−6.190	−6.231	−6.273	−6.314	−6.354	−6.395	−6.436	−6.476
−110	−6.680	−5.724	−5.767	−5.810	−5.853	−5.896	−5.938	−5.981	−6.023	−6.065
−100	−5.237	−5.282	−5.327	−5.371	−5.416	−5.460	−5.505	−5.549	−5.593	−5.637
−90	−4.777	−4.824	−4.870	−4.916	−4.963	−5.009	−5.055	−5.100	−5.146	−5.191
−80	−4.301	−4.850	−4.398	−4.446	−4.493	−4.541	−4.588	−4.636	−4.683	−4.730

温度/℃	0	1	2	3	4	5	6	7	8	9
	热　电　动　势　/mV									
−70	−3.811	−3.860	−3.910	−3.959	−4.009	−4.058	−4.107	−4.156	−4.204	−4.253
−60	−3.306	−3.857	−3.408	−3.459	−3.509	−3.560	−3.610	−3.661	−3.711	−3.761
−50	−2.787	−2.839	−2.892	−2.944	−2.996	−3.048	−3.100	−3.152	−3.203	−3.254
−40	−2.254	−2.308	−2.362	−2.416	−2.469	−2.522	−2.575	−2.628	−2.681	−2.734
−30	−1.709	−1.764	−1.819	−1.874	−1.929	−1.983	−2.038	−2.092	−2.146	−2.200
−20	−1.151	−1.208	−1.264	−1.320	−1.376	−1.432	−1.487	−1.543	−1.599	−1.654
−10	−0.581	−0.639	−0.696	−0.754	−0.811	−0.868	−0.925	−0.982	−1.038	−1.095
0	−0.000	−0.059	−0.117	−0.176	−0.234	−0.292	−0.350	−0.408	−0.466	−0.524
0	0.000	0.059	0.118	0.176	0.235	0.295	0.354	0.413	0.472	0.532
10	0.591	0.651	0.711	0.770	0.830	0.890	0.950	1.011	1.071	1.131
20	1.192	1.252	1.313	1.373	1.434	1.495	1.556	1.617	1.678	1.739
30	1.801	1.862	1.924	1.985	2.047	2.109	2.171	2.233	2.295	2.357
40	2.419	2.482	2.544	2.607	2.669	2.732	2.795	2.858	2.921	2.984
50	3.047	3.110	3.173	3.237	3.300	3.364	3.428	3.491	3.555	3.619
60	3.683	3.748	3.812	3.876	3.941	4.005	4.070	4.124	4.199	4.264
70	4.329	4.394	4.459	4.524	4.590	4.655	4.720	4.786	4.852	4.917
80	4.983	5.049	5.115	5.181	5.247	5.314	5.380	5.446	5.513	5.579
90	5.646	5.713	5.780	5.846	5.913	5.981	6.048	6.115	6.182	6.250
100	6.217	6.385	6.452	6.520	6.588	6.656	6.724	6.792	6.860	6.928
110	6.996	7.064	7.133	7.201	7.270	7.339	7.407	7.476	7.545	7.614
120	7.683	7.752	7.821	7.890	7.960	8.029	8.099	8.168	8.238	8.307
130	8.377	8.447	8.517	8.587	8.657	8.727	8.797	8.867	8.938	9.008
140	9.078	9.149	9.220	9.290	9.361	9.432	9.503	9.573	9.614	9.715
150	9.787	9.858	9.929	10.000	10.072	10.143	10.215	10.286	10.358	10.429
160	10.501	10.573	10.645	10.717	10.789	10.861	10.933	11.005	11.077	11.150
170	11.222	11.294	11.367	11.439	11.512	11.585	11.657	11.730	11.803	11.876
180	11.949	12.022	12.095	12.168	12.241	12.314	12.387	12.461	12.534	12.608
190	12.681	12.755	12.828	12.902	12.975	13.049	13.123	13.197	13.271	13.345
200	13.419	13.493	13.567	13.641	13.715	13.789	13.864	13.938	14.012	14.087

温度 /℃	0	1	2	3	4	5	6	7	8	9
	热　电　动　势　/mV									
210	14.161	14.236	14.310	14.385	14.460	14.534	14.609	14.684	14.759	14.834
220	14.909	14.984	15.059	15.134	15.209	15.284	15.359	15.435	15.510	15.585
230	15.661	15.736	15.812	15.837	15.963	16.038	16.114	16.190	16.266	16.341
240	16.417	16.493	16.569	16.645	16.721	16.797	16.873	16.949	17.025	17.101
250	17.178	17.254	17.330	17.406	17.483	17.559	17.636	17.712	17.789	17.865
260	17.942	18.018	18.095	18.172	18.248	18.325	18.402	18.479	18.556	18.633
270	18.710	18.787	18.864	18.941	19.018	19.095	19.172	19.249	19.326	19.404
280	19.481	19.558	19.636	19.713	19.790	19.868	19.945	20.023	20.100	20.178
290	20.258	20.333	20.411	20.488	20.566	20.644	20.722	20.800	20.877	20.955
300	21.033	21.111	21.189	21.267	21.345	21.423	21.501	21.579	21.657	21.735
310	21.814	21.892	21.970	22.048	22.127	22.205	22.283	22.362	22.440	22.518
320	22.597	22.675	22.754	22.832	22.911	22.989	23.068	23.147	23.225	23.304
330	23.383	23.461	23.540	23.619	23.698	23.777	23.855	23.934	24.013	24.092
340	24.171	24.250	24.329	24.408	24.487	24.566	24.645	24.724	24.803	24.882
350	24.961	25.041	25.120	25.199	25.278	25.357	25.437	25.516	25.595	25.675
360	25.754	25.833	25.913	25.992	26.072	26.151	26.230	26.310	26.389	26.469
370	26.549	26.628	26.708	26.787	26.867	26.947	27.026	27.106	27.186	27.265
380	27.345	27.425	27.504	27.584	27.664	27.744	27.824	27.903	27.983	28.063
390	28.143	28.223	28.303	28.383	28.463	28.543	28.623	28.703	28.783	28.863
400	28.943	29.023	29.103	29.183	29.263	29.343	29.423	29.503	29.584	29.664
410	29.744	29.824	29.904	29.984	30.065	30.145	30.225	30.305	30.386	30.466
420	30.546	30.627	30.707	30.787	30.868	30.948	31.028	31.109	31.189	31.270
430	31.350	31.430	31.511	31.591	31.672	31.752	31.833	31.913	31.994	32.074
440	32.155	32.235	32.316	32.396	32.477	32.557	32.638	32.719	32.799	32.880
450	32.960	33.041	33.122	33.202	33.283	33.364	33.444	33.525	33.605	33.686
460	33.767	33.848	33.928	34.009	34.090	34.170	34.251	34.332	34.413	34.493
470	34.574	34.655	34.736	34.816	34.897	34.978	35.059	35.140	35.220	35.301
480	35.382	35.463	35.544	35.624	35.705	35.786	35.867	35.948	36.029	36.109
490	36.190	36.271	36.352	36.433	36.514	36.595	36.675	36.756	36.837	36.918
500	36.999	37.080	37.161	37.242	37.323	37.403	37.484	37.565	37.646	37.727

温度 /℃	0	1	2	3	4	5	6	7	8	9
	热　电　动　势　/mV									
510	37.808	37.889	37.970	38.051	38.132	38.213	38.293	38.374	38.455	38.536
520	38.617	38.698	38.779	38.860	38.941	39.022	39.103	39.184	39.264	39.345
530	39.426	39.507	39.588	39.669	39.750	39.831	39.912	39.993	40.074	40.155
540	40.236	40.316	40.397	40.478	40.559	40.640	40.721	40.802	40.883	40.964
550	41.045	41.125	41.206	41.287	41.338	41.449	41.530	41.611	41.692	41.773
560	41.853	41.934	42.015	42.096	42.177	42.258	42.339	42.419	42.500	42.581
570	42.662	42.743	42.824	42.904	42.985	43.066	43.147	43.228	43.308	43.389
580	43.470	43.551	43.632	43.712	43.793	43.874	43.955	44.035	44.116	44.197
590	44.278	44.358	44.439	44.520	44.601	44.681	44.762	44.843	44.923	45.004
600	45.085	45.165	45.246	45.327	45.407	45.488	45.569	45.649	45.730	45.811
610	45.891	45.972	46.052	46.133	46.213	46.294	46.375	46.455	46.536	46.616
620	46.697	46.777	46.858	46.988	47.019	47.099	47.180	47.260	47.341	47.421
630	47.502	47.582	47.663	47.743	47.824	47.904	47.984	48.065	48.145	48.226
640	48.306	48.386	48.467	48.547	48.627	48.708	48.788	48.868	48.949	49.029
650	49.109	49.189	49.270	49.350	49.430	49.510	49.591	49.671	49.751	49.831
660	49.911	49.992	50.072	50.152	50.232	50.312	50.392	50.472	50.553	50.633
670	50.713	50.793	50.873	50.953	51.033	51.113	51.193	51.273	51.353	51.433
680	51.513	51.593	51.673	51.753	51.833	51.913	51.993	52.073	52.152	52.232
690	52.312	52.392	52.472	52.552	52.632	52.711	52.791	52.871	52.951	53.031
700	53.110	53.190	53.270	53.350	53.429	53.509	53.589	53.668	53.748	53.828
710	53.907	53.987	54.066	54.146	54.226	54.305	54.385	54.464	54.544	54.623
720	54.703	54.782	54.862	54.941	55.021	55.100	55.180	55.259	55.339	55.418
730	55.498	55.577	55.656	55.736	55.815	55.894	55.974	56.053	56.132	56.212
740	56.291	56.370	56.449	56.529	56.608	56.687	56.766	56.845	56.924	57.004
750	57.083	57.162	57.241	57.320	57.399	57.478	57.557	57.636	57.751	57.794
760	57.873	57.952	58.031	58.110	58.189	58.268	58.347	58.426	58.505	58.584
770	58.663	58.742	58.820	58.899	58.978	59.057	59.136	59.214	59.293	59.372
780	59.451	59.529	59.608	59.687	59.765	59.844	59.923	60.001	60.080	60.159
790	60.237	60.316	60.394	60.473	60.551	60.630	60.708	60.787	60.865	60.944

温度 /℃	0	1	2	3	4	5	6	7	8	9
	热 电 动 势 /mV									
800	61.022	61.101	61.179	61.258	61.336	61.414	61.493	61.571	61.649	61.728
810	61.806	61.884	61.962	62.041	62.119	62.197	62.275	62.353	62.432	62.510
820	62.588	62.666	62.744	62.822	62.900	62.978	63.056	63.134	63.212	63.290
830	63.368	63.446	63.524	63.602	63.680	63.758	63.836	63.914	63.992	64.069
840	64.147	64.225	64.303	64.380	64.458	64.539	64.614	64.691	64.799	64.847
850	64.924	65.002	65.080	65.157	65.235	65.321	65.390	65.467	65.545	65.622
860	65.700	65.777	65.855	65.932	66.009	66.087	66.164	66.241	66.319	66.396
870	66.473	66.551	66.628	66.705	66.782	66.859	66.937	67.014	67.091	67.168
880	67.245	67.322	67.399	67.476	67.553	67.630	67.707	67.784	67.861	67.938
890	68.015	68.092	68.169	68.246	68.323	68.399	68.476	68.553	68.630	68.706
900	68.783	68.860	68.936	69.013	69.090	69.166	69.243	69.320	69.396	69.473
910	69.549	69.626	69.702	69.779	69.855	69.931	70.008	70.084	70.161	70.237
920	70.313	70.390	70.466	70.542	70.618	70.694	70.771	70.847	70.923	70.999
930	71.075	71.151	71.227	71.304	71.380	71.456	71.532	71.608	71.683	71.759
940	71.855	71.911	71.987	72.063	72.139	72.215	72.290	72.366	72.442	72.518
950	72.593	72.669	72.745	72.820	72.896	72.972	73.047	73.123	73.199	73.274
960	73.350	73.425	73.501	73.576	73.652	73.727	73.802	73.878	73.953	74.029
970	74.104	74.179	74.255	74.330	74.405	74.480	74.556	74.631	74.706	74.781
980	74.857	74.932	75.007	75.082	75.157	75.232	75.307	75.382	75.458	75.533
990	75.608	75.683	75.758	75.833	75.908	75.983	76.058	76.133	76.208	76.283
1 000	76.358									

(五)　铜-康铜热电偶分度表

分度号：S　　　　　　　　　　　　　　　　　　　　　　　　　　　（参考端温度为 0℃）

温度 /℃	0	1	2	3	4	5	6	7	8	9
	热 电 动 势 /mV									
−270	−6.258									
−260	−6.232	−6.236	−6.239	−6.242	−6.245	−6.248	−6.251	−6.253	−6.255	−6.256
−250	−6.181	−6.187	−6.193	−6.198	−6.204	−6.209	−6.214	−6.219	−6.224	−6.228

温度 /℃	0	1	2	3	4	5	6	7	8	9
	热　电　动　势　/mV									
−240	−6.105	−6.114	−6.122	−6.130	−6.138	−6.146	−6.153	−6.160	−6.167	−6.174
−230	−6.007	−6.018	−6.028	−6.039	−6.049	−6.059	−6.068	−6.078	−6.087	−6.096
−220	−5.889	−5.901	−5.914	−5.926	−5.938	−5.950	−5.962	−5.973	−5.985	−5.996
−210	−5.753	−5.767	−5.782	−5.795	−5.809	−5.823	−5.836	−5.850	−5.863	−5.876
−200	−5.603	−5.619	−5.634	−5.650	−5.665	−5.680	−5.695	−5.710	−5.724	−5.739
−190	−5.439	−5.456	−5.473	−5.489	−5.506	−5.522	−5.539	−5.555	−5.571	−5.587
−180	−5.261	−5.279	−5.297	−5.315	−5.333	−5.351	−5.369	−5.387	−5.404	−5.421
−170	−5.069	−5.089	−5.109	−5.128	−5.147	−5.167	−5.186	−5.205	−5.223	−5.242
−160	−4.865	−4.886	−4.907	−4.928	−5.948	−4.969	−4.989	−5.010	−5.030	−5.050
−150	−4.648	−4.670	−4.693	−4.715	−4.737	−4.758	−4.780	−4.801	−4.823	−4.844
−140	−4.419	−4.442	−4.466	−4.489	−4.512	−4.535	−4.558	−4.581	−4.603	−4.626
−130	−4.177	−4.202	−4.226	−4.251	−4.275	−4.299	−4.323	−4.347	−4.371	−4.395
−120	−3.923	−3.949	−3.974	−4.000	−4.026	−4.051	−4.077	−4.102	−4.127	−4.152
−110	−3.656	−3.684	−3.711	−3.737	−3.764	−3.791	−3.818	−3.844	−3.870	−3.897
−100	−3.378	−3.407	−3.435	−3.463	−3.491	−3.519	−3.547	−3.574	−3.602	−3.629
−90	−3.089	−3.118	−3.147	−3.177	−3.206	−3.235	−3.264	−3.293	−3.321	−3.350
−80	−2.788	−2.818	−2.849	−2.879	−2.909	−2.939	−2.970	−2.999	−3.029	−3.057
−70	−2.475	−2.507	−2.539	−2.570	−2.602	−2.633	−2.664	−2.695	−2.726	−2.757
−60	−2.152	−2.185	−2.218	−2.250	−2.283	−2.315	−2.348	−2.380	−2.412	−2.444
−50	−1.819	−1.853	−1.886	−1.920	−1.953	−1.987	−2.020	−2.053	−2.087	−2.120
−40	−1.475	−1.510	−1.544	−1.579	−1.614	−1.648	−1.682	−1.717	−1.751	−1.785
−30	−1.121	−1.157	−1.192	−1.228	−1.263	−1.299	−1.334	−1.370	−1.405	−1.440
−20	−0.757	−0.794	−0.830	−0.867	−0.903	−0.940	−0.976	−1.013	−1.049	−1.085
−10	−0.383	−0.421	−0.458	−0.496	−0.534	−0.571	−0.608	−0.646	−0.683	−0.720
0	−0.000	−0.039	−0.077	−0.116	−0.154	−0.193	−0.231	−0.269	−0.307	−0.345
0	0.000	0.039	0.078	0.117	0.156	0.195	0.234	0.273	0.312	0.351
10	0.391	0.430	0.470	0.510	0.549	0.589	0.629	0.669	0.709	0.749
20	0.789	0.830	0.870	0.911	0.951	0.992	1.032	1.073	1.114	1.155
30	1.196	1.237	1.279	1.320	1.361	1.403	1.444	1.486	1.528	1.569
40	1.611	1.653	1.695	1.738	1.780	1.822	1.865	1.907	1.950	1.992

温度 /℃	0	1	2	3	4	5	6	7	8	9
	热　电　动　势　/mV									
50	2.035	2.078	2.121	2.164	2.207	2.250	2.294	2.337	2.380	2.424
60	2.467	2.511	2.555	2.599	2.643	2.687	2.731	2.775	2.819	2.864
70	2.908	2.953	2.997	3.042	3.087	3.131	3.176	3.221	3.266	3.312
80	3.357	3.402	3.447	3.493	3.538	3.584	3.630	3.676	3.721	3.767
90	3.813	3.859	3.906	3.952	3.998	4.044	4.091	4.137	4.184	4.231
100	4.277	4.324	4.371	4.418	4.465	4.512	4.559	4.607	4.654	4.701
110	4.749	4.796	4.844	4.891	4.939	4.987	5.035	5.083	5.131	5.179
120	5.227	5.275	5.324	5.372	5.420	5.469	5.517	5.566	5.615	5.663
130	5.712	5.761	5.810	5.859	5.908	5.957	6.007	6.056	6.105	6.155
140	6.204	6.254	6.303	6.353	6.403	6.452	6.502	6.552	6.602	6.652
150	6.702	6.753	6.803	6.853	6.903	6.954	7.004	7.055	7.106	7.156
160	7.207	7.258	7.309	7.360	7.411	7.462	7.513	7.564	7.615	7.666
170	7.718	7.769	7.821	7.872	7.924	7.975	8.027	8.079	8.131	8.183
180	8.235	8.287	8.339	8.391	8.443	8.495	8.548	8.600	8.652	8.705
190	8.757	8.810	8.863	8.915	8.968	9.021	9.074	9.217	9.180	9.233
200	9.286	9.339	9.392	9.446	9.499	9.553	9.606	9.659	9.713	9.767
210	9.820	9.874	9.928	9.982	10.036	10.090	10.144	10.198	10.252	10.306
220	10.360	10.414	10.469	10.523	10.578	10.632	10.687	10.741	10.796	10.851
230	10.905	10.960	11.015	11.070	11.125	11.180	11.235	11.290	11.345	11.401
240	11.456	11.511	11.566	11.622	11.677	11.733	11.788	11.844	11.900	11.956
250	12.011	12.067	12.123	12.179	12.235	12.291	12.347	12.403	12.459	12.515
260	12.572	12.628	12.684	12.741	12.797	12.854	12.910	12.967	13.024	13.080
270	13.137	13.194	13.251	13.307	13.364	13.421	13.478	13.535	13.592	13.650
280	13.707	13.764	13.821	13.879	13.936	13.993	14.051	14.108	14.166	14.223
290	14.281	14.339	14.396	14.454	14.512	14.570	14.628	14.686	14.744	14.802
300	14.860	14.918	14.976	15.034	15.092	15.151	15.209	15.267	15.326	15.384
310	15.443	15.501	15.560	15.619	15.677	15.736	15.795	15.853	15.912	15.971
320	16.030	16.089	16.148	16.207	16.266	16.325	16.384	16.444	16.503	16.562
330	16.621	16.681	16.740	16.800	16.859	16.919	16.978	17.038	17.097	17.157
340	17.217	17.277	17.336	17.396	17.456	17.516	17.576	17.636	17.696	17.757

温度/℃	0	1	2	3	4	5	6	7	8	9
	热　电　动　势　/mV									
350	17.816	17.877	17.937	17.997	18.057	18.118	18.178	18.238	18.299	18.359
360	18.420	18.480	18.541	18.602	18.662	18.723	18.784	18.845	18.905	18.966
370	19.027	19.088	19.149	19.210	19.271	19.332	19.393	19.455	19.506	19.577
380	19.638	19.699	19.761	19.822	19.883	19.945	20.006	20.068	20.129	20.191
390	20.252	20.314	20.376	20.437	20.499	20.560	20.622	20.684	20.746	20.807
400	20.869									

附录6　标准化热电偶技术数据及常用补偿导线

热电偶名称	分度号	热电极材料			电阻系数20℃时/Ω·mm²·m⁻¹	100℃时热电势/mV	使用温度/℃		允许误差/℃				常用补偿导线		工作端100℃冷端0℃时电势/mV
		极性	识别	化学成分			长期	短期	温度	允差	温度	允差	极性	材料	
铂铑₁₀-铂	S (LB-3)①	正	较硬	Pt90% Rh10%	0.24	0.643	1 300	1 600	≤600	±2.4	>600	±0.4%t	正	铜	0.64±0.03
		负	柔软	Pt100%	0.16								负	铜镍	
铂铑₃₀-铂铑₆	B (LL-2)	正	较硬	Pt70% Rh30%	0.245	0.034	1 600	1 800	≤600	±3.0	>600	±0.5%t			
		负	稍软	Pt94% Rh6%	0.215										
铬镍-镍硅	K (EU-2)	正	不亲磁	Cr9%~10% Si0.4% Ni90%	0.68	4.10	1 000	1 200	≤400	±4.0	>400	±75%t	正	铜	4.10±0.15
		负	稍亲磁	Si2.5%~3% Cr≤0.6% Ni97%	0.25~0.33								负	康铜	
镍铬-考铜	EA-2	正	色较暗	Cr9%~10% Si0.4% Ni90%	0.68	6.95	600	800	≤400	±4.0	>400	±1%t	正	镍铬	6.90±0.30
		负	银白色	Cu56%~57% Ni43%~44%	0.47								负	考铜	
铜-康铜	T (CK)	正	红色	Cu100%	0.017	4.26	200	300	-200~-40	±2%t	-40~400	±0.75%t	正	铜	4.76±0.15
		负	银白色	Cu55% Ni45%	0.49								负	康铜	

① 括号内为老分度号。

附录7　常见气体的物理参数

（一）干空气的物理参数（$p=1.01\times10^5$ Pa）

$t/℃$	$\rho/$ kg $\cdot$ m^{-3}	$c_p/$kJ $\cdot$ kg^{-1} $\cdot$ ℃$^{-1}$	$\lambda\times10^2/$W $\cdot$ m$^{-1}\cdot$℃$^{-1}$	$\alpha\times10^6/$ m$^2\cdot$s^{-1}	$\mu\times10^6/$ Pa $\cdot$ s	$\nu\times10^6/$ m$^2\cdot$s^{-1}	Pr
−50	1.584	1.013	2.04	12.7	14.6	9.24	0.728
−40	1.515	1.013	2.12	13.8	15.2	10.04	0.728
−30	1.453	1.013	2.20	14.9	15.7	10.80	0.723
−20	1.395	1.009	2.28	16.2	16.2	11.61	0.716
−10	1.342	1.009	2.36	17.4	16.7	12.43	0.712
0	1.293	1.005	2.44	18.8	17.2	13.28	0.707
10	1.247	1.005	2.51	20.0	17.6	14.16	0.705
20	1.205	1.005	2.59	21.4	18.1	15.06	0.703
30	1.165	1.005	2.67	22.9	18.6	16.00	0.701
40	1.128	1.005	2.76	24.3	19.1	16.96	0.699
50	1.093	1.005	2.83	25.7	19.6	17.95	0.698
60	1.060	1.005	2.90	26.2	20.1	18.97	0.696
70	1.029	1.009	2.96	28.8	20.6	20.02	0.694
80	1.000	1.009	3.05	30.2	21.1	21.09	0.692
90	0.972	1.009	3.13	31.9	21.5	22.10	0.690
100	0.946	1.009	3.21	33.6	21.9	23.13	0.688
120	0.898	1.009	3.34	36.8	22.8	25.45	0.686
140	0.854	1.013	3.49	40.3	23.7	27.80	0.684
160	0.815	1.017	3.64	43.9	24.5	30.09	0.682
180	0.779	1.022	3.78	47.5	25.3	32.49	0.681
200	0.746	1.026	3.93	51.4	26.0	34.85	0.680
250	0.674	1.038	4.27	61.0	27.4	40.61	0.677
300	0.615	1.047	4.60	71.6	29.7	48.33	0.674
350	0.566	1.059	4.91	81.9	31.4	55.46	0.676
400	0.524	1.068	5.21	93.1	33.0	63.09	0.678
500	0.456	1.093	5.74	115.3	36.2	76.38	0.687
600	0.404	1.114	6.22	138.3	39.1	96.89	0.698
700	0.362	1.135	6.71	163.4	41.8	115.4	0.700
800	0.329	1.156	7.18	188.8	44.3	134.8	0.713

$t/℃$	$\rho/\text{kg} \cdot \text{m}^{-3}$	$c_p/\text{kJ} \cdot \text{kg}^{-1} \cdot ℃^{-1}$	$\lambda \times 10^2/\text{W} \cdot \text{m}^{-1} \cdot ℃^{-1}$	$a \times 10^6/\text{m}^2 \cdot \text{s}^{-1}$	$\mu \times 10^6/\text{Pa} \cdot \text{s}$	$\nu \times 10^6/\text{m}^2 \cdot \text{s}^{-1}$	Pr
900	0.301	1.172	7.63	216.2	46.7	155.1	0.717
1 000	0.277	1.185	8.07	245.9	49.0	117.1	0.719
1 100	0.257	1.197	8.50	276.2	51.2	199.3	0.722
1 200	0.239	1.210	9.15	316.5	53.5	233.7	0.724

（二）烟气的物理参数

$t/℃$	$\rho/\text{kg} \cdot \text{m}^{-3}$	$c_p/\text{kJ} \cdot \text{kg}^{-1} \cdot ℃^{-1}$	$\lambda \times 10^2/\text{W} \cdot \text{m}^{-1} \cdot ℃^{-1}$	$a \times 10^6/\text{m}^2 \cdot \text{s}^{-1}$	$\mu \times 10^6/\text{Pa} \cdot \text{s}$	$\nu \times 10^6/\text{m}^2 \cdot \text{s}^{-1}$	Pr
0	1.295	1.042	2.28	16.9	15.8	12.20	0.72
100	0.950	1.068	3.13	30.8	20.4	21.54	0.69
200	0.748	1.097	4.01	48.9	24.5	32.80	0.67
300	0.617	1.122	4.84	69.9	28.2	45.81	0.65
400	0.525	1.151	5.70	94.3	31.7	60.38	0.64
500	0.457	1.185	6.56	121.11	34.8	76.30	0.63
600	0.405	1.214	7.42	150.9	37.9	93.61	0.62
700	0.363	1.239	8.27	183.8	40.7	112.1	0.61
800	0.330	1.264	9.15	219.7	43.4	131.8	0.60
900	0.301	1.290	10.00	258.0	45.9	152.5	0.59
1 000	0.275	1.306	10.90	303.4	48.4	174.3	0.58
1 100	0.257	1.323	11.75	345.5	50.7	197.1	0.57
1 200	0.240	1.340	12.62	392.4	53.0	221.0	0.56

注：本表是指烟气在压力等于 101 325Pa(760 mmHg)时的物性参数。烟气中组成气体的容积成分为：$V_{CO_2}=13\%$，$V_{H_2O}=11\%$，$V_{N_2}=76\%$。

（三）饱和水蒸气的物理参数

$t/℃$	P/MPa	$\rho/\text{kg} \cdot \text{m}^{-3}$	$\gamma/\text{kJ} \cdot \text{kg}^{-1}$	$c_p/\text{kJ} \cdot \text{kg}^{-1} \cdot ℃^{-1}$	$\lambda \times 10^2/\text{J} \cdot \text{m}^{-1} \cdot \text{s}^{-1} \cdot ℃^{-1}$	$a \times 10^6/\text{m}^2 \cdot \text{s}^{-1}$	$\mu \times 10^6/\text{N} \cdot \text{s} \cdot \text{m}^{-2}$	$\nu \times 10^6/\text{m}^2 \cdot \text{s}^{-1}$	Pr
100	0.101 3	0.598	2 257	2.14	2.37	18.50	11.97	20.02	1.08
110	0.143	0.826	2 230	2.18	2.49	13.8	12.45	15.07	1.09
120	0.199	1.121	2 203	2.21	2.59	10.5	12.85	11.46	1.09
130	0.270	1.496	2 174	2.26	2.69	7.970	13.20	8.85	1.11
140	0.362	1.966	2 145	2.32	2.79	6.130	13.50	6.89	1.12
150	0.476	2.547	2 114	2.39	2.88	4.728	13.90	5.47	1.16
160	0.618	3.258	2 083	2.48	3.01	3.722	14.30	4.39	1.18

$t/℃$	$\rho/$ MPa	$\rho/$ kg·m⁻³	$\gamma/$ kJ·kg⁻¹	$c_p/$kJ· kg⁻¹·℃⁻¹	$\lambda\times10^2/$J· m⁻¹·s⁻¹ ·℃⁻¹	$\alpha\times10^6/$ m²·s⁻¹	$\mu\times10^6/$N· s·m⁻²	$\nu\times10^6/$ m²·s⁻¹	Pr
170	0.792	4.122	2 050	2.58	3.13	2.939	14.70	3.57	1.21
180	1.003	5.157	2 015	2.71	3.27	2.340	15.10	2.93	1.25
190	1.255	6.394	1 979	2.86	3.42	1.870	15.60	2.44	1.30
200	1.555	7.862	1 941	3.02	3.55	1.490	16.00	2.03	1.36
210	1.908	9.588	1 900	3.20	3.72	1.210	16.40	1.71	1.41
220	2.320	11.62	1 858	3.41	3.90	0.983	16.80	1.45	1.47
230	2.798	13.99	1 813	3.63	4.10	0.806	17.30	1.24	1.54
240	3.348	16.76	1 766	3.88	4.30	0.658	17.80	1.06	1.61
250	3.978	19.98	1 716	4.16	4.51	0.544	18.20	0.913	1.68
260	4.695	23.72	1 661	4.47	4.80	0.453	18.80	0.794	1.75
270	5.506	28.09	1 604	4.82	5.11	0.378	19.30	0.688	1.82
280	6.420	33.19	1 543	5.23	5.49	0.317	19.90	0.600	1.90
290	7.445	39.15	1 476	5.69	5.83	0.261	20.60	0.526	2.01
300	8.592	46.21	1 404	6.28	6.27	0.216	21.30	0.461	2.13
310	9.870	54.58	1 325	7.12	6.84	0.176	22.00	0.403	2.29
320	11.094	64.72	1 238	8.21	7.51	0.141	22.80	0.353	2.50
330	12.865	77.10	1 140	9.88	8.26	0.108	23.90	0.310	2.86
340	14.609	92.76	1 027	12.35	9.30	0.081 1	25.20	0.272	3.35
350	16.538	113.6	893.1	16.25	10.7	0.058 0	26.60	0.234	4.03
360	18.674	144.0	720.0	23.03	12.8	0.038 6	29.10	0.202	5.23
370	21.054	203.0	438.4	56.52	17.1	0.015 0	33.70	0.166	11.10

附录8 液体燃料的物理参数

名 称	$t/$ ℃	$\rho/$ kg·m⁻³	$c_p/$kJ· kg⁻¹·℃⁻¹	$\lambda/$W· m⁻¹·℃⁻¹	$\alpha\times10^4/$ m²·h⁻¹	$\mu\times10^4/$ Pa·s	$\nu\times10^6/$ m²·s⁻¹	Pr
汽 油	0	900	1.800	0.145	3.23			
	50		1.842	0.137	2.40			
柴 油	20	908.4	1.838	0.128	3.41	5 629	620	8 000
	40	895.5	1.909	0.126	3.94	1 209	135	1 840
	60	882.4	1.980	0.124	4.45	397.2	45	630
	80	870	2.052	0.123	4.92	173.6	20	200
	100	857	2.123	0.122	5.42	92.48	108	162

续　表

名　称	t/℃	ρ/kg·m⁻³	c_p/kJ·kg⁻¹·℃⁻¹	λ/W·m⁻¹·℃⁻¹	$\alpha\times10^4$/m²·h⁻¹	$\mu\times10^4$/Pa·s	$\nu\times10^6$/m²·s⁻¹	Pr
润滑油	0	899	1.796	0.148	3.22	38 442	4 280	47 100
	40	876	1.955	0.144	3.10	2 118	242	2 870
	80	852	2.131	0.138	2.90	319.7	37.5	490
	120	829	2.307	0.135	2.70	103	12.4	175
变压器油	20	866	1.897	0.124	2.73	315.8	36.5	481
	40	852	1.993	0.123	2.61	142.2	16.7	230
	60	842	2.093	0.122	2.49	73.16	8.7	126
	80	830	2.198	0.120	2.36	43.15	5.2	79.4
	100	818	2.294	0.119	2.28	30.99	3.8	60.3

附录9　固体材料的物理参数

（一）金属的物理参数

材　料　名　称	密度 ρ/kg·m⁻³ (20℃)	比热容 c_p/J·kg⁻¹·℃⁻¹ (20℃)	导热系数 λ/W·m⁻¹·℃⁻¹ (20℃)	导热系数 λ/W·m⁻¹·℃⁻¹ −100℃	0℃	100℃	200℃	300℃	400℃	600℃	800℃	1 000℃	1 200℃
纯铝	2 710	902	236	243	236	240	238	234	228	215			
铝合金(92Al-8Mg)	2 610	904	107	86	102	123	148						
铝合金(87Al-13Si)	2 660	871	162	139	158	173	176	180					
纯铜	8 930	386	398	421	401	393	389	384	379	366	352		
青铜(89Cu-11Sn)	8 800	343	24.8		24	28.4	33.2						
黄铜(70Cu-30Zn)	8 440	377	109	90	106	131	143	145	148				
铜合金(60Cu-40Ni)	8 920	410	22.2	19	22.2	23.4							
纯铁	7 870	455	81.1	96.7	83.5	72.1	63.5	56.5	50.3	39.4	29.6	29.4	31.6
灰铸铁(C≈3%)	7 570	470	39.2		28.5	32.4	35.8	37.2	36.6	20.8	19.2		
碳钢(C 0.5%)	7 840	465	49.8		50.5	47.5	44.8	42.0	39.4	34.0	29.0		
碳钢(C 1.0%)	7 790	470	43.2		43.0	42.8	42.2	41.5	40.6	36.7	32.2		
碳钢(C 1.5%)	7 750	470	36.7		36.8	36.6	36.2	35.7	34.7	31.7	27.8		
铬钢(Cr 5%)	7 830	460	36.1		36.3	35.2	34.7	33.5	31.4	28.0	27.2	27.2	27.2
铬钢(Cr 13%)	7 740	460	26.8		26.5	27.0	27.0	27.0	27.6	28.4	29.0	29.0	
铬钢(Cr 17%)	7 710	460	22		22	22.2	22.6	22.6	23.3	24.0	24.8	25.5	
铬钢(Cr 26%)	7 650	460	22.6		22.6	23.8	25.5	27.2	28.5	31.8	35.1	38	
铬镍钢(18~20Cr/8~12Ni)	7 820	460	15.2	12.2	14.7	16.6	18.0	19.4	20.8	23.5	26.3		
铬镍钢(17~19Cr/9~13Ni)	7 830	460	14.7	11.8	14.3	16.1	17.5	18.8	20.2	22.8	25.5	28.2	30.9
镍钢(Ni 1%)	7 900	460	45.5	40.8	45.2	46.8	46.1	44.1	41.2	35.7			
镍钢(Ni 3.5%)	7 910	460	36.5	30.7	36.0	38.8	39.7	39.2	37.8				

材 料 名 称	20℃			导 热 系 数 λ/W·m⁻¹·℃⁻¹									
	密 度 ρ/kg·m⁻³	比热容 c_p/J·kg⁻¹·℃⁻¹	导热系数λ/W·m⁻¹·℃⁻¹	−100℃	0℃	100℃	200℃	300℃	400℃	600℃	800℃	1 000℃	1 200℃
镍钢(Ni 35%)	8 110	460	13.8	10.9	13.4	15.4	17.1	18.6	20.1	23.1			
镍钢(Ni 44%)	8 190	460	15.8		15.7	16.1	16.5	16.9	17.1	17.8	18.4		
镍钢(Ni 50%)	8 260	460	19.6	17.3	19.4	20.5	21.0	21.1	21.3	22.5			
锰钢(12~13Mn/3Ni)	7 800	487	13.6			14.8	16.0	17.1	18.3				
锰钢(Mn 0.4%)	7 860	440	51.2			51.0	50.0	47.0	43.5	35.5	27		
铅	11 340	128	35.3	37.2	35.5	34.3	32.8	31.5				
铂	21 450	133	73.3	73.3	71.5	71.6	72.0	72.8	73.6	76.6	80.0	84.2	88.9
银	10 500	234	427	431	428	422	415	407	399	384			

（二）耐火材料的物理参数

材 料 名 称	密度 ρ/kg·m⁻³	最高使用温度/℃	平均比热容 c_p/kJ·kg⁻¹·℃⁻¹	导热系数 λ/W·m⁻¹·℃⁻¹
黏土砖	2 070	1 300~1 400	$0.84+0.26\times10^{-3}t$	$0.835+0.58\times10^{-3}t$
硅 砖	1 600~1 900	1 850~1 950	$0.79+0.29\times10^{-3}t$	$0.92+0.7\times10^{-3}t$
高铝砖	2 200~2 500	1 500~1 600	$0.84+0.23\times10^{-3}t$	$1.52+0.18\times10^{-3}t$
镁 砖	2 800	2 000	$0.94+0.25\times10^{-3}t$	$4.3-0.51\times10^{-3}t$
滑石砖	2 100~2 200		1.25(300℃时)	$0.69+0.63\times10^{-3}t$
莫来石砖(烧结)	2 200~2 400	1 600~1 700	$0.84+0.25\times10^{-3}t$	$1.68+0.23\times10^{-3}t$
铁矾土砖	2 000~2 350	1 550~1 800		1.3(1 200℃时)
刚玉砖(烧结)	2 600~2 900	1 650~1 800	$0.79+0.42\times10^{-3}t$	$2.1+1.85\times10^{-3}t$
莫来石砖(电融)	2 850	1 600		$2.33+0.163\times10^{-3}t$
煅烧白云石砖	2 600	1 700	1.07(20~760℃时)	3.23(2 000℃时)
镁橄榄石砖	2 700	1 600~1 700	1.13	8.7(400℃时)
熔融镁砖	2 700~2 800			$4.63+5.75\times10^{-3}t$
铬 砖	3 000~3 200		$1.05+0.29\times10^{-3}t$	$1.2+0.41\times10^{-3}t$
铬镁砖	2 800	1 750	$0.71+0.39\times10^{-3}t$	1.97
甲	>2 650			9~10(1 000℃时)
碳化硅砖		1 700~1 800	$0.96+0.146\times10^{-3}t$	
乙	>2 500			7~8(1 000℃时)
碳素砖	1 350~1 500	2 000	0.837	$23+34.7\times10^{-3}t$
石墨砖	1 600	2 000	0.837	$162-40.5\times10^{-3}t$
锆英石砖	3 300	1 900	$0.54+0.125\times10^{-3}t$	$1.3+0.64\times10^{-3}t$

（三）隔热材料的物理参数

材料名称	密度 ρ /kg·m^{-3}	允许使用温度 /℃	平均比热容 c_p /kJ·kg^{-1}·℃$^{-1}$	导热系数 λ /W·m^{-1}·℃$^{-1}$
轻质黏土砖	1 300 1 000 800 400	1 400 1 300 1 250 1 150	$0.84+0.26\times10^{-3}t$	$0.41+0.35\times10^{-3}t$ $0.29+0.26\times10^{-3}t$ $0.26+0.23\times10^{-3}t$ $0.092+0.16\times10^{-3}t$
轻质高铝砖	770 1 020 1 330 1 500	1 250 1 400 1 450 1 500	$0.84+0.23\times10^{-3}t$	$0.66+0.08\times10^{-3}t$
轻质硅砖	1 200	1 500	$0.22+0.93\times10^{-3}t$	$0.58+0.43\times10^{-3}t$
硅藻土砖	450 650	900	$0.113+0.23\times10^{-3}t$	$0.063+0.14\times10^{-3}t$ $0.10+0.228\times10^{-3}t$
膨胀蛭石 水玻璃蛭石	60～280 400～450	1 100 800	0.66	$0.058+0.256\times10^{-3}t$ $0.093+0.256\times10^{-3}t$
硅藻土石棉粉 石棉绳 石棉板	450 800 1 150	300 600	0.82	$0.07+0.31\times10^{-3}t$ $0.073+0.31\times10^{-3}t$ $0.16+0.17\times10^{-3}t$
矿渣棉 矿渣棉砖	150～180 350～450	400～500 750～800	0.75	$0.058+0.16\times10^{-3}t$ $0.07+0.16\times10^{-3}t$
红砖	1 750～2 100	500～700	$0.80+0.31\times10^{-3}t$	$0.47+0.51\times10^{-3}t$
珍珠岩制品	220	1 000		$0.052+0.029\times10^{-3}t$
粉煤灰泡沫混凝土 水泥泡沫混凝土	500 450	300 250		$0.099+0.198\times10^{-3}t$ $0.10+0.198\times10^{-3}t$

（四）建筑材料的物理参数

材料名称	温度 t /℃	密度 ρ /kg·m^{-3}	导热系数 λ /W·m^{-1}·℃$^{-1}$	比热容 c_p /kJ·kg^{-1}·℃$^{-1}$	蓄热系数 S(24 h) /W·m^{-2}·℃$^{-1}$
钢筋混凝土	—	2 400	1.54	0.84	14.95
混凝土板	35	1 930	0.79	—	—
轻混凝土	—	1 200	0.52	0.75	5.87
土坯墙	—	1 600	0.70	1.05	9.19
普通黏土砖墙	—	1 800	0.81	0.88	9.65
水泥砂浆	—	1 800	0.93	0.84	1.00

材 料 名 称	温度 t /℃	密度 ρ /kg·m^{-3}	导热系数 λ /W·m^{-1}·℃$^{-1}$	比热容 c_p /kJ·kg^{-1}·℃$^{-1}$	蓄热系数 S(24 h) /W·m^{-2}·℃$^{-1}$
石灰砂浆	—	1 600	0.81	0.84	8.90
泥土(潮湿地)	20	—	1.25～1.65	—	—
泥土(干燥地)	20	—	0.50～0.63	—	—
泥土(普通地)	20	—	0.83	—	—
窗玻璃	—	2 500	0.76	0.84	10.7
石棉水泥块或板	—	1 900	0.35	0.84	6.33
绝热石棉水泥板	—	500	0.13	0.84	1.97
加气混凝土	—	600	0.21	0.84	2.75
软木板	—	250	0.07	2.1	1.63
玻璃棉	—	200	0.06	0.84	0.84
玻璃棉	—	100	0.052	0.84	0.56
矿渣棉	—	350	0.07	0.75	—
石棉砖	21	384	0.099	—	—
石棉绳	—	590～730	0.105～0.21	—	—
石棉板	30	770～1 045	0.11～0.14	—	—
水泥珍珠岩制品	25	255～435	0.07～0.113	—	—
膨胀珍珠岩水玻璃制品	31	298	0.10	—	—
木丝板	—	730	0.83	—	—
木纤维板	—	600	0.16	2.5	—
甘蔗板	—	230	0.07	—	—
硬泡沫塑料板	30	29.5～56.3	0.04～0.048	—	—
软泡沫塑料板	30	41～62	0.043～0.056	—	—
松木(垂直木纹)	15	496	0.150	—	—
松木(平行木纹)	21	527	0.347	—	—
聚四氟乙烯	20	2 240	0.19	—	—
聚氯乙烯泡沫塑料	—	70～200	0.048	—	—
脲醛泡沫塑料	—	＜20	0.013 8	—	—
鹅卵石	20	1 840	0.36	—	—
干 沙	20	1 500	0.32	0.795	—
湿 沙	20	1 650	1.13	2.05	—
地沥青	20	2 110	0.7	2.09	—
石 膏	20	1 650	0.29	—	—

附录 10　某些材料的辐射率

（一）某些材料在法线方向上的辐射率 ε

材 料 名 称	$t/℃$	ε	材 料 名 称	$t/℃$	ε
表面磨光的铝	20～50	0.06～0.07	石灰	—	0.3～0.4
表面磨光的铝	225～575	0.039～0.057			
商用铝皮	100	0.090	磨光的熔融石英	20	0.93
在 600℃氧化后的铝	200～600	0.11～0.19	不透明石英	300～835	0.92～0.68
磨光的黄铜	38～115	0.10	耐火黏土砖	20	0.85
无光泽发暗的黄铜	20～350	0.22	耐火黏土砖	1 000	0.75
在 600℃氧化后的黄铜	200～600	0.59～0.61	耐火黏土砖	1 200	0.59
磨光的铜	20	0.03	硅 砖	1 000	0.66
氧化后变黑的铜	50	0.88	耐火刚玉砖	1 000	0.46
熔解铜	1 075～1 275	0.16～0.13	镁 砖	1 000～1 300	0.38
粗糙磨光的铁	100	0.17	表面粗糙的红砖	20	0.88～0.93
表面磨光的铁	420～1 020	0.144～0.377	抹灰的砖体	20	0.94
磨光过的铸铁	200	0.21	硅 粉	—	0.3
	770～1 040	0.52～0.56			
车削过的铸铁	800～1 025	0.60～0.70	硅藻土粉	—	0.25
没有加工的铸铁	900～1 100	0.87～0.95	高岭土粉	—	0.3
镀锌发亮的铁皮	30	0.23	水玻璃	20	0.96
商用涂锡铁皮	100	0.07	水	0	0.97
生锈的铁	20	0.61～0.85	雪	0	0.8
在 600℃氧化后的生铁	200～600	0.64～0.78	磨光浅色大理石	20	0.93
磨光的钢	100	0.066	砂 子	—	0.60
轧制的钢板	50	0.56	硬橡皮	20	0.95
磨光的不锈钢	100	0.074	碳 丝	1 040～1 405	0.526
合金钢(18Cr‐8Ni)	500	0.35	煤	100～600	0.81～0.79
生锈的钢	20	0.69	焦 油	—	0.79～0.84
在 600℃氧化后的钢	200～600	0.82	石 油	—	0.8
镀锌钢板	20	0.28	玻 璃	20～100	0.94～0.91

材　料　名　称	$t/℃$	ε	材　料　名　称	$t/℃$	ε
镀镍钢板	20	0.11	玻　璃	250～1 000	0.87～0.72
氧化后的镍铬丝	50～500	0.95～0.98	玻　璃	1 100～1 500	0.70～0.67
铂	1 000～1 500	0.14～0.18	不透明玻璃	20	0.96
磨光的金	225～635	0.018～0.035	含铅的耐热玻璃及 Pyrex 玻璃	260～540	0.95～0.85
银	20	0.02	上釉陶瓷	20	0.92
磨光的纯银	225～625	0.019 8～0.032 4	表面粗糙的上釉硅砖	1 100	0.85
铬	100～1 000	0.08～0.26	上釉的黏土耐火砖	1 100	0.75
在 600℃ 氧化后的镍	200～600	0.37～0.48	白色光亮的陶瓷	—	0.70～0.75
石棉布	—	0.78	水　泥	—	0.54
石棉纸板	20	0.96	水　泥　板	1 000	0.63
石棉粉	—	0.4～0.6	在铁表面上的白色搪瓷	20	0.90
石棉水泥板	20	0.96	锅炉炉渣	0～100	0.97～0.93
石　膏	20	0.8～0.9	锅炉炉渣	200～500	0.89～0.78
焙烧过的黏土	70	0.91	锅炉炉渣	600～1 200	0.78～0.76
磨光木料	20	0.5～0.7	锅炉炉渣	1 400～1 800	0.69～0.67

（二）某些材料在 $\lambda = 0.65\ \mu m$ 下的单色辐射率 ε_λ

材　料　名　称	ε_λ	材　料　名　称	ε_λ
铂铑（90%Pt）	0.27	陶瓷	0.25～0.50
康铜	0.35	耐火土	0.7～0.8
镍铬合金（未氧化）	0.35	氧化铝	0.30
镍铬合金（氧化）	0.78	金	0.14
镍硅合金（未氧化）	0.37	液体金	0.22
镍硅合金（氧化）	0.87	铜	0.11
生铁（非氧化）	0.37	液体铜	0.15
生铁（氧化）	0.70	铂	0.38
碳钢（未氧化）	0.44	碳（1 300～3 300 K）	0.90～0.81
碳钢（氧化）	0.80	镍	0.36
铬钢及铬钼钢（氧化）	0.70	液体渣	0.65

参 考 文 献

［1］ 梁晋文,陈林才,何贡.误差理论与数据处理.北京:中国计量出版社,2001.

［2］ 孙炳耀.数据处理与误差分析基础.开封:河南大学出版社,1990.

［3］ 肖明耀.实验误差估计与数据处理.北京:科学出版社,1980.

［4］ 浙江大学普通化学教研组.普通化学实验.3版.北京:高等教育出版社,1996.

［5］ 宋天民.对粉磨动力学指数方程式指数求解后评价和分析(一).新世纪水泥导报, 2000,6:34-36.

［6］ 伍洪标.无机非金属材料实验.北京:化学工业出版社,2002.

［7］ 廖寄乔.粉体材料科学与工程实验技术原理及应用.长沙:中南大学出版社,2001.

［8］ 卢晓英.物理吸附分析法测定矿物材料比表面的应用研究.现代仪器,2002(3):12-16.

［9］ 彭人勇,周萍华,王廷吉,等.BET 氮气吸附法测粉体比表面积误差探讨.非金属矿, 2001,24(1):7-8.

［10］ 鲁法增.水泥生产过程中的质量检验.北京:中国建筑工业出版社,1996.

［11］ 谭天祐,梁风珍.工业通风除尘技术.北京:中国建筑工业出版社,1984.

［12］ 锦林,杨家灿.硅酸盐工程测量技术.2版.杭州:浙江大学出版社,2000.

［13］ 三轮茂雄,日高重助.粉体工程手册.畅伦,译.北京:中国建筑工业出版社,1987.

［14］ 陆炳辰.磨矿原理.北京:冶金工业出版社,1989.

［15］ JC/T 734—96.水泥原料易磨性试验方法.

［16］ 杨东胜.水泥工艺实验.北京:中国建筑工业出版社,1986.

［17］ T.艾伦.颗粒大小测定.3版.北京:中国建筑工业出版社,1984.

［18］ 陆厚根.粉体技术导论.上海:同济大学出版社,1998.

［19］ GB 1345—91.

［20］ GB 8074—87.

［21］ GB 207—63.

内 容 提 要

　　本书主要介绍材料生产过程两个环节的测试技术,即粉体工程测试技术与热工过程测试技术。

　　对于粉体工程测试技术,主要测试粉体的各种性能,对测试结果进行分析,找出问题所在,对改进设备结构、调整操作参数、优化过程管理、提高过程效率等具有十分重要的意义;热工测试主要是对热工过程设计的燃料,烟气的组成、性质,窑炉的温度、压力等操作参数及传热过程等进行测试,这是改进窑炉结构和操作过程、提高热效率的必要性手段。

　　本书是为应用型本科材料工程专业编写的教材,也可作为相关工程技术人员的参考用书。